中国轻工业"十四五"规划教材
北京印刷学院特色教材

印刷材料及适性

(第三版)

杨永刚　齐晓堃　主编

中国轻工业出版社

图书在版编目（CIP）数据

印刷材料及适性 / 杨永刚，齐晓堃主编. --3 版.
北京：中国轻工业出版社，2025.8. --ISBN 978-7
-5184-5569-0

Ⅰ.TS802
中国国家版本馆 CIP 数据核字第 2025U2J231 号

责任编辑：杜宇芳　　　责任终审：腾炎福
文字编辑：刘梓萱　　　责任校对：刘小透　晋　洁　　封面设计：锋尚设计
策划编辑：杜宇芳　　　版式设计：致诚图文　　　　　　责任监印：张　可

出版发行：中国轻工业出版社（北京鲁谷东街5号，邮编：100040）
印　　刷：三河市万龙印装有限公司
经　　销：各地新华书店
版　　次：2025年8月第3版第1次印刷
开　　本：787×1092　1/16　印张：16.25
字　　数：390千字
书　　号：ISBN 978-7-5184-5569-0　定价：59.80元
邮购电话：010-85119873
发行电话：010-85119832　010-85119912
网　　址：http://www.chlip.com.cn
Email：club@chlip.com.cn
版权所有　侵权必究
如发现图书残缺请与我社邮购联系调换
240990J1X301ZBW

前　言

《印刷材料及适性》于 2000 年出版了第一版，2008 年出版了第二版，至今已在全国多所开设印刷工程专业的同类高校中连续使用了 25 年，通常被用作专业核心课程教材或被列入研究生入学考试参考书目，行业影响力深远。近年来，随着印刷科技的发展，新材料、新工艺的应用给印刷产业带来了积极的影响。根据国家教材委员会相关文件精神，要将课程思政元素有机融入教材中，因此在思政要点设计、知识能力目标要求等方面进行了创新，旨在体现以学生为中心，突出教材的时代性、知识性与实践性。鉴于此，我们对教材内容进行相应的整理和更新，以便更好地适应印刷工程专业人才培养的需求。

第三版教材的编撰在保持第二版结构的基础上，对原有部分教学内容进行修订、调整和优化，并适当补充了新材料、新技术及其应用案例，使教材整体结构更有序、内容更新、实用性更强。此外，在术语的定义和材料性能测试方法中，使用并标注了最新的国家标准。

第三版教材内容由北京印刷学院长期主讲本课程的杨永刚、齐晓堃两位教授主编并负责修订、整理及统稿工作。同时，特别感谢前两版教材主要编写者为教材的持续发展所作出的贡献。该教材曾作为北京印刷学院国家级一流本科课程参考使用。

鉴于编写人员水平有限，书中难免有不足之处，敬请同行专家及广大读者提出宝贵意见。

杨永刚、齐晓堃
北京印刷学院
2024 年 10 月

目　录

第一篇　承印材料

第一章　印刷纸的组成与制造 2
第一节　印刷纸的基本成分 2
一、造纸植物纤维原料的种类 2
二、植物纤维原料的化学组成与特点 3
三、纤维的结构与特性 5
第二节　印刷纸的辅助材料 6
一、填料 6
二、胶料 10
三、色料 14
四、其他化学助剂 14
第三节　印刷纸制造工艺概述 15
一、制浆 15
二、漂白 16
三、纸料的制备 16
四、纸页的抄造 17
五、纸张的涂布加工 18
六、纸张的分类 20
思考题 22

第二章　纸张的结构 23
第一节　概述 23
第二节　纸张的基本结构性质 23
一、纸张的两面性 23
二、纸张的方向性 24
三、纸张的匀度 25
第三节　纸张的微观结构 26
一、纸张的水平结构 26
二、纸张的垂直结构 27
三、纸张的孔隙结构 28
思考题 31

第三章　纸张的基本物理性能 32
第一节　概述 32
一、纸张的质量指标 32
二、纸张的印刷性能 33

三、纸张印刷性能的评价 33
　第二节　纸张的定量、厚度和紧度 34
　　　一、定量 34
　　　二、厚度 34
　　　三、紧度和松厚度 35
　第三节　纸张的平滑度与表面可压缩性 36
　　　一、平滑度与表面可压缩性 36
　　　二、纸张表观平滑度的测量 36
　　　三、纸张印刷平滑度的测量 38
　　　四、绝对单位粗糙度与PPS粗糙度仪的应用 41
　　　五、纸张生产工艺对平滑度的影响 43
　　　六、印刷平滑度对印刷品质量的影响 43
　第四节　纸张的油墨吸收性能 44
　　　一、纸张的油墨接受性能和油墨吸收性能 45
　　　二、印刷过程中纸张对油墨的吸收及对印刷的影响 45
　　　三、纸张的油墨吸收性能的测量 47
　　　四、不同印刷方法对纸张的油墨吸收性能的要求 50
　思考题 50

第四章　纸张的力学性质 52
　第一节　概述 52
　第二节　纸张的流变性质 52
　　　一、纸张的黏弹性变形 52
　　　二、纸张的蠕变特性 53
　　　三、纸张的应力松弛特性 54
　第三节　纸张的"Z"向压缩变形特性 54
　　　一、纸张"Z"向压缩变形的整体特性 55
　　　二、纸张"Z"向压缩变形特性与时间的关系 56
　　　三、纸张"Z"向压缩变形特性对印刷的影响 56
　第四节　纸张的机械强度 57
　　　一、抗张强度 57
　　　二、耐折度 59
　　　三、撕裂度 59
　　　四、挺度 60
　　　五、耐破度 61
　第五节　纸张的表面强度 61
　　　一、表面强度与拉毛 61
　　　二、干、湿拉毛与掉粉掉毛 62
　　　三、表面强度的测量与表示 63
　　　四、纸张表面强度的不均匀性 64
　思考题 65

第五章　纸张的光学性质 66
　第一节　概述 66

第二节　纸张的光泽度 66
    一、光泽度及其表示方法 66
    二、光泽度的测量 67
    三、影响纸张光泽度的因素 68
    四、纸面光泽度对印刷品质量的影响 69
  第三节　纸张的白度 70
    一、白度与视觉白度 70
    二、白度的测量 70
    三、影响纸张白度的因素 71
    四、纸张白度对印刷品质量的影响 71
  第四节　纸张的不透明度 72
    一、透明度与不透明度 72
    二、不透明度的测量 72
    三、不透明度的表示方法 73
    四、影响纸张不透明度的因素 73
    五、透印 75
  第五节　纸张的表面效率 76
    一、表面效率的定义 76
    二、表面效率的确定 76
    三、纸张表面效率对油墨呈色效果的影响 76
  思考题 77

第六章　纸张的化学性质 79
  第一节　概述 79
  第二节　纸张的吸湿性 79
    一、纸张的水分 79
    二、纸张的吸湿、脱湿及其滞后现象 81
    三、纸张吸湿性对纸张强度的影响 82
    四、纸张的吸湿性对纸张形稳性的影响 82
    五、纸张的吸湿性与静电问题 83
    六、纸张的调湿处理 84
    七、纸张湿含量的测定 85
  第三节　纸张的酸碱性 85
    一、纸张酸碱性对印刷的影响 85
    二、纸张酸碱性对其耐久性的影响 86
    三、纸张酸碱性的测量 86
  思考题 87

第七章　其他承印材料 88
  第一节　特种纸 88
    一、玻璃纸 88
    二、硫酸纸 88
    三、烟用接装纸 89
  第二节　合成纸 90

一、合成纸的基本特性 ··· 90
　　二、合成纸的生产方法 ··· 90
　　三、印刷工艺对合成纸的性能要求 ··· 92
　　四、合成纸的发展方向 ··· 93
第三节　塑料类承印材料 ·· 94
　　一、聚乙烯薄膜 ··· 94
　　二、聚丙烯薄膜 ··· 95
　　三、聚氯乙烯薄膜 ··· 95
　　四、聚酯薄膜 ··· 95
第四节　低能表面承印材料的印前处理 ··· 96
　　一、电晕放电处理原理 ··· 96
　　二、电晕放电处理的应用 ··· 97
第五节　镀铝纸 ·· 98
　　一、镀铝纸及其生产 ··· 98
　　二、镀铝纸的特性 ··· 98
　　三、镀铝纸的印刷适性 ··· 99
　　四、镀铝纸对印刷油墨与印刷工艺的要求 ··· 99
第六节　不干胶标签材料 ·· 100
　　一、不干胶标签的组成 ··· 100
　　二、不干胶标签的分类 ··· 100
　　三、不干胶标签的应用 ··· 101
第七节　模内标签材料 ·· 101
　　一、模内标签的生产 ··· 101
　　二、模内标签材料的特性 ··· 101
　　三、模内标签的印刷 ··· 102
　　四、模内标签的印后加工 ··· 103
第八节　喷墨打印纸 ·· 103
　　一、喷墨打印纸的种类 ··· 104
　　二、喷墨打印纸的性能 ··· 104
第九节　电子纸 ·· 106
　　一、电子纸发展简史 ··· 106
　　二、电子纸的应用 ··· 107
　　三、电子纸的显示技术 ··· 107
思考题 ·· 109

第二篇　油　　墨

第八章　油墨的组成 ··· 111
第一节　颜料的分类与理化性能 ··· 111
　　一、颜料的分类 ··· 111
　　二、颜料的理化性能 ··· 111
第二节　无机颜料与有机颜料 ··· 113

一、无机颜料的分类与性质 ………………………………………………………… 113
　　　二、有机颜料的结构特点与分类 …………………………………………………… 115
　　　三、有机颜料的应用 ………………………………………………………………… 115
　　第三节　特殊颜料与填充料 …………………………………………………………… 117
　　　一、金属颜料与发光颜料 …………………………………………………………… 117
　　　二、填充料 …………………………………………………………………………… 118
　　第四节　连接料的分类与理化性能 …………………………………………………… 119
　　　一、连接料的用途和类型 …………………………………………………………… 119
　　　二、连接料的理化性能 ……………………………………………………………… 120
　　第五节　连接料组分的性能与结构 …………………………………………………… 121
　　　一、植物油 …………………………………………………………………………… 121
　　　二、矿物油 …………………………………………………………………………… 122
　　　三、有机溶剂 ………………………………………………………………………… 123
　　　四、树脂 ……………………………………………………………………………… 125
　　第六节　常用连接料 …………………………………………………………………… 129
　　　一、油型连接料 ……………………………………………………………………… 129
　　　二、树脂型连接料 …………………………………………………………………… 131
　　　三、溶剂型连接料 …………………………………………………………………… 133
　　　四、反应型连接料 …………………………………………………………………… 135
　　第七节　辅助剂 ………………………………………………………………………… 136
　　　一、干燥性调整剂 …………………………………………………………………… 136
　　　二、流动性调整剂 …………………………………………………………………… 137
　　　三、色调调整剂 ……………………………………………………………………… 138
　　　四、蜡 ………………………………………………………………………………… 139
　　　五、其他辅助剂 ……………………………………………………………………… 140
　　思考题 …………………………………………………………………………………… 140

第九章　油墨的结构与制造 ………………………………………………………………… 142
　　第一节　概述 …………………………………………………………………………… 142
　　　一、决定油墨品质的因素 …………………………………………………………… 142
　　　二、油墨的结构 ……………………………………………………………………… 142
　　第二节　油墨的固-液结构及稳定性 ………………………………………………… 142
　　　一、颜料的表面特性 ………………………………………………………………… 143
　　　二、颜料与连接料的结合 …………………………………………………………… 143
　　　三、分散体系的稳定性 ……………………………………………………………… 144
　　　四、表面活性剂的润湿作用 ………………………………………………………… 144
　　第三节　油墨的制造工艺 ……………………………………………………………… 146
　　　一、浆状油墨的制备 ………………………………………………………………… 146
　　　二、液状油墨的制备 ………………………………………………………………… 148
　　思考题 …………………………………………………………………………………… 149

第十章　油墨的流变特性 …………………………………………………………………… 150
　　第一节　概述 …………………………………………………………………………… 150

第二节　油墨的黏滞性 ·· 150
　　　一、油墨的黏度与黏滞流动 ··· 150
　　　二、油墨黏度和屈服值的测定 ··· 155
　　　三、油墨的触变性 ··· 160
　　　四、油墨的黏温特性 ·· 164
　　第三节　油墨的黏弹特性 ·· 166
　　　一、油墨的黏弹性模型 ··· 166
　　　二、油墨的黏着性和拉丝性 ··· 168
　　　三、油墨黏着性和拉丝性的测定 ·· 169
　　　四、油墨的流动性 ··· 172
　　思考题 ··· 173

第十一章　油墨的干燥性质 ·· 175
　　第一节　概述 ··· 175
　　第二节　油墨的附着 ·· 175
　　　一、润湿 ·· 176
　　　二、二次结合力 ·· 177
　　第三节　油墨的渗透干燥 ·· 177
　　　一、渗透干燥型油墨的干燥过程和机理 ··· 178
　　　二、影响油墨渗透干燥的因素 ··· 178
　　第四节　油墨的挥发干燥 ·· 181
　　　一、挥发干燥型油墨的干燥过程和机理 ··· 181
　　　二、影响油墨挥发干燥的因素 ··· 181
　　第五节　油墨的氧化结膜干燥 ·· 184
　　　一、氧化结膜型油墨的干燥过程和机理 ··· 184
　　　二、影响油墨氧化结膜干燥的因素 ··· 185
　　第六节　油墨的紫外线干燥 ··· 188
　　第七节　油墨干燥的测定方法 ·· 189
　　　一、压痕法 ·· 189
　　　二、刮样转压法 ·· 189
　　　三、压力摩擦法 ·· 190
　　思考题 ··· 190

第十二章　油墨的光学性质、细度与耐抗性 ·· 191
　　第一节　概述 ··· 191
　　第二节　油墨膜层的光泽 ·· 191
　　第三节　油墨膜层的透明度（遮盖力） ··· 192
　　　一、透明度（遮盖力） ·· 192
　　　二、透明度的测量 ··· 192
　　第四节　油墨膜层的颜色 ·· 193
　　　一、油墨颜色的评价指标 ··· 193
　　　二、色轮图及应用 ··· 194
　　第五节　油墨的细度及测定 ··· 196

第六节　油墨膜层的耐抗性 ································· 197
    一、耐光性 ····································· 197
    二、耐热性 ····································· 198
    三、耐磨性 ····································· 198
    四、耐酸、碱、水和溶剂性能 ····················· 198
  思考题 ··· 199

第十三章　各类油墨及应用 ································· 200
  第一节　概述 ····································· 200
  第二节　平版印刷油墨 ····························· 200
    一、单张纸胶印油墨 ····························· 201
    二、卷筒纸胶印油墨 ····························· 201
    三、印铁油墨 ··································· 203
    四、其他平版印刷油墨 ··························· 203
  第三节　柔性版印刷油墨 ··························· 206
  第四节　凹版印刷油墨 ····························· 208
    一、雕刻凹版油墨 ······························· 208
    二、电子雕刻凹版油墨 ··························· 209
  第五节　丝网印刷油墨 ····························· 211
  第六节　特种油墨 ································· 213
    一、紫外线和电子束固化油墨 ····················· 213
    二、数字印刷油墨 ······························· 213
    三、其他特种油墨 ······························· 216
  思考题 ··· 220

第三篇　其他印刷材料

第十四章　橡皮布 ······································· 221
  第一节　概述 ····································· 221
    一、橡皮布的结构 ······························· 221
    二、橡皮布的分类、规格 ························· 222
    三、胶印对橡皮布的基本要求 ····················· 223
    四、橡皮布的保管、使用和保养 ··················· 224
  第二节　橡皮布的基本性能 ························· 225
    一、外观性能 ··································· 225
    二、机械性能 ··································· 226
    三、化学性能 ··································· 228
  第三节　橡皮布的印刷适性 ························· 229
    一、拉伸变形性 ································· 229
    二、回弹性 ····································· 230
    三、吸墨性 ····································· 230
    四、传墨性 ····································· 230
    五、剥离性 ····································· 231

  第四节　常用的胶印橡皮布 ·· 231
   一、普通型橡皮布 ·· 231
   二、气垫型橡皮布 ·· 232
  第五节　橡皮布的使用故障及解决方法 ·· 233
  思考题 ·· 234

第十五章　润版液 ·· 235
  第一节　润版液的作用 ·· 235
  第二节　润版液的组成和类型 ·· 235
   一、普通润版液 ·· 235
   二、酒精润版液 ·· 237
   三、非离子表面活性剂润版液 ·· 238
  第三节　润版液的性质 ·· 239
   一、润版液的 pH ·· 239
   二、润版液的电导率 ·· 240
   三、润版液的表面张力 ·· 241
   四、油墨的乳化 ·· 242
  思考题 ·· 244

参考文献 ·· 245

第一篇 承 印 材 料

（一）课程思政要点设计

根据工业和信息化部等五部门《关于推动轻工业高质量发展的指导意见》和国家新闻出版署《印刷业"十四五"时期发展专项规划》等文件精神，结合中国古代"四大发明"之造纸术与印刷术、文化强国战略、《中国制造2025》、社会主义生态文明建设（"两山论"）、建设创新型国家战略、"双碳"战略目标等要素，设计凝练3~5个课程思政要点，以供开展案例教学参考。

序号	案例名称	所属章节	案例教学目标	案例教学内容
1	造纸纤维原料来源	第一章第一节	培养学生关注环保与可持续发展的素养	讲述造纸原材料的种类及面临的问题，结合"两山论"，引导学生聚焦再生纤维造纸及林浆纸一体化等主题，增强可持续发展意识
2	平滑度的测量原理及方法	第三章第三节	培养学生科技创新和勇于探索的精神	纸张平滑度的测量原理、方法与仪器的讲解。这些方法由外国人开发，青年学生应学好专业知识，勇于创新，实现突破
3	纸张的机械强度与表面强度	第四章第四节、第五节	培养学生理论联系实际、脚踏实地的工作作风	纸张的耐折度、耐破度、撕裂度、挺度和表面强度等，都是结合纸张在印刷与使用过程中的受力情况而设计定义的，是力学在纸张印刷领域的应用，值得青年人借鉴
4	纸张光泽度、白度的重要性	第五章第二节、第三节	培养学生对美的向往，训练其品质管理能力	纸张的白度与光泽度是保障与提高印刷品质量、实现精美印刷的关键性要素，也是人们追求美好生活的一部分。应引导学生学好专业知识，为行业高质量发展贡献力量

（二）知识目标、能力目标

1. 知识目标

① 深入掌握纸张主要的基本性能、力学性能、光学性能和化学性能等。

② 进一步理解不同种类的纸张在性能上的差异、不同的适用领域及其对印刷质量的影响。

③ 掌握纸张各项性能的测试方法，为印刷纸张规范化和标准化的数据建立与应用奠定基础。

2. 能力目标

① 理解纸张组成、结构、制造技术与纸张性能之间的关系，学会利用纸张表面效率来评价纸张质量及印刷效果的好坏。

② 学会根据产品类别及质量的要求来选用纸张，对纸张的重要性能、纸墨相互作用及其可能出现的故障进行预判，并合理化解决。

③ 熟悉纸张各项重要性能及印刷适性的国家标准、测试原理与主要操作方法，掌握纸张性能检验数据的分析处理能力，能对实验误差产生的原因进行分析。

第一章　印刷纸的组成与制造

纸是纸张和纸板的统称，也常被简称为纸张。传统观念认为纸是以植物纤维为主要原料制成的薄片状物质，但随着科学技术的发展，现代纸的含义已经扩展到更广泛的范畴。就原料而言，有植物纤维（如木材、草类）、矿物纤维（如石棉、玻璃丝）、其他纤维（如尼龙纤维、金属丝等）。此外，还有用石油裂解产物聚合得到的高分子材料来制成的合成纸。尽管如此，目前用于书写、印刷、包装的纸张仍主要是以植物纤维为主要原料制成的，了解这类纸的组成及其各成分的作用，对于认识纸张性能及印刷适性至关重要。

第一节　印刷纸的基本成分

从结构上看，纸张是纤维间通过氢键相互缔合而形成的随机取向的层次网络。构成这类层次网络的纤维必须满足两个条件：第一，纤维间能在不加任何黏合剂的条件下相互结合；第二，纤维间能形成随机取向的层次结构。在自然界中，唯一能同时满足这两个条件的造纸纤维是纤维素纤维（cellulose fiber），即植物纤维。这种纤维分散在水中时，以水为载体，能通过氢键形成随机取向的层次结构，这构成了纸张层次网络的基础。所以，纤维素纤维是最基本的造纸原料，也是纸张最基本的组成成分。

一、造纸植物纤维原料的种类

自然界中大多数有生命的植物里所含纤维都可用于造纸。分离这些纤维，并把它们分散在水中，通过脱水成形、干燥后即可制成随机取向的纤维网络。水的极性和纤维表面羟基的存在，是形成分散液和成纸网络中纤维间依靠氢键缔合所必需的。通过选择合适的纤维素纤维原料和造纸工艺，可以得到各种不同用途的纸张，并且获得所需的强度、平滑度等性质。目前造纸工业用植物纤维原料主要分为以下两类。

1. 木材纤维原料

直接从树木中获得的植物纤维。用于造纸的木材纤维原料可以分为针叶木（needle-leaf trees）和阔叶木（broad-leaf trees）两类。针叶木又称为软木（softwood），质地松软，如云杉、冷杉、落叶松、柏树等。阔叶木质地较硬，故又称为硬木（hardwood），如杨木、桦木、枫木等。

2. 非木材纤维原料

这类原料又可以分为以下几种。

（1）草类纤维原料。如稻草、麦草、芦苇、玉米秆、竹子、甘蔗等。

（2）韧皮纤维材料。各种麻类及某些树种的树皮，如亚麻、黄麻、大麻、檀皮、楮皮、桑树皮等。

（3）籽毛纤维材料。如棉纤维等。

除上述天然植物纤维原料外，废纸已成为最重要的造纸原料。从废纸中获得的纤维称为再生纤维（secondary fiber）。再生纤维的利用可以节省天然植物纤维原料，并且减少造纸工业的能源消耗。

二、植物纤维原料的化学组成与特点

造纸植物纤维原料的化学组分一般分为如下几类。

第一类为碳水化合物，也称为多糖类化合物，约占原料的一半以上。它们包括纤维素、半纤维素、淀粉、果胶质等，其中纤维素和半纤维素含量最多，被作为主要组分。

第二类为苯酚类物质，占原料的15%~35%。这类物质大部分是木素，也被作为主要组分。

第三类为萜烯类物质，主要指挥发性物质（如松节油和松香酸）。这类物质在针叶木中约占5%，在草类及阔叶木中含量较少。

第四类为其他少量组分，如脂肪酸、醇类、蛋白质及无机物等。

在植物纤维原料的化学组成中，纤维素、半纤维素和木素为主要组分，也是成品纸的主要成分，它们的特性对纸张的性质有很大的影响，因此，有必要了解这3种主要组分的结构和一般性质。

1. 纤维素

1838年，法国植物化学家佩因（Payen）第一次从植物中分离出纤维素（cellulose），并把它看成一种独立的化学物质。他最初认为，纤维素和淀粉为同分异构物，因为两者含有相同的碳和氢，并且水解后都能得到D-葡萄糖。20世纪20年代，研究人员得出了纤维素准确的化学式为$(C_6H_{10}O_5)_n$，确认纤维素和淀粉都是混合物，并非同分异构物。通过乙酰化和硝化反应确定了纤维素在每一个$C_6H_{10}O_5$单元上含有3个自由的羟基。后来，通过对纤维素进行酸性水解和甲基化反应及一系列研究，确定纤维素是一个由脱水D-葡萄糖单元通过β-1,4-苷键连接而成的线型高分子化合物。其结构式如图1-1所示。

右边结构式中，n为葡萄糖基的数目，称为聚合度。n的数值为几百至几千甚至一万以上，随纤维的来源、制备方法和测定方法而异。用黏度法测得针叶木和阔叶木所提取的纤维素平均聚合度为4000~5000。

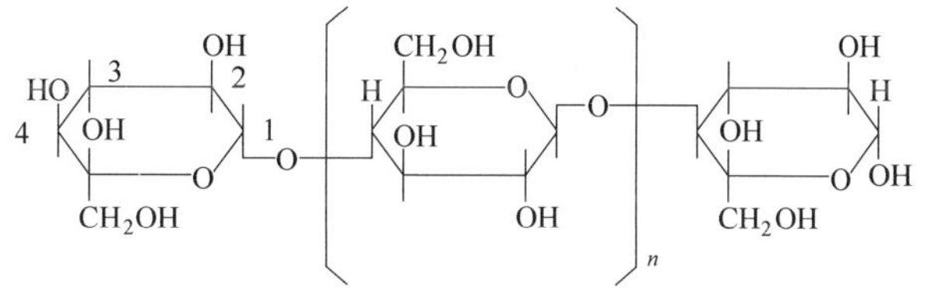

图1-1 纤维素结构式

从以上分析可知，纤维素在化学结构上有如下特点。

① 脱水D-葡萄糖基是纤维素的基本结构单元，D-吡喃式葡萄糖基是相互以β-1,4-苷键连接而成的多糖。

② 纤维素大分子中每个基本单元上均有三个醇羟基。这些羟基对纤维素的性质有决定性的影响，可以发生氧化、酯化和醚化反应，分子间形成氢键、吸水润胀以及接枝共聚等，都与纤维素分子中存在的大量羟基有关。

③ 纤维素分子的两个末端基性质是不同的。在一端的葡萄糖基中，第四个碳原子上多一个仲醇羟基，而在另一端的葡萄糖基中，则在第一个碳原子上多一个苷羟基，此羟基上的氢原子易移位与氧环的氧结合，使环式结构变为开链式结构，因此，第一碳原子便变

成醛基，显还原性，故苷羟基具有潜在的还原性。由于纤维素的每一个分子链只有一端具有还原性苷羟基，故整个大分子具有极性和方向性，并且可用斐林试剂或碘液将其氧化。

④ 纤维素大分子的葡萄糖基之间的连接都是 β-苷键连接。由于苷键的存在，使纤维素大分子对水解作用的稳定性降低，在酸、碱或高温下与水作用，可使苷键断裂，使纤维素大分子降解。

2. 半纤维素

半纤维素（hemi-cellulose）是在植物中与纤维素共存的多糖，即除纤维素以外的碳水化合物。近代先进技术的应用和聚糖分离方法的新发展，对半纤维素有了清楚的认知。确切地说，半纤维素是以不同数量的几种单糖基和糖醛酸基构成的、具有支链的复合聚糖的总称。构成半纤维素的单糖主要有：D-木糖、D-甘露糖、D-葡萄糖、D-半乳糖、L-阿拉伯糖和 4-O-甲基-D-葡萄糖醛酸。

半纤维素是多种复合聚糖的总称。不同种类原料的半纤维素，它们的复合聚糖各不相同，就是同一种原料，产地不同、部位不同，它们的复合聚糖的组成也是不相同的，因此，半纤维素中各种聚糖的化学结构是不固定的。但对于某一种原料来说仍然是相近的，其结构往往大同小异。根据已知的情况，这些聚糖可分为两大类：一类是以戊糖为主的复合聚糖，简称聚戊糖；另一类为以己糖为主的复合聚糖，简称聚己糖。针叶木半纤维素中的聚糖多为聚戊糖。

用渗透压法测半纤维素的聚合度，一般在 200 左右。从构成多聚糖的各种单糖基可以看出，半纤维素含有大量羟基，因而吸水、润胀能力较纤维素大。纤维吸水、润胀的难易程度主要取决于所含半纤维素的多少。纸浆中保留一定量的半纤维素，对于打浆及纸张性质都有好处，它能提供更多的极性基团，在打浆过程中增加纤维的润胀、水化和细纤维化，提高纤维的柔软性，因而能增强纸张的强度，但是半纤维素含量高的纸张，形稳性差。

3. 木素

木素（lignin），又称为木质素，存在于木质化植物之中，是一种具有空间网状结构的芳香族高分子化合物，占植物纤维原料的15%～35%。针叶木、阔叶木和草类原料木素的化学结构各不相同，因此，木素不是一种单一物质，而是具有共同性质的一群物质。一般认为，木素是由苯丙烷结构单元构成的，在苯基上可以连有一个甲氧基（如针叶木木素），也可以连有两个甲氧基，还可以连有羟基。所以构成木素分子有三种基本结构单元，它们是愈疮木基丙烷（G型）、紫丁香基丙烷（S型）和对羟苯基丙烷（H型），如图 1-2 所示。

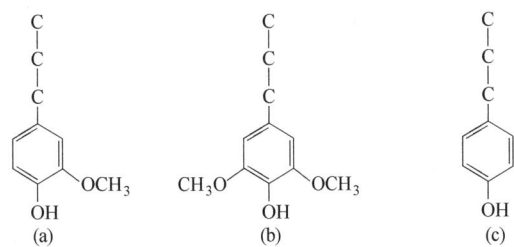

图 1-2 木素的三种基本结构单元
(a) 愈疮木基丙烷 (b) 紫丁香基丙烷 (c) 对羟苯基丙烷

木素分子就是由这三种基本结构单元通过醚键、碳-碳键连接起来的立体网状分子。不同原料木素大分子中的三种基本结构单元在数量上差别很大，这是草类木素与木材木素本质上的主要区别之一。

木素的结构与纤维素、半纤维素的结构不同，它是非线型高分子。木素存在于植物中起到黏结纤维、增强植物组织强度的作用。在胞间层中，木素的浓度最高，因此，要分离纤维，就必须除去木素，这就是化学法离解纤维的原理。木素在化学结构上极不稳定，当它受到温度影响或酸、碱试剂作用时，都会引起化学变化，即使在较温和的条件下也会引起木素结构的改变。

由于木素是疏水物质，不易吸水润胀，因此，纤维中若木素含量高时会显得硬而脆弱，不便于纤维间的相互交织，所以制浆过程中要一定程度地去除木素。此外，木素残留在成纸中，受光照日晒时产生发色基团使纸张变黄，这便是新闻纸耐久性差的主要原因。

4. 木材、草类和棉纤维的组成特点

木材、草类和棉纤维的主要组成情况见表1-1。

表1-1　　　　　　　　　　典型造纸原料的组成　　　　　　　　　　单位：%

原料		组成			
		纤维素（克贝纤维素）	半纤维素	木素	灰分
木材	针叶木	55.0~63.0	16.0~18.0	27.0~30.0	0.25~0.60
	阔叶木	43.0~53.0	22.0~26.0	17.0~24.0	0.30~0.90
草类	稻草	36.0~40.0	18.0~22.5	10.0~14.0	11.0~15.0
	麦草	40.0~52.0	20.0~21.0	9.5~12.0	6.0~8.5
	甘蔗渣	50.0~59.5	20.5~26.0	18.0~20.5	1.2~2.9
	芦苇	43.7~51.0	21.0~23.0	21.0~23.5	3.1~4.5
棉纤维		95.0~97.0	1.0	0	0.1~0.2

从表1-1中可见，草类纤维原料的灰分（矿物质燃烧后的产物）、半纤维素含量较高，而木素、纤维素含量较低；木材纤维原料中针叶木纤维木素含量高，阔叶木则半纤维素含量较高；棉纤维差不多全是纤维素，仅含少量半纤维素和灰分，不含木素。

三、纤维的结构与特性

纤维是植物中细而长、两端尖、呈纺锤状的细胞，因而纤维具有柔曲性，彼此交织后具有一定的结合力。在纤维原料中，除纤维细胞外的其他细胞统称为杂细胞，原料中杂细胞含量越少（灰分含量低），则原料的品质越好。成纸中，若杂细胞含量高，会因杂细胞交织能力差而在印刷中由于摩擦作用和油墨分离力的作用脱落下来造成印刷障碍，因此，造纸过程中应尽量除去杂细胞。

用各种化学或机械方法离解出来的纤维是不能直接用于抄纸的。要弄清这个问题，有必要认识一下纤维的微细结构。要研究纤维的微细结构，则必须使用电子显微镜。在光学显微镜下只能看到直径为300~500nm的细纤维（fibril），在电子显微镜下，则可以看到纤维细胞壁脱木素后直径约为25nm的微纤维（micro-fibril），也能观察到比微纤维更细的直径为12nm的次微纤维（finer micro-fibril），以及直径约为3nm的基微纤维（elemental fibril）。图1-3所示为Fengel提出的微纤维横切面模型。

进一步的研究发现，由于微纤维、细纤维在纤维细胞壁中的不同排列，构成了纤维细胞壁的层次结构。图1-4所示为木材纤维的层次结构情况。

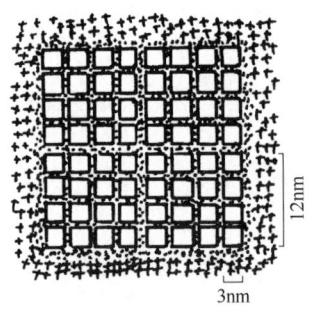

图1-3 Fengel的微纤维横切面模型
□ 基微纤维　▦ 半纤维素　▩ 木素

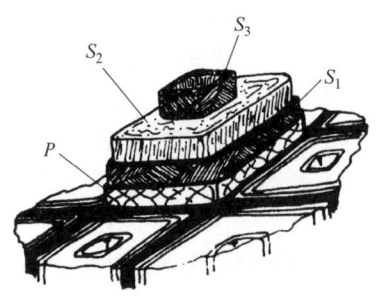

图1-4 木材纤维的层次结构
P—初生壁　S_1—初生壁外层
S_2—初生壁中层　S_3—初生壁内层

从图1-4可以看出,纤维间是靠一种黏结物质(木素)黏结起来的,纤维间的这一层细胞间隙质称为胞间层,该层80%以上为木素,不含纤维素。将植物原料分离成纸浆的过程,就是克服细胞间的黏结作用而将纤维细胞离解的过程。在纤维细胞壁的生长过程中,最初形成的细胞壁称为初生壁(primary cell wall),初生壁很薄,常把胞间层与其相邻的两个初生壁合称为复合胞间层。在初生壁中约有70%的木素和少量纤维素,初生壁上细纤维完全是无规则取向的。在细胞停止生长后细胞壁继续增厚,即在初生壁内侧加厚,加厚的这一层称为次生壁(secondary cell wall)。次生壁很厚,因纤维在其上的排列方向不同,又把次生壁分成外层(S_1)、中层(S_2)和内层(S_3)。其中,S_2层最厚,S_1、S_3层较薄。在S_1层上,细纤维的排列呈交叉螺纹状,由4~6个薄层组成;S_2层上细纤维呈单一螺旋取向,绕角比较陡,由几十到一百多个薄层组成;S_3层包括由螺旋状取向的细纤维组成的几个薄层,并趋向于形成一种交叉的微纤维结构。经过造纸过程的处理后,纤维的初生壁和次生壁外层都已被破除,存在于纸张中的纤维已是细纤维化的具有良好柔曲性的纤维。

第二节　印刷纸的辅助材料

辅助材料是指为满足纸张的不同使用性能而添加到纸张中的各种助剂。为了改进纸张的平滑度和提高不透明度,通常需要在纸浆中加入填料;为了使纸张具有抗水性能,必须对纸浆进行施胶处理;抄制白色纸张时,往往要添加少量染料,必要时还可加用增白剂等。在造纸行业中,把这些填料、胶料、色料等统称为辅助材料。

一、填　料

填料(filler)是为了使纸张取得特定性能(如不透明度、白度等)而添加到纸浆中的不溶于水或微溶于水的矿物质。大多数的纸张都要加入填料[该工艺过程被称为加填(filling)],尤其是那些对光学性质和印刷适性有要求的印刷用纸。普通印刷纸中填料含量为10%~15%。

1. 常用填料

要满足印刷的要求,印刷用纸的填料应具有下列性质:高白度、高折射率、颗粒细小、水溶能力低、较低的密度。此外，还应具有良好的化学稳定性，防止与纸中的组分以及造纸过程中的其他组分发生反应。目前可用作填料的原料非常广泛，从价格低廉的滑石粉到价格昂贵的优质钛白，其中滑石粉、高岭土（又称白土）和碳酸钙是最常用的造纸填料，钛白具有特殊的性质，是最优质的填料。一些新型有机或无机合成颜料也可以用作造纸填料。无机合成填料最常见的是沉淀碳酸盐，这是一种粒径非常细小的填料；有机合成填料为一些高分子物质，先把它们制成泡沫状，待其硬化后再加工成具有一定粒径分布的颗粒。

2. 填料对纸张性质的影响

如前所述，印刷用纸加入填料的主要目的是改善纸张的印刷适性（如增加白度、平滑度和不透明度），从而有助于印刷品质量的提高。另外，填料的加入，不仅在纸页中形成更多细小的毛细孔，而且填料粒子比纤维更易被油墨润湿，因而可以改善纸张对油墨的亲和力。此外，加入填料还能改进纸张的柔软度和形稳性。当然，纸张中加入的填料量太多也会带来一些不利影响，如纸张强度的降低和施胶效果的下降，在印刷中易发生掉粉、掉毛现象，填料粒子从纸面脱落下来传递到印版或胶印橡皮布上，会产生糊版现象，且因填料有摩擦作用，还易磨损印版。

（1）对纸张光学性质的影响

① 不透明度。不透明度是指纸张不透光的性质，纸张的不透明度取决于纸张的光散射能力。光散射是指光线在纸张内部发生的一系列折射和反射现象，这种光散射能力又取决于纸张内部光散射界面的多少（即内部独立粒子的数量）和散射界面折射率差异的大小。光散射界面越多，散射界面间的折射率差异越大，则纸张的光散射能力越大，不透明度越高。没有加填的纸张是由纤维和空气组成，空气存在于纤维间孔隙中，纤维的主要组成是纤维素，其折射率为1.53，空气的折射率为1.00，两者折射率不同，因此，当光束照射到纸张表面时，即会有部分光在纤维与空气间界面上发生散射，亦赋予纸张一定的不透明度，但反映到印刷中，仍不能满足防止透印的要求。在纸张中加入折射率大于纤维素的填料后，增加了纸张内部光散射界面的数量，即存在纤维与空气间、填料与纤维间以及填料与空气间三类不同的界面，而且在这三种界面中，填料与空气间折射率的差值较大，因此，光线在填料与空气界面上得到最大散射，这是导致不透明度增加的主要因素。表1-2所示为造纸原料的折射率数值。从表中可以看出钛白的折射率在众多填料中为最大，因而其不透明效应为最大。对于折射率与纤维素接近的填料，如滑石粉、白土等，虽在它们形成的界面上折射率相差不大，但它们的加入有效地增加了纸张内部光散射的界面数量，因而也能增加光散射能力，提高纸张的不透明度。

表1-2　　　　　　　　　　　　　常用造纸原料的折射率

原料	折射率	原料	折射率
空气	1.00	白土	1.55
水	1.33	$CaCO_3$	1.61
纤维	1.53	ZnO	2.01
石蜡	1.43	$ZnSO_4$	2.37
淀粉	1.53	TiO_2（钛白）	2.55（锐钛矿型） 2.70（金红石型）
动物胶	1.53	亚麻油	1.48

对于一定的填料，其在纸张中光散射能力的大小取决于填料粒子的大小和在纸张中粒子的分散情况。填料粒子越小，光通过空气与填料界面的次数越多，散射能力越大。但对于那些比照射光波长更小的粒子，散射能力随粒径的增加而增加；而对那些比照射光波长大的粒子，散射能力随粒径的增加而减少，结果如图1-5所示。因此，要获得最大的不透明效果，填料颗粒最好为观察光波长的一半左右，即对于普通光，取得最大不透明度填料粒径的范围为 0.15~0.50μm。

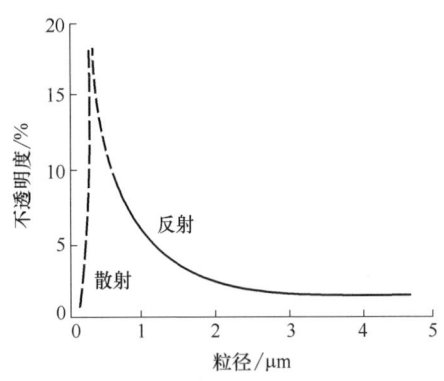

图1-5　填料粒径对其散射和反射的影响

另外，填料粒子在纸张中的分散程度也是很重要的。填料粒子间的絮聚将增加粒子间的光学接触，减少光散射界面，从而导致纸张不透明度的下降。所以用一定量的颜料作为填料产生的不透明度，比等量颜料在涂料中使用所产生的不透明度要高。这不仅是由于在涂料中颜料粒子间絮聚在一起产生了一些光学接触，还因为粒子间的空间被黏合剂而不是空气所填充，从而减少了散射界面上折射率的差异，使不透明度下降。

随着纸张中填料的增加，填料结块程度也更明显，加填效应将会下降。

② 白度。用于纸张的填料如碳酸钙、钛白、锌白等均为白色颜料，因而填料的加入能增加纸张的白度。白度的增加程度部分取决于填料的白度，部分取决于颜料的粒径与遮盖能力。纸张的白度还取决于浆料的白度和打浆程度。图1-6所示为几种常用填料加到低白度机械浆中制得的印刷纸的白度随加填量的变化情况。如果将这些填料加入高白度的浆料中，填料对纸张白度的增加效果将会降低。

（2）对表面平滑度和印刷适性的影响。纤维相互交织而形成的网络存在着大量的孔隙和表面凹凸不平处，加入细小颗粒的填料后可改进压光后纸张的平滑度。

填料的加入能改进纸张的印刷适性是由于加填后多种现象综合作用的结果。第一，大多数的填料对油墨的亲和力都大于纤维表面对油墨的亲和力，因而油墨能较好地在纸张表面润湿和铺展。第二，

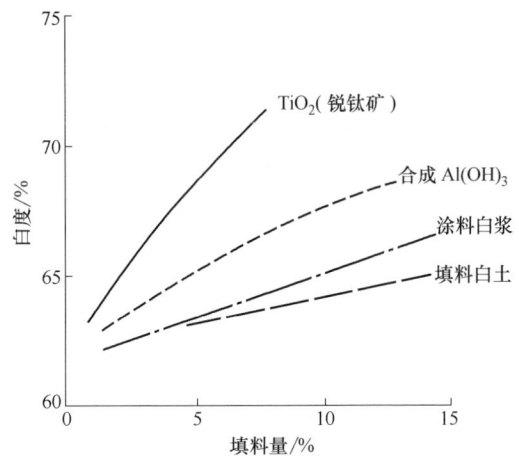

图1-6　填料的加入对纸张白度的影响

填料粒子的存在形成了更多有利于油墨渗透的细小毛孔，改善了纸张的吸墨性。第三，填料能改变纸张的平衡湿含量，因为大多数填料对水和水蒸气都是惰性的，因而填料的加入能使纸张具有更好的形稳性，更有利于多色印刷。

（3）对纸张强度的影响。纤维间的结合是纸张强度的基础，填料的加入减少了纤维间的结合，所以加填料会使纸张强度显著下降。其中抗张强度、耐折度和耐破度下降较大，撕裂度下降较小，如图1-7和图1-8所示。

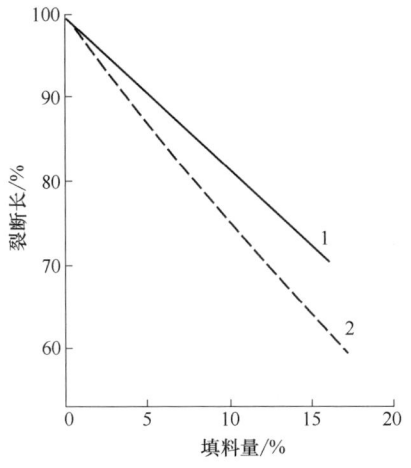

图 1-7　填料量对纸张抗张强度影响
1—云杉亚硫酸盐浆　2—桦木硫酸盐浆

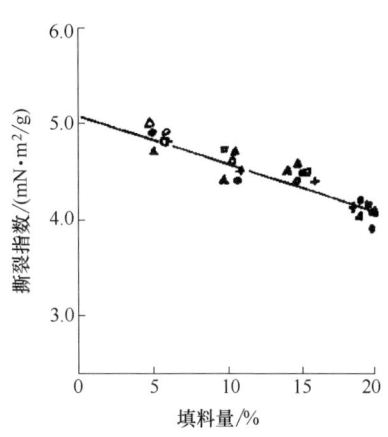

图 1-8　填料量对纸张撕裂度的影响

进一步的研究还发现,这种影响与造纸工艺参数有关,如不打浆的纸张抗张强度受填料的影响比打浆的纸张要大得多,而且短纤维受到的影响比长纤维更大,这一点从图 1-7 中不难看出。从该图中还可以看出,原料的种类和制浆方法也是非常重要的因素。基于上述原因,在实际生产中要增加纸张的不透明度和散射系数时,必须考虑填料对纸张强度的影响,从而确定一个最佳的加填量。

(4) 对纸张松厚度和挺度的影响。纸张纤维的密度为 $1g/cm^3$ 左右,而填料的密度大多在 $2.5\sim3.0g/cm^3$,因此,一定量填料的加入将会降低纸张的松厚度。但实际并非一致,如图 1-9 所示,当加入的填料量较少时,松厚度随填料量的增加而增加,对于短纤维的纸尤为明显,这与图 1-7 所示中短纤维纸抗张强度随填料量的增加而下降得更为显著是一致的。

纸张的挺度是纸张厚度和弹性模量的函数,因此,填料对挺度的影响,应将填料对松厚度和抗张强度的影响综合起来考虑。当加填量小时,填料的加入基本上不影响纸张的挺度,而当填料再增加时,挺度则随填料量的增加而显著减少,如图 1-10 所示。

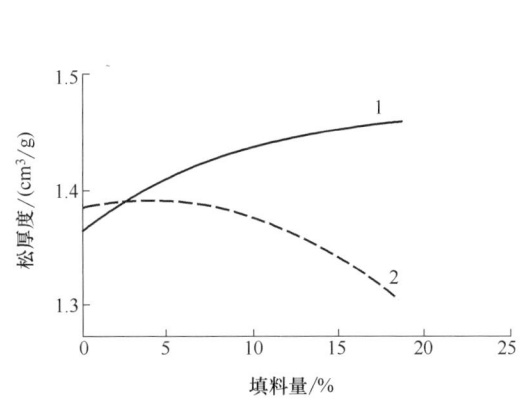

图 1-9　填料量对纸张松厚度的影响
1—桦木硫酸盐浆　2—云杉亚硫酸盐浆

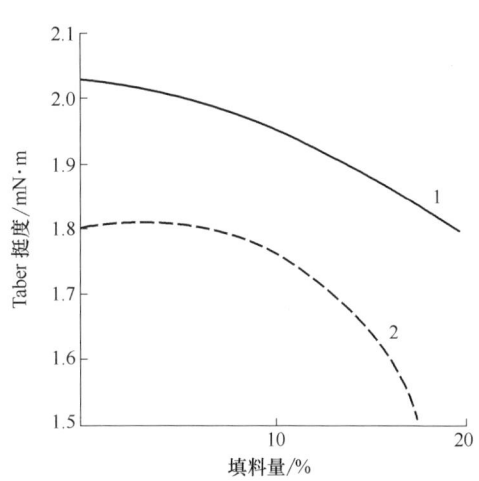

图 1-10　填料量对纸张挺度的影响
1—桦木硫酸盐浆　2—云杉亚硫酸盐浆

除上述影响外，填料含量过多还会导致纸张在印刷过程中出现掉粉掉毛和透印现象，影响印刷品质量和印刷生产的正常进行，因此，在造纸过程中必须按纸张用途严格控制填料的用量。

二、胶　料

用植物纤维生产的纸张，因纤维本身和纤维间存在大量的毛细孔，而且由于构成纤维的纤维素、半纤维素含有大量的亲水羟基，所以能吸收水或其他液体。在这种未加任何辅料的纸上书写或印刷，墨水或油墨就会迅速扩散和浸透，造成字迹图像模糊不清和透印。

为了使纸张在一定程度上不被水或其他液体所浸润，就需要在纸中加入某些具有抗液性的胶体物质或成膜物质，即所谓的胶料。在造纸工业中施加胶料的工艺过程称为施胶（sizing）。胶料的作用就是给予纸张抗液体扩散和渗透的性能。根据施胶工艺与效果的不同，施胶方法分为内部施胶和表面施胶两种。内部施胶是将胶料加入纸浆中，再抄成具有憎液性的纸和纸板，这是主要施胶方法。表面施胶是将成形后的纸或纸板浸入成膜性胶料溶液中，在纸面形成部分连续膜层，从而使纸张具有憎液性能。表面施胶主要用于胶版纸、书写纸和要求憎液性能好的包装纸或纸板。

1. 施胶取得憎液性能的原理

不管采用何种施胶方法或何种胶料，使纸张取得憎液性能的原理是相同的，都是通过减少液体在纸面的扩散和渗透来达到目的。

首先从扩散的角度来考虑。从表面化学中可知，液体在固体表面的扩散程度可用扩散系数来表征。

$$\lambda_{LS} = \gamma_{LV}(\cos\theta - 1) \tag{1-1}$$

式中　λ_{LS}——扩散系数；

　　　γ_{LV}——液体的表面张力；

　　　θ——液固接触角。

由式（1-1）可以看出，对于一定的液体，γ_{LV} 为定值，扩散系数 λ_{LS} 只取决于液体与固体表面接触角的大小。

① $\theta = 0$ 时，$\lambda_{LS} = 0$，液体完全扩散。

② $0 < \theta < 90°$ 时，$\lambda_{LS} < 0$，液体部分扩散。

③ $90° < \theta < 180°$ 时，$\lambda_{LS} \ll 0$，液体几乎不扩散。

④ $\theta = 180°$ 时，液体完全不扩散。

其次从渗透的角度来考虑。液体渗入纸张是一个极为复杂的过程，它包括如下几个方面的现象：液体与施胶纤维间的表面相互作用、液体在纤维上和通过纤维的扩散、纤维的润胀、液体挥发与浓缩以及液体与胶料间的化学作用。依据相关理论，液体通过毛细孔的渗透可用著名的 Washburn 方程来描述。

$$\frac{dh}{dt} = \frac{r\gamma_{LV}\cos\theta}{4\eta h} \tag{1-2}$$

式中　h——渗入深度；

　　　$\dfrac{dh}{dt}$——渗透速率；

r——毛细孔半径；

η——液体的黏度；

γ_{LV}——液体的表面张力；

θ——液固接触角。

从式（1-2）可以看出，对于一定的纸质和液体，r，h，η，γ_{LV} 为定值，渗透速率 $\dfrac{dh}{dt}$ 取决于接触角 θ 的大小，θ 越大，$\dfrac{dh}{dt}$ 的值越小。

在未施胶的纸张上，由于纤维素为极性亲水物质，其与水的接触角接近于 0，因而水性液滴在这样的纸面上将完全扩散，渗透也最为迅速。在纸中加胶料后，这些胶体物质部分沉积在纤维表面上或部分结膜在纸面上，增加了液体在纸张表面的接触角，从而减少了扩散，减慢了渗透的速率。施胶效果的好坏取决于胶料在纤维表面分布的均匀程度。若胶料在纤维表面分布越均匀，则暴露于大气的纤维表面越少，纸张的憎液性能就越好。

2. 内部施胶用胶料

（1）松香胶料。松香是内部施胶最常用的一种天然胶料，它是由多种化合物组成的复杂的混合物，随其来源和分离方法的不同，其组成也不同。松香的主要组分为松香酸，其结构见图 1-11。

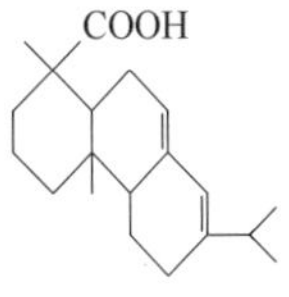

在溶液中，纤维和松香胶类粒子均带负电荷，要使松香胶得以附着于纤维表面，就必须借助于沉淀剂的作用。最常用的沉淀剂为硫酸铝（通常称为矾土），其化学式为 $Al_2(SO_4)_3$。在溶液中，矾土水解后生成的胶体氢氧化铝带有很强的正电荷，而松香胶粒子小，负电性小于纤维，因而首先与氢氧化铝产生互沉，达到等位点后两者互相吸附在一起，形成游离松香和氢氧化铝的吸附沉淀物。因为氢氧化铝的正电性很强，结果使得这种吸附沉淀物也带上正电荷，最后均匀地吸附在带负电荷的纤维表面。矾土水解生成氢氧化铝后，溶液呈酸性，使纸页抄造在酸性条件下进行，这也是纸张酸性的主要来源之一。

图 1-11 松香酸结构式

（2）合成胶料。虽然松香胶是广泛使用的胶料，但要满足某些特殊的需要，它仍是不理想的，如要求纸张具有较高的憎液性能，或要求造纸过程在中性条件下进行，或要求产品是中性的等。合成胶料不仅可以获得高的憎液性能，而且不需用硫酸铝作沉淀剂，因而可以在中性条件下操作并生产出中性纸。与松香胶相比，合成胶料在化学特性上有如下特点。

首先，合成胶料与纤维间为化学键连接。松香胶的胶料粒子与氢氧化铝间形成的吸附沉淀物，是依靠离子力与极性力附着在纤维表面上，而合成胶料则是通过胶料分子上的活性基与纤维素反应形成连接，这种连接比依靠极性连接更为憎水，对水也更为稳定。

其次，合成胶料分子的憎水部分由很长的碳氢直链组成，这与松香酸的环状特性不同。

最后，合成胶料效能高，因而用量少，一般为纤维质量的 0.05%~0.07%，既经济实惠，又可以增加纸张的强度。

常用的合成胶料有以下三种。

① 烷基乙烯酮二聚物（AKD），这是一种广泛使用的合成胶料，其结构式见图1-12。在 pH=6.5~8.5 时，能与纤维素的羟基反应生成纤维素酯，其结构式见图1-13。

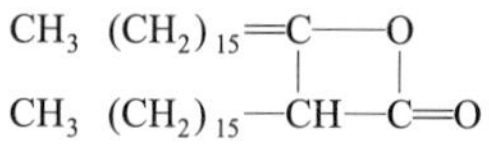

图1-12　AKD结构式

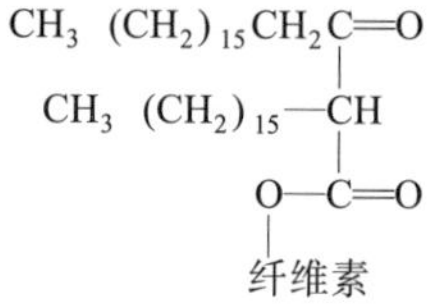

图1-13　纤维素酯结构式

② 硬脂酸酐，其结构式见图1-14。

它能与纤维素反应成酯，比 AKD 反应速度快。

③ 烷基丁二酸酐（ASA），这种胶料较前两种反应活性都大，具有如下结构式（图1-15）。

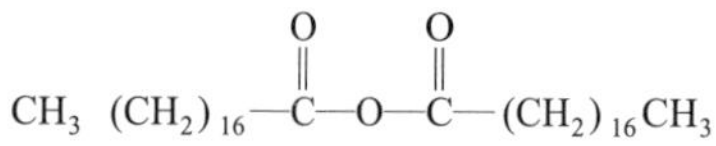

图1-14　硬脂酸酐结构式

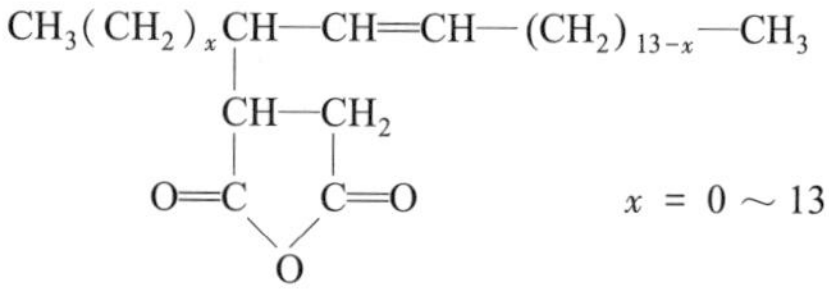

图1-15　ASA结构式

ASA 与其他胶料不同，它是一种由同分异构体化合物组成的液体混合物。

(3) 其他胶料。其他用于内部施胶的胶料有：石蜡胶、石蜡松香胶和沥青胶等。用于施胶的石蜡为石油副产品，内部施胶多选用正链石蜡胶。石蜡胶可单独使用，但更多的是与松香配合使用，即石蜡松香胶。石蜡胶和石蜡松香胶既能赋予纸张较高的憎液性能，又能提高纸张的柔软性、弹性和光泽度，但纸张的强度会受到影响，主要用于熟肉制品包装纸、标签纸、标语纸和食品包装纸等。沥青胶主要用于防水纸板、箱纸板等。

3. 表面施胶用胶料

(1) 淀粉（starch）。淀粉由 D-葡萄糖通过 α-1,4-糖苷键和 α-1,6-糖苷键连接而成的高分子碳水化合物，属于多聚糖，分直链淀粉和支链淀粉。对于支链淀粉，每5~30个葡萄糖单元上出现一个支链。

天然淀粉胶液的黏度大，不能直接用于表面施胶，多采用淀粉的衍生物，常见的有氧化淀粉和阳离子淀粉，两者施胶成膜后具有较好的抗水性。氧化淀粉分子链上的羟基被氧化成了羧基，用这种淀粉进行表面施胶，不仅可以提高纸张的纵、横向抗张强度，而且可以增加纸张的表面强度，从而消除或减轻印刷中的拉毛现象；阳离子淀粉是用醚化剂（通常为二烷基氨基环氧化合物或二烷基氧基卤化物）对淀粉进行醚化，在淀粉结构上引进一个叔胺基团，而使得淀粉分子具有阳离子性。由于阳离子淀粉带有正电性，与带负电性的纤维紧密结合形成表面定向排列，因而使用阳离子淀粉进行表面施胶的胶版纸具有良好的印刷适性，一般可以获得良好的印品均匀性、高的清晰度，印刷品色泽鲜艳，透印少。由于表面强度高，用高黏度的油墨印刷时也很少发生拉毛现象。

(2) 聚乙烯醇（PVA）。由水解醋酸乙烯酯而得，它具有很强的成膜特性，能使纸张获得较强的抗油性能。有人对氧化淀粉和聚乙烯醇的表面施胶效果进行了比较，发现采用 PVA 对于增加纸张的抗油阻力、拉毛阻力（表面强度）和空气阻力，比淀粉更为有效，其结果如图1-16所示。PVA 可以单独使用，也可以与淀粉混合使用。

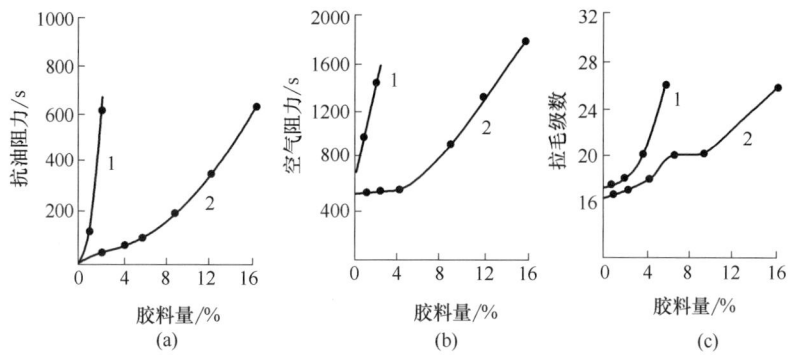

图 1-16 PVA 与淀粉施胶效果比较
1—PVA 2—淀粉
(a) 抗油阻力 (b) 空气阻力 (c) 拉毛阻力

（3）羧甲基纤维素（CMC）和甲基纤维素（MC）。羧甲基纤维素、甲基纤维素是纤维衍生物，均为纤维素醚化技术产品，具有水溶性。羧甲基纤维素是一种阴离子型纤维素醚，为白色或微黄色絮状纤维粉末或白色粉末，无臭无味，无毒；甲基纤维素是一种非离子纤维素醚，为白色或浅黄色纤维状、颗粒状粉末，无臭无味。研究发现，用 CMC 和 MC 进行表面施胶，均能取得良好的抗油性能，但由于两者的成膜均为水溶性的，因而憎水性能较差。实际应用中，用 4% 的 CMC 溶液便可取得较高的抗油能力，CMC 量仅增加 0.12kg/1000m^2 便可使印刷品光泽增加 50%；用 CMC 对胶版纸进行表面施胶后，纸张的表面强度可由 Dennison 蜡棒法的第 9 级增加到第 18 级。对于 MC，纸面施胶量只需使用 0.15~0.98kg/1000 m^2，便可使印刷品光泽得到明显的改进。

CMC、MC 还可以与淀粉混合使用，以使纸张同时获得抗水、抗油性能。

（4）其他表面施胶用胶料。改性瓜尔胶、动物胶（明胶）、甲壳素等天然胶料，以及石蜡胶、藻朊酸钠、合成树脂、苯乙烯-马来酸酐溶液聚合物（SMA）、水性聚氨酯胶乳（PUD）等合成胶料，均可用作表面施胶剂，这些胶料可单独使用，也可与淀粉混合使用，以取得不同的表面性能。

4. 表面施胶对印刷纸性能的影响

（1）对纸张抗水能力的影响。用淀粉进行表面施胶本身不会增加纸张的抗水能力，即使采用动物胶，纸张抗水性能也仅有轻微的增加，但表面施胶后在纸张表面形成了连续薄膜，隔绝了纸张纤维与水分的直接接触，因而客观上增加了纸张的抗水能力。

胶版纸在印刷中要受到润版液的湿润作用，为了减少表面纤维的脱落和纸页的变形，都必须进行表面施胶。研究表明，表面施胶可以明显减少胶印中纸张的掉纸毛（fluffing）现象。当然，通过增加纸张中针叶木的含量或增加打浆程度，也可减少掉纸毛现象，但会降低纸张的形稳性和不透明度。除胶印外，柔性版印刷用纸的表面施胶也尤为重要，因为所用油墨一般为水性油墨，要求纸面比其内部具有更强的抗水能力。

（2）对纸张油渗性的影响。对于采用高光泽油墨印刷的纸和那些油性食品包装纸，抗油渗性是非常重要的。用来生产抗油纸的胶料有淀粉、动物胶、聚乙烯醇，它们能增加纸面与油的接触角，且在纸面形成相对连续及无孔的膜，从而防止了油的渗透。

不同用途的纸，抗油能力的要求不同，对施胶程度的要求也不一样。油性食品包装纸要求具有高的抗油能力，因而采用重度表面施胶；印刷纸面施胶是为了改进印刷适性，对于采用高光泽油墨印刷的纸张，表面吸收性必须降到一定范围，具体取决于所用油墨形式和所要求的印刷效果，因而表面施胶程度应控制在一定范围。若表面胶料太少，印刷中纸张将吸收油墨中过多的连接料，则印迹无光泽。反之，将减慢油墨的干燥速率，导致蹭脏和光亮污点。

（3）对纸张可擦性的影响。可擦性指纸张在无任何腐蚀作用下，从纸面擦去印迹的性质。具有良好可擦性的纸张在擦去印迹"区域"后，印刷或书写仍能得到满意的效果。可擦性是纸张多方面性质的综合效应，如抗渗透能力、抗摩擦能力、表面平滑度和擦去印迹后保留施胶效果的能力。表面施胶可以从两方面改进纸张可擦性：一是减少了油墨的渗透，因而易于把油墨擦掉；二是增加了表面纤维间的黏结，从而增加了纸面的抗摩擦能力。

（4）对纸张强度的影响。表面施胶剂渗入纸张孔隙增加了纤维间的黏结，从而将明显地增加纸张的强度，如耐破度、耐折度和抗张强度。此外，表面施胶还会增加表面纤维间及与纸体间的黏结，从而增加纸张的表面强度，有利于高速、高黏性油墨下的胶印，减少拉毛现象。典型的结果如图1-16（c）所示。从图中可以看出，无论是淀粉还是PVA作为表面施胶剂，通过表面施胶后纸张的表面强度均明显地增加。

表面施胶还能改善纸张的表观平滑度、光泽度等。

三、色　　料

纸浆纤维总是略呈黄色至灰白色，即使经过漂白处理，也依然如此，这是因为纸浆纤维中所含木素倾向于吸收波长在400~500nm的紫色光和蓝色光所致。纸浆中木素含量越多，其色泽也就越深，因此，要使纸张具有更高的白度，往往要在漂白浆中加入蓝紫色或蓝色染料。此外，为了生产有色纸，如标语纸、广告纸、彩色牛皮纸等，还必须进行染色。色料就是用作纸张染色和调色的颜料和染料。颜料大多是无机物，大部分颜料是不溶于水的。染料有天然染料和合成染料之分，目前合成染料已完全取代了天然染料。染料大部分能溶于水，或经过一定化学处理后能溶于水。

荧光增白剂除了能吸收可见光谱的光线之外，还能吸收一部分不可见的紫外光，并能反射波长较长的可见光，从而提高纸张的白度。

四、其他化学助剂

为适应纸张某些特殊用途的需要，往往在纸浆或纸中掺用各种类型的非纤维性添加剂。按其用途，大致可以分为如下几类。

（1）湿强剂。湿强剂是为增加纸页的湿强度而加入的助剂，如脲醛树脂、三聚氰胺甲醛树脂、聚酰胺环氧氯丙烷树脂、酚醛树脂等。

（2）干强剂。如阳离子淀粉、聚丙烯酰胺等。

（3）助留剂。为减少造纸过程中填料和细小纤维的流失而加入的助剂，如聚丙烯酰胺、聚氧化乙烯（PEO）和聚乙烯亚胺等。

（4）消泡剂。如硅油、松节油、十三醇、磷酸三丁酯、戊醇和辛醇等，用于消除造纸过程中的泡沫。

（5）抗水剂。如石蜡、金属皂、乙二醛、三聚氰胺甲醛树脂和丙烯酸二甲胺基乙酯等。这类助剂主要用于要求具有较高抗水能力的纸浆中。

第三节　印刷纸制造工艺概述

造纸工业是一个与国民经济发展和社会文明建设息息相关的重要产业，其产品涵盖纸浆、机制纸及纸板、加工纸、手工纸等，这些产品的生产制造过程在本质上是相同的，概括为以下几个步骤：制浆（分离纤维）→漂白→纸料的制备→纸页的抄造→纸页的涂布加工。未经涂布加工的纸张称为非涂料纸，如新闻纸、胶版纸、纯质纸等；经涂布加工过的纸张称为涂料纸，如铜版纸、轻涂纸、玻璃卡纸等。

一、制　浆

制浆是指利用化学方法或机械方法或两者结合的方法，使植物纤维离解成本色浆或漂白浆的生产过程。

1. 化学法制浆

化学法制浆就是利用化学药品的水溶液在一定温度和压力下处理植物纤维原料，将原料中的木素溶出，尽可能地保留纤维素和不同程度地保留半纤维素，使原料纤维彼此分离成浆。化学法制浆中最有代表性的有硫酸盐法和亚硫酸盐法两种。

硫酸盐法药液的主要成分是 NaOH、Na_2S，溶液中 S^{2-}、HS^- 和 OH^- 都是很强的亲核试剂，与木素结构单元发生反应，使木素结构单元之间的连接发生断裂，成为溶于水的低分子物质，从而使纤维间分离成单根纤维。硫酸盐法应用范围广，各种类型的原料均可采用此法，成浆强度大，因此，抄制包装用牛皮纸和纸袋纸都采用此法制浆，故硫酸盐浆又称为牛皮浆。但此法得浆率低，成浆颜色较深，要制成漂白木浆，需采用技术上较复杂的多段漂白，废液回收设备复杂。尽管如此，硫酸盐法仍然是最主要的制浆方法之一。

亚硫酸盐法根据药液的组成和 pH 不同，一般又可分为四类：酸性亚硫酸盐法、亚硫酸氢盐法、中性亚硫酸盐和碱性亚硫酸盐法，但无论是酸法还是碱法，脱木素的主要作用都是基于溶液中的 SO_3^{2-} 和 HSO_3^- 与木素反应，在木素结构单元引入了亲水性基团——磺酸基，使木素溶出，因此，木素大分子没有太大的变化。当然，在碱性亚硫酸盐法中 OH^- 也有一定的脱木素作用。亚硫酸盐法的未漂浆色浅易漂，纤维润胀能力大，较硫酸盐法容易打浆，成纸质地柔软，但纸质不高，而且对原料要求严格。

2. 机械法制浆

机械法制浆是利用机械方法对纤维原料进行处理，使纤维离解。以木材为原料的称为机械木浆，以草类为原料的称为机械草浆，目前造纸工业主要应用的是机械木浆，也称磨木浆。机械木浆保留了原料中的大量木素，得浆率高于化学浆。

磨木浆又分为磨石磨木浆、盘磨机械浆和预热盘磨机械浆（TMP）。磨石磨木浆是应用机械力将原木段压在磨石表面，由旋转的磨石将木材磨解成纤维，再用水把它从磨石表面冲洗下来，即成磨木浆，它主要用来生产新闻纸或与化学木浆配抄生产凸版印刷用纸；盘磨机械浆是在不用化学药品的情况下，分离木片中的纤维并精磨而成的纸浆；若在磨浆前对木片进行预热处理，即为预热盘磨机械浆。与磨石磨木浆比较，盘磨机械浆扩大了原料的范围，通过适当的预热处理，用阔叶木也能生产出较高强度的磨木浆。用盘磨机械浆抄造的纸张，不透明度高、印刷性能好，可减少纸中化学浆的用量，但预热盘磨机械浆颜色较深。实际印刷中也发现，用机械浆配抄的印刷纸，不透明度高，纸面平滑细致，组织均匀，可压缩性好，吸墨性好，印出的字迹、图像清晰美观。

3. 化学机械法

化学机械法制浆包括半化学法和化学机械法两种。制浆都是先用化学药品对原料进行预处理，然后再用机械方法进行进一步磨解。由于化学处理条件比较温和，所以得浆率很高，被称为高得率浆。目前已成功地用化学机械浆来抄造新闻纸、包装纸和各种包装纸板，经过漂白后还可用于制造书写纸、杂志纸等一些较高档的印刷用纸。化学机械法中的碱性过氧化氢化机浆（APMP）制浆方法能耗较低，废水排放负荷小，是化学机械法制浆中发展较好的一种。

除上述制浆方法外，还有蒸汽爆破法制浆和生物制浆法（如生物机械浆 BMP）等，它们不仅成浆得率高，成纸强度高，而且能耗低，可减少或消除制浆废液对环境的污染，因而是制浆的主要应用方法。

二、漂　白

经过化学蒸煮或机械磨解等方法制得的纸浆称为本色浆，本色浆都有一定的颜色，较深的呈暗褐色，较浅的呈灰白色。浆料中的木素是纸浆呈色的主要原因。要满足纸张的印刷使用要求，就必须对纸浆进行漂白处理，使纸张具有一定的白度。漂白的目的就是用适当的漂白剂，通过氧化或还原或分解等反应，使纸浆中残留的木素进一步溶出，或在保留木素的情况下使有色物质褪色。常用的漂白剂有两大类：一类是氧化性漂白剂，能破坏木素的结构，使其溶解，达到提高纸浆纯度，同时也提高纸浆白度的目的。此类漂白剂有 Cl_2、ClO_2、次氯酸盐、过氧化氢、过氧化钠等。另一类是还原性漂白剂，它是使发色基团改变结构，使其脱色。由于不会造成纤维组分的损失，并保持原浆料的特性，因此，特别适用于磨木浆、化学机械浆等高得率浆的漂白。此类漂白剂有连二亚硫酸锌、连二亚硫酸钠等。还原性漂白剂漂白的纸浆成纸白度稳定性差，在空气中长时间光照日晒后又会恢复原来的颜色。因此，目前仍以氧化性漂白为主要漂白方法。氧化性漂白中的含氯漂白会污染环境，已逐渐被含氧漂白方法所取代。同时，生物漂白方法也得到运用，它是以一些微生物产生的酶与纸浆中的某些成分作用，形成脱木素或有利于脱木素的状况，能极大改善纸浆的可漂性，提高纸浆的白度。纸浆生物漂白用酶主要有半纤维素酶和木素酶两种。生物漂白不仅明显减少了漂白污染，也可以减少化学漂剂的用量。

三、纸料的制备

1. 打浆

经过蒸煮或机械磨解、洗涤、筛选和漂白以后的纸浆，还不能直接用来抄纸。因为纸浆中的纤维缺乏必要的柔曲性，如果用它抄纸，纸张会疏松、多孔，表面粗糙、强度低，不能满足使用的要求。打浆就是利用机械方法处理水中的纤维，使其具有适应造纸机生产要求的特性，纸幅能获得良好的成形，以保证抄造出的纸张达到预期的质量指标（如匀度、强度等方面的要求），所以打浆是造纸过程中很重要的工段。打浆度即是指浆料经过打浆以后，纤维润胀、分丝和帚化的程度，是衡量纸浆质量的一个重要指标，反映纸浆滤水（脱水）性能快慢的程度，也称叩解度，用°SR表示。打浆度低的纸浆，在造纸机铜网上滤水快，反之则慢。

打浆的作用是使纤维细胞发生位移变形，破除初生壁和次生壁外层，纤维润胀和细纤维化，并受到部分切断。打浆过程中，这些作用是交错进行的。吸水润胀为纤维的细纤维化创造了有利条件；反过来，纤维的细纤维化又能促进纤维的进一步吸水润胀。纤维的细纤维化分为外部细纤维化和内部细纤维化。外部细纤维化使得纤维表面和两端分丝，增加了纤维的比表面积，纤维表面游离出大量具有亲水性能的羟基，在水中通过水的作用形成水桥，干燥脱水后，即转化为纤维间的氢键缔合，如图1-17所示。氢键只有在相邻羟基间距离小于0.25~0.28nm时才能形成。内部细纤维化的结果使纤维变得具有高度的柔软性和可塑性，因而有利于纸页成形时增加纤维间的交织，使其干燥后形成更多的氢键。所以打浆的结果大大增强了纤维间的结合力，提高了纸张的强度。

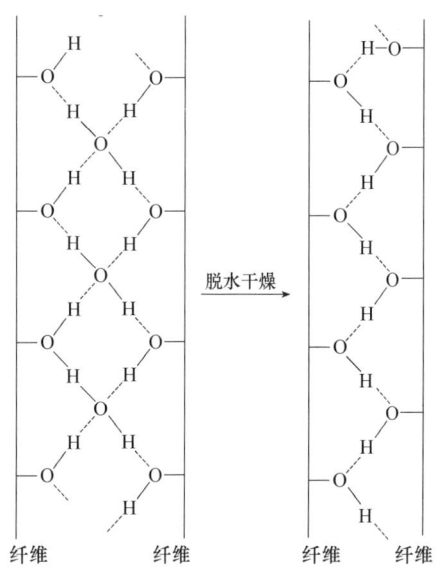

图1-17 水桥与纤维间的氢键缔合

图1-18所示为打浆对纸张强度的影响，从图中可以看出，随着打浆的进行，纤维间的结合力不断增加，除撕裂强度外，抗张强度、耐破度和耐折度均不断增加，但打浆到一定程度后又开始下降。因此，控制一定的打浆度才能获得期望的纸张强度。除影响纸张的强度外，打浆还会导致纸张平滑度和紧度增加，吸收性和不透明度下降。这些影响对于印刷纸而言，存在有利和不利的方面，因此，只有根据不同的纸张品种，选择适当的打浆工艺，才能得到具有良好印刷适性的纸张。

2. 调料

调料就是根据纸张的不同用途要求，向打浆完毕的浆料中加入各种辅料，如胶料、填料和色料等，以制成适合造纸机抄造纸页的纸料。因此，调料的目的主要是从不同的角度，改进与纸浆和纸张有关的质量指标，但并不是所有纸张都必须经过调料处理。

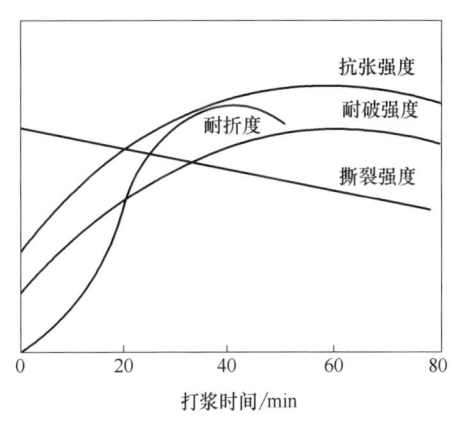

图1-18 打浆对纸张强度的影响

四、纸页的抄造

1. 抄造方法及设备

纸页的抄造方法可以分为干法和湿法两大类，其主要区别在于湿法造纸以水为介质，干法造纸则以空气为介质，目前绝大多数的纸张都是采用湿法抄造。

湿法造纸机按纸页成形的结构，一般可以分为长网造纸机、圆网造纸机、夹网造纸机三大类，还有长圆网纸机、多长网纸机、顶网成形纸机和叠网纸机等。长网造纸机和圆网造纸机是我国目前普遍应用的两类造纸机，夹网纸机和顶网纸机是之后发展起来的造纸设备，均是双网成形纸机。长网纸机、圆网纸机在纸页成形时都是采用单面脱水，因而会造成纸页的两面差；夹网造纸机采用喷浆双面同时脱水，有效地减少或消除了纸页的两面差，提高了成纸的匀度；顶网成形造纸机的纸料上网后先在长网段（预成形区）初步脱水，然后进入双网区，在双网的夹持下继续脱水并成形，一定程度上解决了纸页两面差严重、微观匀度较差和纸页"Z"向结构分布不均一等问题；叠网造纸机是在单长网纸机的成形网上，再增加1~3个短长网，用于脱水与整饰上网纸面，适应于多浆种组合，抄造厚克重的多层纸和纸板。

2. 抄造过程及特点

长网造纸机是目前应用最为广泛的造纸机，下面将以长网造纸机为例介绍纸页的抄造过程。图1-19为长网造纸机的示意图，整台造纸机是一种连续工作的联动机，由湿部和干部两部分组成，湿部包括流浆箱、网部和压榨部，干部包括干燥部、压光部和卷纸部。由净化系统送来的纸料悬浮液，通过流浆箱以均匀、稳定的出浆速度喷到网面上，通过网部成形并脱去大部分水后，送到压榨部进一步脱水，并改善纸页性能，增加纸页的紧度和表面平滑度。纸页通过压榨部机械脱水后，被送到干燥部利用热能进一步脱水，以达到成纸干度的要求。胶版纸在干燥部还要进行表面施胶处理，以提高纸张的憎液性能和表面强度，适应高速印刷的要求。从干燥部出来的纸幅，表面还很粗糙，不能适应印刷和书写的要求。为了提高纸张的平滑度，调整纸张的厚薄，纸页还必须经过一道或几道金属压辊进行压光处理。从压光部出来的纸幅在纸机出口处卷成卷筒，最后经切纸机分切成平板纸或用复卷机卷成卷筒纸。

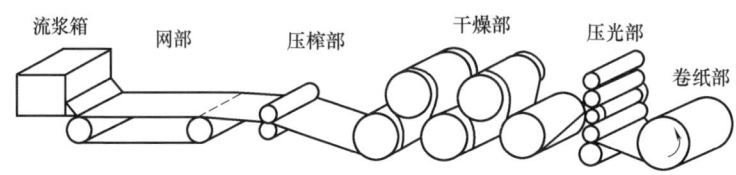

图1-19 长网造纸机示意图

五、纸张的涂布加工

1. 涂布加工的目的及对纸张性质的影响

印刷的目的就是要忠实地再现原稿，包括颜色再现和阶调再现两个方面。阶调的再现要求把印版上用网点组成的图像通过印刷还原在纸面上，并使油墨均匀地分布在各个网点内，这就要求纸张表面有良好的平滑度和吸墨性。如果纸面上有较大的凹凸不平，则无法使细小的网点还原，易造成层次丢失，图像实地部分均匀性下降，影响印刷复制效果。

纸张的纤维长短粗细，依原料不同各不相同，但一般长度在1mm左右，直径在几十微米左右。虽经过压光后，纸面纤维已不是松散排列，而是具有一定的紧度，但表面的平滑度还不能满足精细印刷品的印刷要求。如目前印刷在涂料纸上的网点线数绝大多数为

150 线/in（1in=2.54cm）（lpi），这表示在 1in 内有 150 个网点，这时最大的网点间隔为 170μm 左右，也就是从这个网点中心到另一个网点中心为 170μm。除了网点与网点相重叠的暗调部分外，中间调部分的网点直径都在 170μm 以下，亮调部分的网点直径就更细小，也就在几十微米以下了。因此，非涂料纸不可能达到精细印刷所需要的性能要求，只能采用更粗网线的网点进行印刷。此外，非涂料纸表面均匀性差，印刷后墨色不匀，光泽度低，均不能满足高档印刷的要求。为了适应和满足这一需要，就必须进行纸面涂布加工处理。

涂布加工的目的是在表面存在着由纤维形成的凹凸不平和有较大孔隙的普通纸上，覆盖一层由细微粒子组成的对油墨吸收性良好的涂料，以便得到具有良好均匀性和平滑度的纸面。此外，通过涂布还可以提高纸张的光泽度，改善纸张的形稳性和不透明度，这些性质均随涂布量的增加而增加。图 1-20 所示为涂布量增加对超级压光纸张光泽度的影响，图 1-21 所示为不同涂布量的纸张表面凹凸状况。从图 1-20 和图 1-21 所示都可以明显看出，随着涂布量的增加，纸面越趋于平滑，表面光泽度越高。

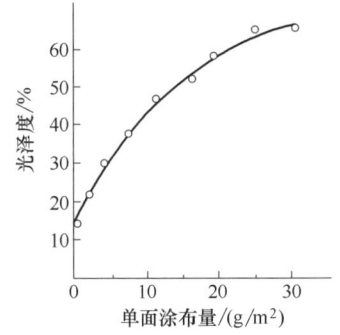

图 1-20　涂布量对超级压光纸张光泽度的影响

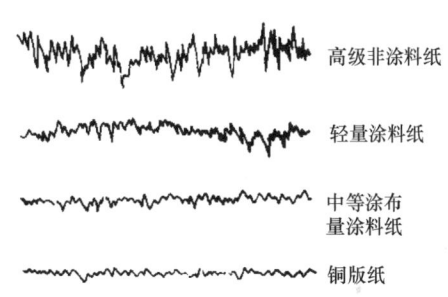

图 1-21　不同涂布量的纸张表面凹凸状况

2. 印刷涂料纸的种类

印刷涂料纸一般可以分为普通涂料纸和特殊涂料纸两大类。普通涂料纸是采用普通涂布方式把涂料涂布于原纸表面，经干燥后再进行超级压光处理，最后裁切成平张或卷筒形式的涂料纸，如铜版纸（也称有光铜版纸）、轻量涂料纸等。其中，铜版纸是采用高级涂料以最大限度的涂布量加工而成的涂料纸，它在印刷光泽度和网点再现方面，效果尤为突出，因而常用于商业宣传手册、产品样本、挂历及高级书籍（如美术图片集等）的印刷。特殊涂料纸是指采用特殊涂料或特殊的加工方式制成的印刷涂料纸，如铸涂纸（即玻璃卡纸）、压花纸和无光涂料纸等。其中，无光涂料纸因其较低的光泽而被广泛应用于以阅读为主的高档印刷品的印刷上。

3. 印刷涂料纸的生产

涂料纸生产的一般过程如下：原纸的选择→涂料制备→涂布机涂布→干燥→压光或表面整理→分切或复卷。虽然涂布加工可以改善原纸的性能，但原纸的质量对涂料纸的质量也有着极为重要的影响。涂料纸对原纸的要求是：在涂布机上能顺利地进行涂布，涂层均一；用尽量少的胶黏剂，使纸页与涂层间能获得良好的结合；用尽量少的涂料，能获得合乎要求的、质量均一的涂料纸。因此，必须在生产中严格控制原纸的质量。

用于涂料纸的涂料必须具备使原纸得到很好的涂布，并形成平滑涂料层的特性。同时，还要具备良好的油墨接受性，以便印刷时得到预期的印刷效果。构成涂料的成分有颜料、胶黏剂和助剂。颜料是涂料的主要成分，占70%~80%，它是决定涂料纸油墨接受性、平滑度、光泽、白度和不透明度的主要成分。用作涂料的颜料主要有高岭土、碳酸钙、钛白和锻白等，其粒径一般在1~2μm。胶黏剂在涂料中的作用是使颜料粒子间相互黏结，使涂层与原纸间牢固黏结，否则印刷时容易发生故障。若颜料粒子之间黏结不牢，则会发生掉粉掉毛现象，脱落的纸粉纸毛堆积在橡皮布上使图像变得粗糙；如果是涂层与原纸之间黏结不牢，则会在印刷中产生拉毛现象。只要涂料中胶黏剂用量足够，就不会发生上述现象。但由于胶黏剂价格高于颜料，因此，从经济的角度应把胶黏剂用量控制在最少的需要量上，一般占颜料的20%左右。此外，胶黏剂也会影响涂料纸的油墨接受性和光泽等质量指标。目前常用的胶黏剂有淀粉、干酪素、聚乙烯醇和合成树脂胶乳等，其中黏结力最强的是聚乙烯醇，其黏结力相当于合成树脂胶乳的2.0~2.5倍，干酪素的3倍，淀粉的3~4倍。图1-22示给出了各种胶黏剂用量与成品表面强度之间的关系。

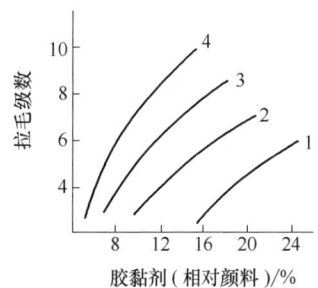

图1-22 胶黏剂的用量对纸张表面强度的影响
1—氧化淀粉 2—干酪素
3—CMC 4—PVA

从理论上讲，用颜料和胶黏剂就可配成涂料，但实际中，为了改进颜料的分散性，提高涂层的耐水性，以及改善涂料的流动性等，还加入不同用途的助剂。这些助剂主要有分散剂、耐水剂、流动剂和润滑剂等。其中，润滑剂是为了改善超级压光的上光效果。

涂布作业按涂布机与造纸机的关系分为机内式（on-machine）涂布、机外式（off-machine）涂布，按涂布次数分为单层涂布和双层涂布。机内式涂布就是在造纸机上装有涂布机，使造纸与涂布连续进行；机外式涂布就是涂布机与造纸机完全分开的。双层涂布的纸张比单层涂布的纸张具有更好的印刷适性，这是提高涂料纸质量的有效方法。用于涂布作业的涂布机主要有辊式涂布机、气刀涂布机和刮刀涂布机三种。

涂料涂布于原纸表面后，不能像非涂料纸那样直接用烘缸进行干燥，因为涂料层还处于湿润状态，直接接触干燥会使涂料沾黏到烘缸表面。因此，一般采用红外线干燥或热风干燥，或采用这些方式干燥到一定干度后，再用烘缸进行接触式干燥。

通过涂布加工，原纸表面的凹凸不平现象被覆盖而得到较为平整的表面，但这样的表面仍存在大量细微的凹凸不平，这种状态还不能满足所要求的光泽度。为此，还必须进行表面压光处理，以提高涂料纸的光泽度。最常用的压光方法为超级压光。超级压光机由多个金属辊和纸粕辊（由人造纤维或棉布压制而成）组成，纸张在辊与辊之间通过时受压力和摩擦力作用而产生光泽。无光涂料纸不进行超级压光，或只进行轻微的压光。

六、纸张的分类

纸张可以根据不同的特征来分类，如根据用途可以分为印刷用纸、包装用纸、文化用纸、办公用纸、生活用纸、技术用纸和特种纸；根据制造方法的不同可以分为涂料纸和非涂料纸；根据上胶与否可分为上胶纸和非上胶纸；根据染色与否可以分为白纸和色纸，白纸又可以分为有增白剂的纸和无增白剂的纸；根据纸张的规格可以分为卷筒纸和平板纸；根据印刷方法不同可以分为凸版纸、胶版纸、凹版纸等；根据印刷品的特点可以分为新闻纸、封面纸、证券用纸、地图纸、邮票纸、像纸、招贴纸等；根据定量不同可以分为纸、卡纸、纸板等。纸张分类方法较多，在此不一一列举。印刷用纸必须是能接受油墨的，并且有适当的平滑度、强度和光学特性。

1. 新闻纸

新闻纸（newspaper）又称白报纸，是报刊及书籍的主要用纸。适用于报纸、期刊、课本、连环画等正文用纸。新闻纸的特点有：纸质松轻、有较好的弹性；吸墨性能好，这就保证了油墨能较好地固着在纸面上。纸张经过压光后两面平滑，不起毛，从而使两面印迹比较清晰而饱满。还应有一定的机械强度，不透明性能好，适合于高速轮转机印刷。

新闻纸是以机械木浆（或其他化学浆）为原料生产的，含有大量的木素和其他杂质，不宜长期存放。保存时间过长，纸张会发黄变脆，抗水性能差，不宜书写等。必须使用印报油墨或书籍油墨，油墨黏度不要过高，平版印刷时必须严格控制版面水分。由于其所用原材料以机械木浆为主，含有本质素及杂质，所以纸张不宜长期保存，而且容易破损。新闻纸的产品分类、技术指标与质量要求可参考国家标准 GB/T 1910—2015。

2. 胶版印刷纸

胶版印刷纸（offset paper）旧称道林纸，主要供胶印机上进行多色印刷，是用于印制封面、画报、商标、插页、地图和各种宣传画所用的印刷纸张，分单面胶版纸、双面胶版纸，也有普通压光、超级压光之分。胶版纸一般采用漂白针叶木化学浆和适量的竹浆制成。生产胶版纸时，要进行加填、施胶，一些高档胶版纸，还要进行表面施胶、压光。另外，为提高胶版印刷纸的视觉白度，还常选用荧光增白剂。胶版纸在印刷时由于采用的是水墨平衡的原理，因此，需要纸张有很好的抗水性、尺寸稳定性和强度。胶版纸多用于彩色印刷品，为使油墨能够复原出原稿的色调，要求具有一定的白度及光滑度。因此，胶版印刷纸所要求的主要性质为：好的内部结合强度和表面强度、好的抗液性与形稳性、好的不透明度和光泽性、不卷曲、不起毛、没有表面杂质等。

根据 GB/T 30130—2023 的规定，胶版印刷纸按质量分为优等品、一等品、合格品三个等级，有平张纸、卷筒纸两种规格。轻型纸、纯质纸、雅质纸均属于胶版印刷纸的范畴，它们的切边应整齐、洁净，纸面应平整，不应有褶子、皱纹、残缺、破洞、针孔、裂口、斑点及掉粉掉毛现象。

3. 铜版纸

铜版纸是在原纸上涂布一层白色浆料再经压光而成的纸张，又称涂料纸，分为单面铜版纸、双面铜版纸、无光涂布纸、布纹铜版纸，也有重量涂布纸（每面涂布量≥$20g/m^2$）、中量涂布纸（每面涂布量在 $10\sim12g/m^2$）、轻量涂布纸（每面涂布量在 $8\sim10g/m^2$）之分。铜版纸表面光洁平整、平滑度高，光泽性好，常用于彩色胶印、凹印中的细网线图文的印刷，一般印制高级质量的印刷品，如插图、画报、样本、年历及一些高档商品的商标。

根据涂布美术印刷纸（铜版纸）GB/T 10335.1—2017 的规定，铜版纸按质量分为优等品、一等品、合格品三个等级，有平张纸、卷筒纸两种规格。铜版纸表面应平整，涂布应均匀，不应有褶子、破损、斑痕、鼓泡、硬质块及明显条痕等外观缺陷。

思 考 题

1. 简述植物纤维原料的主要化学组成及其特点。
2. 纤维素和木素的性质对纸张性能各有什么影响？
3. 纸张的强度基础是什么？为什么纸张吸湿后强度会降低？
4. 加填为什么能提高纸张的白度、不透明度和平滑度？
5. 施胶的目的是什么？施胶有哪两种主要形式？它们各自采用什么胶料？并分析每种胶料的特点。
6. 分析表面施胶对纸张性能的影响。
7. 打浆的作用是什么？它对纸张性能有何影响？
8. 对纸页进行涂布加工的目的是什么？涂料的组成及作用分别是什么？
9. 涂料中颜料粒子对改善纸张不透明度的影响为什么不如填料对改进纸张不透明度的影响明显？
10. 实际印刷对新闻纸、胶版纸和铜版纸各有怎样的性能要求？
11. 荧光增白剂提高纸张白度的原理是什么？

第二章 纸张的结构

第一节 概　　述

结构是指构成整体的元素及其分布状态。因此，研究纸张的结构，实质上就是研究构成纸张的元素（如纤维、填料等）在整个纸页中的排列和分布。

造纸原料和工艺决定了纸张的结构，纸张的结构又进一步决定了纸张的性能，并最终影响纸张的使用效果。不同结构的纸张具有不同的用途。因此，深入了解纸张的结构特点，对于准确认识其性能和使用效果具有重要意义。

纸张是一种非均质材料，其结构相当复杂，有如下几个方面特点。

① 具有多相复杂的结构元素。在纸的成分中，有较长或较短的不同来源的纤维，以及填料、胶料和色料等。其中，纤维是纸张结构最基本的元素，纤维原料的种类和加工方法的不同，纸页的结构性质就各不相同。

② 具有各向异性，即结构元素在三个相互垂直的方向上分布不同，导致纸页三个方向上的特性也各不相同。表现为纤维的排列方向不同，不同尺寸的纤维分布不同，以及填料、胶料、色料和空气含量等的分布也不同。

③ 具有孔隙结构。这是纸张能吸收水、水蒸气、油墨等液体物质的基础。

④ 结构元素之间存在结合力，这些结合力是纸张强度的基础。

⑤ 大多数纸张的结构都具有两面性，即纸页的两面具有不同的结构性能。

第二节　纸张的基本结构性质

一、纸张的两面性

纸张有正、反两面，正面为毛毯面（felt side/top side），反面为网面（wire side/bottom side）。由于反面在纸页成型过程中与铜网接触，而使纸面产生网印痕迹，因此，反面总是比较粗糙，也比较疏松；而正面则比较平滑、紧密。正、反面的各种性质都不一样，纸张的这种两面不均的现象，称为纸张的两面性。产生纸张两面性的原因是由于在纸页成形过程中单面脱水，网面细小纤维和填料流失过多所致。

纸张的两面性对印刷纸的质量影响很大，它可以导致印刷品质量的不均匀性，不利于印刷品质量的控制。表2-1、表2-2中列出了几种字典纸，胶版纸正反面的平滑度、表面强度及着墨效果的差别。从表中可见，纸张的正面平滑度较高，着墨效果较好，但表面强度较反面低，即在印刷中更易发生拉毛现象。相反，纸张的反面则较为粗糙，着墨效果较正面差，但表面强度较高，在印刷中不易发生拉毛现象。在实际印刷中也会发现，当采用B-B型轮转胶印机印刷书刊或报纸时，与纸张正面接触的橡皮布表面的掉粉掉毛现象要比另一面严重些。

为了克服纸张的这种两面性,目前抄纸设备已采用立式夹网造纸机,这种纸机在网部采用两面同时脱水,大大减少了纸张两面的性能差别,也有效地解决了非涂料印刷纸在印刷中的掉粉掉毛问题。

纸张正反面表面状况的不一致,一般用放大镜可以观察出来。如果用肉眼不能辨别时,可用水或弱碱液把纸页润湿几秒钟,以消除压光机的平滑作用,使纤维组织松散,然后在良好的光线下观察纸面,铜网印迹清晰的一面为反面,印迹较浅而且不均匀的一面为正面。也可以将纸面折叠,使两面同在一面上,用硬币在两面上划一道痕迹,观察两面的痕迹,较浅的一面为反面,因反面填料量低,划痕不易显出(参照 GB/T 450—2008)。

表 2-1　　几种字典纸的正反面差别

产地		瑞典	英国	日本	原黄台纸厂(山东)	原龙游纸厂(浙江)
定量/(g/m²)		42.2	44.5	42.2	41.5	42.0	42.2
平滑度/s	正	75.0	37.4	159.0	157.0	156.0	50.7
	反	46.6	24.0	93.2	139.0	127.0	29.4
拉毛速度/(cm/s)	正	55	78	50	50	48	79
	反	91	95	62	69	66	85
印刷密度	红色 正	0.44	0.40	0.58	0.64	0.65	0.31
	红色 反	0.42	0.37	0.58	0.62	0.55	0.28
	蓝色 正	0.38	0.45	0.57	0.65	0.75	0.44
	蓝色 反	0.31	0.37	0.57	0.54	0.60	0.40

表 2-2　　几种胶版纸的正反面差别

纸样	晨鸣 70g/m²	晨鸣 80g/m²	银鸽 70g/m²	银鸽 80g/m²	娇源 70g/m²	娇源 80g/m²	金太阳 70g/m²	金太阳 80g/m²
粗糙度(正面) PPS 值/μm	3.55	4.48	3.75	3.75	5.06	5.14	3.68	4.38
粗糙度(反面) PPS 值/μm	4.01	4.54	6.10	5.19	5.46	5.66	4.13	4.86
临界拉毛速度 (正面)/(m/s)	2.93	2.96	2.33	2.18	2.71	2.98	2.46	2.78
临界拉毛速度 (反面)/(m/s)	2.98	2.98	2.47	2.33	2.93	3.01	2.89	2.94
印刷品密度(正面) 青油墨	1.41	1.42	1.47	1.52	1.63	1.53	1.56	1.48
印刷品密度(反面) 青油墨	1.39	1.39	1.43	1.48	1.55	1.50	1.51	1.44

二、纸张的方向性

纸张具有一定的方向性,在纸页抄造过程中与造纸机运转方向平行的为纸张的纵向(machine direction),与造纸机运转方向垂直的方向为纸张的横向(cross direction)。由于在纸页成形过程中纤维受到造纸机运转方向较大的牵引力作用，使纤维大多数沿造纸机运转方向排列，造成纸张的纵向和横向在许多性能上存在差别，这就是所谓的纸张的方向性。由于纸张的方向性，单张纸则可能因裁切方法不同，而分为纵向纸和横向纸两种，如图2-1所示。

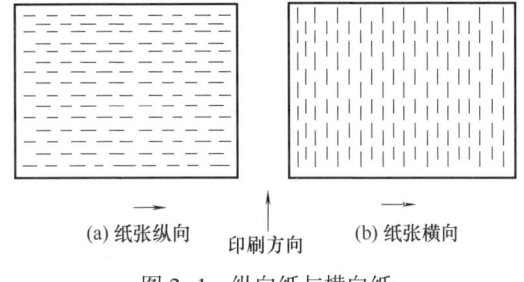

图 2-1　纵向纸与横向纸

纸张的方向性在单张纸印刷中有其重要作用，特别是在胶印中。由于纸张纤维在吸湿润胀时，纤维直径方向膨润的幅度比其长度方向要大，故纸张吸湿时，横向伸长率比纵向大，一般大2~8倍。所以在单张纸胶印中更倾向用纵向纸张。有人试验过规格为787mm×1092mm的单张印刷纸，当相对湿度从50%变化到65%时，纵向伸长率为0.05%，横向伸长率为0.15%。若787mm×1092mm为纵向纸，则其长边伸长为0.55mm，短边伸长为1.18mm；若为横向纸，则其长边伸长为1.64mm，短边伸长为0.40mm。由此可见，横向纸比纵向纸在受湿度影响时变形更为严重。因此，在单张纸印刷时，纸张最好切成纵向纸。

鉴定纸张的纵横方向有以下几种方法（参照GB/T 450—2008）。

（1）纸页卷曲法。将试样切成50mm×50mm幅面大小，把试样放在水面上，注意观察纸张卷曲的方向，与卷曲轴平行的方向即为纸张的纵向。

（2）纸条弯曲法。按互相垂直的方向切取试样各一条，长宽为200mm×15mm，并在每一条试样上做一个记号，使其重叠，用手指捏住一端，另一端自由地弯向左方或右方。如两个纸条分开，下面的纸条弯曲大，则为纸张的横向；再将两纸条弯向另一方向，如上面纸条压在下面的纸条上，两个纸条不分开，上面的纸条即为纸张的横向。

（3）抗张强度鉴别法。按纸条的强度分辨纸张的纵横向，一般纵向抗张强度和耐折度大于横向的抗张强度和耐折度。抗张强度或耐折度大的方向为纸张纵向，小的为横向。在实验室中，这种方法最为可靠和方便。

三、纸张的匀度

纸张的匀度（formation）是指纸张中纤维分布的均匀程度（uniformity），即指纸张在一定面积上的纤维和构成组分的分布状态，有时也称均匀性或不均匀性，常以匀度指数（%）来表示其大小。纤维特性、填料、纸料浓度及流速、纸机网案摇振频率等是影响成纸匀度的主要因素。匀度不仅影响纸张的外观质量，影响纸张的定量、厚度、紧度、平滑度、吸墨性等基本物理性能和印刷运行性能（给纸、输纸、定位等），而且还会影响纸张的抗张强度、挺度、耐折度、撕裂度等强度性能，和不透明度、光泽度等光学性能，以及非涂料印刷纸的印刷质量，因而是纸张非常重要的结构性能。

匀度一般在均匀的光线照明下，利用目测透视纸页来检查，这种方法的检查结果不能用数值表示，只能依靠观察者的判断。目前，美国、加拿大、法国、瑞典、芬兰等国家和我国上海、长春、广州等地，均在开发生产不同的纸张匀度测定仪器，如尘埃匀度仪、自动匀度测定仪、纤维质量分析仪、纸张结构分析仪等。根据测定手段与方法的不同，纸张

匀度仪可分为 β 射线透射式匀度仪、光透射式匀度仪，而光透射式匀度仪又因测定结果表示方法的不同，可分为微观扫描仪（Micro-scanner）和 PPF 匀度仪（Paper Perfect Formation Analyzer）。

现以美国 M/K 三维纸页结构分析仪来介绍匀度测量的原理。该仪器不仅可以测量纸张的匀度，还可以测量纸张中纤维束的大小及其分布、纸张中"孔洞"的大小及其分布，从而分析纸页的三维结构。仪器及测量原理如图 2-2 所示。纸页固定在一个直径为 10cm、长 20cm 的硼硅酸玻璃滚筒上，圆筒的轴心上安装有光源，一束可控制强度的光线射到纸页上。光线照射区域的面积在 0.44~11mm^2，在光源的对面有一光电池，纸页在光源与光电池之间通过，光源和光电池沿平行于滚筒轴向做同步直线移动，同时纸样滚筒以 150r/min 速度转动对纸样进行扫描，扫描区域的面积为 18cm×25cm。每次扫描前，滚筒沿其右端转动 20 圈，使透过所有纸样的平均光量都相同。因此，该仪器实际上测量的是纸面光学密度的偏差，即纸页定量的偏差。因为大量的研究已表明纸张的定量与光学密度之间有着良好的线性关系。

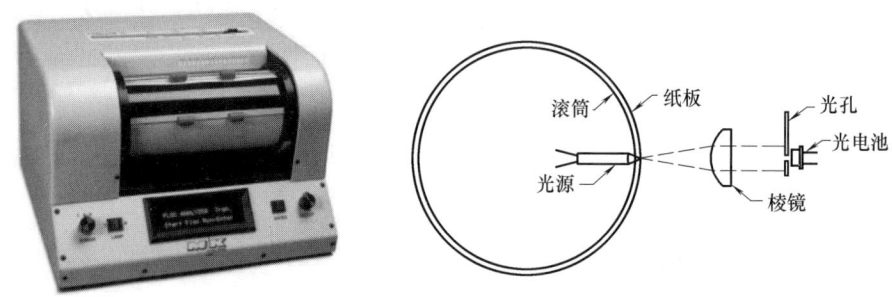

图 2-2　M/K 三维纸页结构分析仪及其测量原理示意图

第三节　纸张的微观结构

一、纸张的水平结构

纸张的水平结构是纸张的理想二维网络的统计几何结构。理想二维网络是指把 n 根纤维通过随机方法放于面积为 A 的平面上形成的理想纤维网络，简称为 2-D 纸页。尽管我们知道纸张具有多层结构，但实际上纸页中纤维都是在平面上分布的，因此，弄清楚纸张的水平结构特性对于认识纸张的结构是十分重要的。

纸页的力学性质不仅取决于纤维间的接触，即纤维间交叉的总量，而且还取决于纤维网络中单根纤维交叉的数量。对于实际纸页，不仅每平方毫米的纤维交叉数在整个纸页平面上是不等的，而且平面上各纤维间单根纤维交叉的数量也各不相等。因此，要弄清楚 2-D 纸页的结构，必须确定出每平方毫米纤维交叉数量的分布和单根纤维交叉数量的分布。

（1）每平方毫米纤维交叉数量的分布。该分布取决于每平方毫米内的纤维或纤维段（fiber segment）数量的变化，而这种的变化又是由于整个纸页上纤维［即纤维中心（fiber-center）］的不均匀分布造成的。因此，纤维中心的不均匀分布是纸页不均匀性的根本原因。图 2-3 所示为纸页每平方毫米纤维交叉数量的分布示意图。

(2) 单根纤维交叉数量的分布。造成单根纤维交叉数量不同的原因有两个：一是由于纸页中的纤维具有不同的长度；二是由于在整个纸页上纤维与单位长度线交叉的数量是变化的。在纤维平面网络中，取一单位长度的观察线作为参照，纤维与观察线交叉的数量可用纤维与观察线交叉点间的距离来间接表示。若把观察线看成是一根首尾相接的纤维，则纤维与观察线交叉点间的距离即相当于沿一根纤维交叉点间的距离，两交叉点之间的距离称为自由纤维长度（free fiber length）或间隙大小。因此，单根纤维交叉数量的分布也可用自由纤维长度的分布来表示。图2-4为纸页的单根纤维交叉数量分布情况。

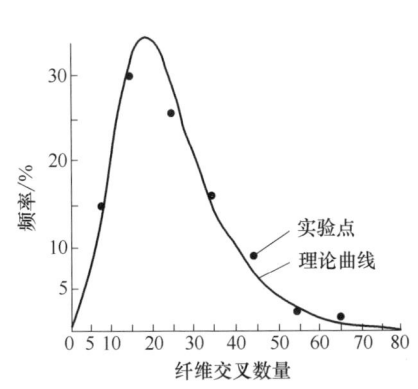
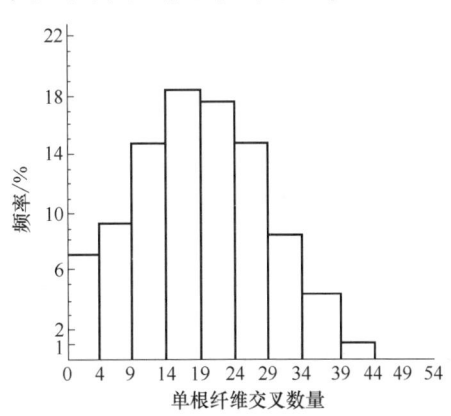

图2-3　纸页每平方毫米纤维交叉数量的分布　　　图2-4　纸页单根纤维交叉数量的分布

在研究纸页水平结构时，除考察上述主要结构性质的分布特性外，还经常测量如下几个方面的分布性质，即每平方毫米上纤维长度的分布、单根自由纤维长度数量的分布和自由纤维长度大小的分布。

二、纸张的垂直结构

纸张的垂直结构（vertical structure）也就是所谓的纸张"Z"向结构。通过放大镜可以明显观察到：纸页中单根纤维都平行于纸页平面而排列，或者仅仅与平面成很小的角度，也就是说纸页具有多层结构。但这并不是说在纸页"Z"向存在不连续层，而是表明对于任意纤维，尽管它们的长度是纸页厚度的10~20倍，却没有沿纸页"Z"向穿透到一定厚度。在纸内，一些纤维沿纸页顶面沉积，一些在中层，还有一些则沿本身全长接近网面排列。图2-5所示为纸页的横截面放大图，从图中可见，纸页中纤维间完全是分层排列的，所以一般可以把纸页看成由多层2-D纸页组成的多平面纤维网络，即所谓的MP纸页。

图2-5　纸页的横截面放大图

在纸张的垂直结构中，最重要的结构性质是纤维间黏结的程度。纸张中纤维间的黏结状态决定了纸张在垂直方向的抗张强度，也称为剥离强度或"Z"向强度。印刷过程（尤其是轮转胶印）的拉毛现象就是由于纸张的"Z"向强度不足造成的。纤维间的黏结状态常用相对黏结面积来表示，简称 RBA。RBA 是指纸页中纤维间总黏结面积与发生黏结的纤维总面积之比，即：

$$\text{RBA} = \frac{S_{\text{fe}}}{S_{\text{b}}} = 1 - \frac{S_{\text{e}}}{S_{\text{b}}} \tag{2-1}$$

式中　S_{b}——纸页中纤维间的总黏结比表面积，cm^2/g；

　　　S_{fe}——发生黏结的纤维总比表面积，cm^2/g；

　　　S_{e}——纸页纤维间未产生黏结部分的比表面积，cm^2/g。

RBA 的常用测量方法有两个。一是氮气（N_2）吸收法，该方法基于气体在固体表面吸附的 BET 理论，根据吸收前后 N_2 的压力变化测出纸页吸收的 N_2 量。由于吸收的这些 N_2 都是吸附在未发生黏结的纤维表面上，从而可求出 RBA。另一方法为光散射法，该方法是基于未黏结部分表面对光的散射作用，影响纸张的光散射系数，由于光散射系数与 RBA 之间具有一定关系，从而通过测量纸页的光散射系数便可求出 RBA。表 2-3 所列为两种方法测得的不同打浆效果的纸页的 RBA。

表 2-3　　不同打浆效果的 RBA　　　　　　　　　　　　单位：%

打浆时间/min	N_2 吸收法	光散射法
0	10	8
10	22	27
13	29	31
24	40	37

第二个重要的结构性质是细小纤维和填料在"Z"向的分布。由于在纸页成形过程中细小纤维和填料通过网部流失，造成纸正面细小纤维和填料量高于反面，即沿垂直方向细小纤维和填料的分布如图 2-6 所示。

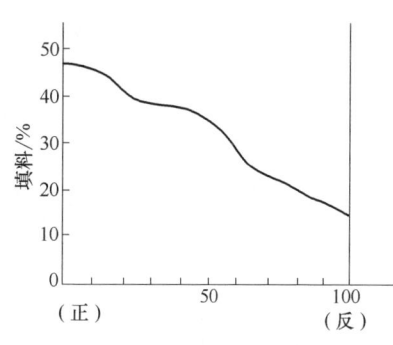

图 2-6　填料在纸张"Z"向的分布

图 2-7 直观地显示出了不同纸页成形方法对纸页"Z"向细小纤维和填料的分布、纤维取向情况及纤维分散情况的影响。从图中可看出不同成形工艺，其纸页"Z"向结构情况具有显著的差别。实验室方法的纸页，纤维沿"Z"向不仅分散好，而且能随机取向，细小纤维和填料的含量呈横 V 形分布；普通长网纸机的纸页，从正面向反面纤维取向程度加重，但絮聚程度减少，这与网面受到的剪切作用有关；两种圆网纸机形成的纸页比较，不仅纤维取向情况和分散程度不同，而且细小纤维和填料的分布状况也存在较大差别。

三、纸张的孔隙结构

纸张是一种多孔材料，它的许多性能，如对油墨、水及其他乳浊液、悬浊液的吸收和过滤性能，都是由其孔隙结构所决定的。从相关印刷用纸的研究中发现，若纸张的孔隙结构与油墨特性之间不匹配，在油墨固着之前过多吸收油墨中的连接料，则会导致印刷品光

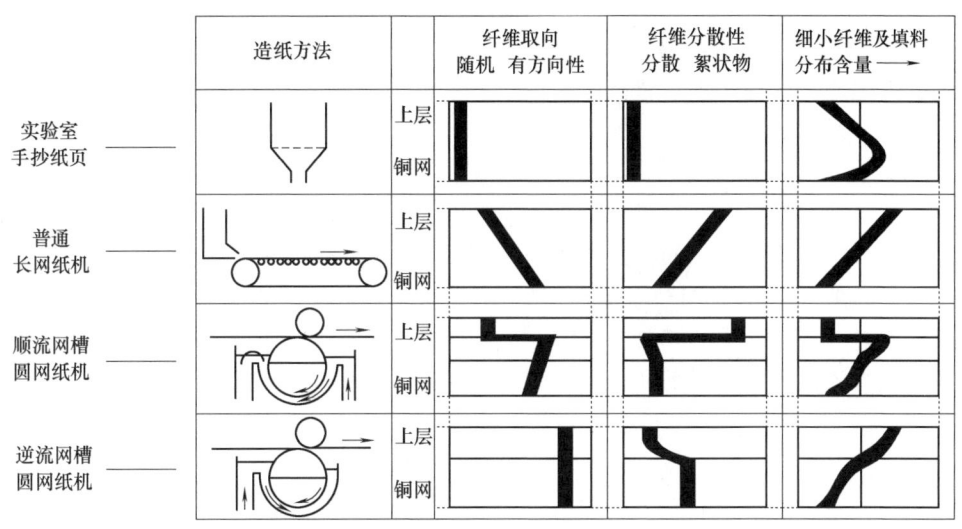

图 2-7 不同造纸方法的纸页"Z"向结构情况

泽和密度的降低。可见，纸张的孔隙结构对于印刷纸、书写纸、过滤纸、防水（油）纸等的适用性有较大的影响。此处只对与印刷过程、印刷质量直接相关的孔隙结构进行讨论。

纸张的孔隙结构是由构成纸张的基本组成——纤维和纸张成形过程中纤维之间的交织情况决定的。和任何其他多孔材料一样，纸张孔隙结构的几何特性可以从其孔隙率、比表面积、平均孔半径、孔径分布等来描述，在此主要讨论孔隙率、平均孔半径及孔径分布。

1. 孔隙率

纸张的孔隙率是指纸张孔隙体积与纸张的总体积之比，通常由式（2-2）近似计算：

$$\varepsilon = \left(1 - \frac{\rho_p}{\rho_f}\right) \times 100\% \qquad (2-2)$$

式中 ε——孔隙率，%；

ρ_p——纸张的表观密度（即紧度），g/cm^3；

ρ_f——绝干纤维的密度，常近似取 $1.55 g/cm^3$。

式中的 ρ_p 可在标准条件下通过测量纸张的厚度和定量计算出来。可见，要确定纸张的孔隙率，利用此法是较为简便的。但大量研究发现，由于纸张表面粗糙度和可压缩性的影响，采用上式求得的纸张孔隙率的误差可达 50%，对于孔隙率大的纸张，这种影响尤为明显。此外，风干纤维的体积与绝干纤维加风干纤维所含水分体积之和是不相等的，这会产生进一步的误差。因此，式（2-2）只能确定出纸张孔隙率的近似值。

另一种比较简单的方法是用苯去饱和在不同温度下干燥的手抄纸样，通过对试样饱和前后称重的方法确定纸张的孔隙率。结果发现，当干燥温度从 50℃ 升到 130℃ 时，纸张的孔隙率从 35% 增加到 50%。通过苯饱和法，可由式（2-3）计算出纸张的孔隙率：

$$\varepsilon = \frac{m_2 - m_1}{V \cdot \rho} \times 100\% \qquad (2-3)$$

式中 m_1——试样饱和前的质量，g；

m_2——试样饱和后的质量，g；

V——纸张的体积，cm^3；

ρ——苯的密度，常温下约为 $0.876g/cm^3$。

也有人用乙醇代替苯进行对比实验，结果表明偏差小于5%，与用氮渗透法得到的结果非常一致。

2. 平均孔半径

平均孔半径又称等效孔半径，它是指长度等于纸页厚度之孔隙的当量半径。即通过单位面积上半径为平均孔半径的孔的流体流量与通过单位面积上所有孔隙的流体流量相等。由于纸张的孔隙是由大小不同的相互连通的通道所组成的一个复杂系统，因而平均孔半径同孔隙一样，仅能表示出孔隙量的相对大小，不能说明孔隙的大小、形状和分布。曾经有人利用空气渗入法得出涂料纸和证券纸的平均孔半径的范围为 $0.2\sim1.2\mu m$，所用公式为：

$$\frac{V}{t}=\frac{n\pi r^4 \Delta p}{8\eta l}\left(\frac{2p-\Delta p}{2p}\right)\left(1+\frac{4S}{r}\right) \tag{2-4}$$

式中 $\dfrac{V}{t}$——空气的体积流速，cm^3/s；

Δp——纸页两面间的压力差，Pa；

p——所加压力，Pa；

n——毛细管数量；

η——空气的黏度，Pa·s；

r——毛细管半径，μm；

l——毛细管长度，μm；

S——滑动系数。

有人用石蜡毛细管上升法对15种典型纸张进行测量，结果表明，从玻璃纸到滤纸的平均孔半径为 $0.01\sim12.60\mu m$，一般印刷纸为 $0.02\sim0.20\mu m$。通过对印刷纸和书写纸的三个不同方向的平均孔半径的测量，结果表明，在纵向约为 $0.13\mu m$，在横向约为 $0.08\mu m$，在厚度方向约为 $0.01\mu m$。由此可见，沿纸页纵向的平均孔半径最大，而沿厚度方向的孔半径最小。

3. 孔径分布

纸张孔径的分布对于印刷纸张来讲尤为重要，这是因为印刷油墨的颜料粒径也具有一定分布，两者之间只有很好地匹配才能印刷出高质量的印刷品。

纸张是一种孔隙结构复杂的材料，如何准确地测量其孔径分布，目前最公认的是采用模型化方法，即把存在于纸张中复杂的孔隙看成一系列平行的圆柱形毛细管。据流体在毛细管内流动的理论，施加外部压力 p 将流体压入这些毛细管时，存在下列关系式：

$$p=\frac{2\gamma\cos\theta}{r} \tag{2-5}$$

式中 r——毛细管半径，μm；

θ——固液接触角，(°)；

γ——液体的表面张力，N/m。

由式（2-5）可知，一定的平衡压力对应一个被流体充满的孔径。不断增加压力，测量被压入孔隙的相应流体的体积，便可绘制出体积与压力（或对应半径）的关系曲线（即累积分布曲线）。据此曲线便可确定出任何 $r+\Delta r$ 范围内微分孔隙体积，作出相应的微分曲线（即频率分布曲线）。累积分布曲线表示了纸张内部孔隙的容量大小，频率分布曲线则表示孔径的分布情况。

基于毛细管模型而提出的测量纸张孔径分布的方法有：水银压入法、置换法、毛细管吸入法和毛细管上升法。在诸方法中，应用最多的是水银压入法，它被认为是研究多孔材料孔隙特征最有效的方法，不仅可以测出孔隙率和比表面积，还能同时测出平均孔半径，并能从降压时排出水银的情况下推测出不规则孔的形状。

水银压入的测量方法是先将试样抽空，然后在大气压力下将水银压入纸张较大的孔隙中，再不断增加压力，使水银压入更小的孔隙中。压力不同，压入孔隙的水银体积亦不同。用压力对相应的压入水银量作图，即可得到孔半径的分布曲线。此法已经在实际中得到了广泛应用。

由于纸张的孔半径不易测量，有文献报道可以通过测量一定工艺条件下油墨在不同纸张中渗透的深度，导出一个"渗孔比"，从而计算出纸张的孔半径。

思 考 题

1. 什么是纸张的两面性？它是如何形成的？它对印刷纸的质量和印刷有哪些影响？如何鉴别和克服纸张的两面性？

2. 什么是纸张的方向性？在单张纸胶印过程中，纸张丝缕方向与印刷方向最好是垂直还是平行？为什么？

3. 什么是纸张的匀度？它影响纸张的哪些性能？

第三章 纸张的基本物理性能

第一节 概 述

一、纸张的质量指标

纸张的用途不一样，其质量要求也不一样。从应用需求出发，纸张的质量大体上可归纳为：外观质量、基本物理性质、力学性质、光学性质、化学性质和其他特性。根据纸张用途，可以相应地来检测这些性质。

1. 外观质量

外观质量是指尘埃、孔洞、针眼、透明点、皱纹、折子、条痕、硬质块网印、毛毯痕、斑点疙瘩、云彩花、裂口、色泽不一致等肉眼可以观察到的缺陷。纸张的外观质量不仅影响使用，而且在不同程度上影响纸张的质量，它不但会降低纸张的使用价值和成品率，同时增加了产品的损耗，严重时会损坏设备。如硬质块等在印刷时会轧坏印刷胶辊，造成印刷设备的损坏；其他一些外观纸病对印刷的影响也是显而易见的。外观纸病和纸张的物理性能也有密切关系，例如不均匀的纸或纸板，其施胶度、透气度、平滑度、抗张强度等都会受到影响。所以，对各种纸张（特别是印刷纸）应有一定的外观质量要求。

2. 基本物理性质

基本物理性质包括纸张的定量、厚度、表观密度、平滑度、吸收性等最为普遍的性能。

3. 力学性质

力学性质又称为机械性质或强度性质，它分为静态强度和动态强度。静态强度是指纸张在缓慢受力情况下所能承受的最大力，又称为最终强度，主要包括抗张强度、耐破度、撕裂度、耐折度等质量指标。动态强度是指纸张能经受瞬时冲击的程度，它反映纸张受力后瞬时扩散而破裂的动态状况，主要包括戳穿强度、环压强度、压缩强度等指标，它是包装用纸和纸板最重要的质量指标。

4. 光学性质

光学性质包括纸张的白度（亮度）、颜色、光泽度、透明度、不透明度等。对印刷纸张来说，纸张的光学性质是十分重要的，它直接影响着印刷品的质量。

5. 化学性质

化学性质包括纸张的化学组成、吸湿性、酸碱性、耐久性等。

有些纸还要求具有某些特殊性能，如水溶性（保密文件用纸等）、水不溶性（茶叶袋纸、过滤纸等）、电气性能（电气绝缘纸的电磁性）、张力吸收性能（韧性牛皮纸等）。

二、纸张的印刷性能

印刷纸是纸张品种中的一个大类别,其印刷性能(即印刷所要求的纸张性能,printing performance)概括起来有两方面:一是要保证印刷生产的正常进行,纸和纸板应具备的性能,称为纸张的印刷运行性能(printing runability);二是要获得预期的印刷效果,纸和纸板应具备的性能,即纸张的印刷适性(printability)。所谓正常的印刷生产,是指纸张无故障地顺利通过印刷机,印刷出合乎要求的印刷品的过程。由此可见,纸张的印刷运行性能是印刷对纸张最基本的要求,它是纸张外观质量、流变性能、强度和吸湿性等基本性质的综合表现。所谓预期的印刷效果,是指能得到与使用的纸张质量等级相适应的印刷品质量。因此,纸张的印刷适性也是指直接影响印刷品质量的纸张性能,同纸张的印刷运行性能一样,纸张的印刷适性并不是一个单一的纸张性能,而是所有影响到印刷品质量的纸张性能的总称,这些性能主要包括纸张的印刷平滑度、油墨接受性能、光学性能等。在有些文献中,把纸张的印刷运行性能称为印刷运行适性,把纸张的印刷适性称为纸张的印刷质量适性,而把纸张的这些印刷性能统称为纸张的印刷适性。

要弄清楚不同印刷方式对纸张的要求,就必须首先搞清楚印刷过程中纸张、油墨和印刷机相互作用的机理及相互之间的关系。同时,作为最基础的纸张的基本性质也是不能忽视的。第一,纸张的基本性质是对纸的印刷性能进行研究应用后,反馈到纸张制造工艺中的重要依据;第二,纸张的基本性质(诸如纸的定量、厚度、紧度、耐久性等)虽然与一般印刷性能的项目没有直接的关系,但是它们却是对最终印刷品进行评价的必要项目;第三,纸张的印刷性能实际上是诸多纸张基本性质的综合反映。因此,研究并弄清楚纸张的基本性质是十分重要的。

三、纸张印刷性能的评价

纸张印刷性能的评价基本有下面几种方法。

1. 实际印刷法

通过实际印刷机印刷后,以印刷效果来评价纸张的印刷性能。该法耗费大,不适于科学研究。

2. 间接测试法

该法是通过测定一些常规性质,如平滑度、吸收性、光泽度等来间接预测纸张的印刷性能。由于常规性能指标的测定条件与实际印刷状况差距较大,因而不太科学。

3. 模拟印刷适性仪测试法

这是 20 世纪中后期发展起来的一种新方法,它模拟印刷机的条件和印刷方法,并能调节印刷压力、墨量和印刷速度,进行各种印刷试验来评价纸张的印刷性能。这种方法较为科学,因所用仪器体积小,操作方便,而被广泛应用。

目前国际上模拟测定印刷性能的仪器种类较多,如德国 Fogra 印刷适性试验机、日本印制局凹版印刷适性试验机、荷兰 IGT 印刷适性测定仪、美国 Hercules 印刷适性试验机、瑞典印刷研究所印刷适性试验机等十多种试验机。其中,荷兰 IGT 印刷适性测定仪应用最为广泛,并日趋标准化。

过去,对纸张印刷质量的评价只限于一些常规测试项目,如平滑度、吸收性、白度、抗张强度等，这些项目的测试都是在与印刷不相同的条件下进行的。目前的研究表明，这些常规测试项目的结果并不能完全反映纸张印刷质量的优劣，如粗糙均匀的纸张可能会比平滑的纸张印出更高质量的印刷品，而某些常规指标都较高的纸张却经常带来印刷故障，这种现象只能用纸张印刷适性的观点来解释。由此可见，纸张印刷适性的研究应借助于可模拟印刷的印刷适性仪。

纸张印刷适性的研究还涉及高分子材料学、流变学、表面化学等基础学科，是一个十分广泛的研究领域。

第二节　纸张的定量、厚度和紧度

一、定　　量

定量（basic weight）是指纸张单位面积的质量，以 g/m^2 表示。定量是构成纸张规格的基本度量。在技术方面，它是进行纸张各种技术指标（如强度）评价时的基本条件。在经济方面，它是每吨单价与总价格相关的基本因素。纸张是按面积大小使用的商品，然而纸张的销售却是按质量进行计价的，因此，从经济的角度考虑，应尽量使用定量低的纸张。如果纸张比标准定量重，则相同重量下可印刷的份数就少。如新闻纸印刷报纸时，按定量为 $51g/m^2$ 计算，每吨纸张可印大约 4.6 万份报纸。若定量增加 $1g/m^2$，即为 $52g/m^2$，则每吨纸比 $51g/m^2$ 的纸要少印 1000 份报纸。因此，必须严格控制纸张的定量。目前国外为节约原料，纸张不断向低定量方面发展，新闻纸已降低到 $45g/m^2$，航空版为 $30g/m^2$。为此生产和印刷部门都要采取相应措施，在降低定量的同时，保证纸张和印刷品的质量。因为降低纸张定量既会增加纸张的生产成本，又会降低纸张的挺度，从而给单张纸印刷带来困难。所以，实际上是按照不同的使用要求来选择不同定量的纸张。

定量影响纸张的物理性能以及许多光学性能和电学性能。一般的物理性能（如抗张强度、耐破度、撕裂度、紧度、厚度、不透明度等）都与定量有关。为便于同一类型纸张的强度相互比较，常把这些指标换算成抗张指数、裂断长、撕裂指数、耐破指数等。在纸张生产上，为严格控制定量使其波动不要太大，常采用浓度调节器或进行定量在线控制。

纸张的定量可以采用象限称或感量为 0.01g（试样的质量在 5g 以上）的天平进行测量，称量单位面积纸样的质量，再换算为定量（g/m^2）（参照 GB/T 451.2—2023）。

二、厚　　度

纸张的厚度表示纸和纸板的厚薄程度。一般要求同一批生产出来的纸张厚度一致，否则印制成品的厚薄就不均匀。若书刊印刷纸厚度不一致，则印出的书刊有厚有薄，即同一本书内厚薄不均匀或同一批书厚薄不均匀，这就可能降低印品质量或导致残次品，经济上不合算。所以，印刷纸的厚度是一项重要的物理性能指标，它影响印刷纸的不透明度和可压缩性，还会影响到印刷压力的调节，所以要控制纸张的厚度，以便使纸张的其他物理性能、光学性能、力学性能和电气性能在合理范围内。

纸张是一种可压缩性材料，其真实厚度是难以准确测量的，通常所讲的纸张厚度是指在一定测量条件下（即一定面积、一定压力下）纸张正背两个表面之间的垂直距离。标准的测量压力为（100±10）kPa，接触面积为（200±5）mm²。此外，测量时纸张的张数不同，所得到的平均厚度也不相同，表3-1所列为两种印刷纸不同张数时测得的平均厚度结果（参照GB/T 451.3—2002）。从表3-1可见，单张纸测得的厚度乘以张数并不等于这些纸重叠后的厚度，这与纸张的可压缩性有关。另外，厚度和定量也有着密切的关系，但两者的关系不是一成不变的，这是由另一个因素——紧度的影响造成的。

表3-1　　　　　　　两种印刷纸不同张数时测得的平均厚度　　　　　　单位：μm

张数	1	5	10
纸张A	61.5	58.2	58.5
纸张B	91.4	89.6	89.5

三、紧度和松厚度

紧度是指每立方厘米纸张的质量，以g/cm³表示。该单位与物质的密度单位相同，因此，也把纸张的紧度称为表观密度。

纸张的紧度由定量和厚度按下式计算出：

$$\rho = \frac{W \times 1000}{d} \tag{3-1}$$

式中　ρ——纸张的紧度，g/cm³；
　　　W——纸张的定量，g/m²；
　　　d——纸张的厚度，mm。

国际上更多的是测量纸张的松厚度。松厚度是紧度的倒数，是指1g重的纸张体积有多大，用cm³/g表示，计算公式如下：

$$V = \frac{1}{\rho} = \frac{d}{W \times 1000} \tag{3-2}$$

式中　V——纸张的松厚度，cm³/g。

纸张的紧度取决于所用纤维的种类、打浆程度，以及抄纸时网部脱水情况、湿压程度和压光程度等，所以要根据纸张的要求采取不同的工艺条件以达到所需的紧度。一般来说，纸张的紧度与其耐破度和抗张强度成正比，与撕裂度、透气度、吸墨性和不透明度成反比。对有的纸张，其关系不一定如此，如纸张的耐破度高而紧度低，这种纸很可能是用强韧的长纤维制成的；纸张的耐破度高而且紧度很大，这种纸张可能是用切断和水化很好的浆料制成的。表3-2中列出了不同紧度新闻纸的二甲苯吸收性（参照GB/T 2805—2006）。从表中可看出，紧度越大，吸收速度越慢（吸收时间越长）。纸张的不透明度随紧度的增加而减少。若紧度过大，纸张印刷后印迹不易干燥，易造成背面蹭脏。书刊印刷用纸要求吸墨性好，因而紧度不要过高，一般在0.7g/cm³左右为宜。其他印刷纸中，普通胶版纸的紧度在0.8g/cm³左右，铜版纸的紧度在1.25g/cm³左右，轻量涂料纸的紧度在1.05g/cm³左右，无光涂料纸的紧度在0.9g/cm³左右。

表3-2　　　　　　　　　紧度对新闻纸二甲苯吸收性的影响

紧度/（g/cm³）	0.64	0.61	0.58	0.55	0.52	0.50	0.49
二甲苯吸收性/s	19.9	15.7	14.2	13.1	11.6	10.1	8.9

第三节　纸张的平滑度与表面可压缩性

一、平滑度与表面可压缩性

平滑度（smoothness）是指纸张表面平整、光滑的程度，它取决于纸张表面的形貌，描述了纸张的表面结构特性。纸张的平滑度与其光泽度（gloss）有一定关系，两者都受造纸过程中压光处理的影响，但两个量的物理意义却并不相同，在数量上也不是简单的关系，如一张未经压光处理的涂料纸，虽光泽度低但却相当平滑。也常用粗糙度（roughness）来表示纸张的平整光滑程度。

要获得满意的印刷质量，纸张的平滑度是一个必要的条件，还有一个是纸张的表面可压缩性（surface compressibility）。表面可压缩性决定纸张在印刷过程中压印瞬间的平滑度，即印刷压力作用下纸张的平滑度，把此时的纸张平滑度称为印刷平滑度（printing smoothness）；把纸张自由状态下的表面平滑度称为表观平滑度。表观平滑度取决于纸张的外观纹理结构；印刷平滑度则是纸张表观平滑度和表面可压缩性的综合效应。对印刷品质量有直接影响的是纸张的印刷平滑度，因而它成为纸张最重要的印刷适性指标之一。

一种材料受到压力作用时体积减小，这种材料便是可压缩的。同样，与某种材料表面有关的体积受压力作用而减小时，也可以说该种材料的表面是可压缩的，即当压力作用于材料的表面时，可压缩性表面的粗糙度会减小。因此，可压缩性表面在受压力作用时与其说是表面体积减小，不如说是表面粗糙度减小。

所以，用表面可压缩性能够量度随压力增加表面粗糙度减小或平滑度增加的程度。由于纸张通过印刷机压印区的时间极短，因而受压力作用表面变形的时间因素可以忽略，这样，粗糙度（R）与压力（p）间的函数关系可表示为：

$$R=f(p) \tag{3-3}$$

相应地，表面可压缩性可定义为：

$$k=\frac{\mathrm{d}R}{\mathrm{d}p}=f'(p) \tag{3-4}$$

从式（3-4）可见，表面可压缩性系数 k 并不是一个常数，而是所施加压力的函数。k 值的大小反映了纸张随所施加压力的增加，其表面粗糙度 R 值减少的快慢程度。在一定压力下，表面可压缩性系数 k 值大的纸张较 k 值小的纸张具有更高的印刷平滑度。

纸张的表面可压缩性是难以单独进行测量的。实际中，常通过测量纸张有无压力作用下或不同压力作用下的平滑度或粗糙度来估算纸张的表面可压缩性。

二、纸张表观平滑度的测量

目前用于测量纸张表观平滑度的方法主要有显微照相法、触针法和 OCR（Optical character recognition）法等。

显微照相法是利用高倍显微镜或电子显微镜拍摄纸张表面，得到纸面结构的照片，从照片可直观反映出纸面的粗糙程度，然后用打分分级的方法（视觉评价）对结果进行定量评价。由于结果受到评价者主观判断的影响，因此，显微照相法更多地用于定性的评价。该法也可用于印刷品质量的评价。

触针法是对纸面平滑度测定后,再扩大纸张表面凹凸轮廓的方法。它用触针式平滑度测定仪自带的上下移动的细小针尖接触纸面,然后移动纸张,把一定长度内纸面的凹凸放大后记录下来的装置。国际上常见的这类仪器有瑞典林产研究所(STFI)的粗糙度试验机、英国 Brush 电气公司生产的表面分析仪、国产的纸张表面粗糙度仪。图 3-1 所示为利用触针式表面粗糙度仪测得的不同纸张的表面外形轮廓图,从图中可以直观地看出不同纸张表面平滑度的差别。此外,触针式测定仪可定量表示纸面凹凸程度。利用 Brush 表面分析仪,还可确定出表面凹陷低于 5.7μm 的纸页表面的百分率。研究表明,涂料印刷纸的该项数值与印刷质量的关系很大。

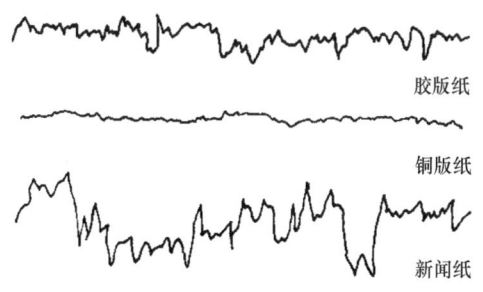

图 3-1 触针式表面粗糙度仪测得的纸面轮廓图

OCR 法是一个较好的测试方法,它是利用光学信号传递信息,即非接触测量,同时采集信号的过程比较简单,实验条件容易满足。该系统以激光为光源,保证了光束良好的方向性,以光导纤维作传感器,因此,使系统可免用透镜组、光具座和导轨等大型设备,再加上利用光导纤维可以远距离传递信号,因而使系统的空间分辨能力、灵活性及对工件的可接近性等都能大大提高。该系统测试原理简述如下。

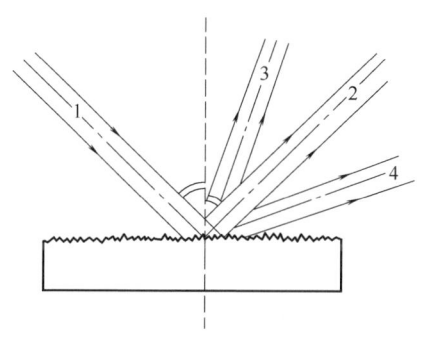

图 3-2 光线在粗糙表面的散射
1—入射光束 2—镜面反射光束 3、4—散射光束

当一束准直的单色相干光投射到一个光滑理想表面时,所有反射光仍保持一准直光束,这称为镜面光束,它按斯涅尔(Snell's)定律所定的方向传播。如果反射面不是理想表面,即表面粗糙,则反射光束将散射,并呈一定角度分布,如图 3-2 所示。在某一散射角 θ_s 方向,其散射光强度 $I(P)$ 与表面粗糙度之间由下列关系式给出。

$$I(P) = \left| \frac{\sin(NKTP/2)}{\sin(KPD/2)} \right| \cdot \left| C \int_A F(x) e^{-iKPx} dx \right|^2 \quad (3-5)$$

$$P = \sin\theta_s - \sin\theta_i; \quad K = \frac{2\pi}{\lambda}; \quad N = \frac{B}{D}$$

式中 θ_s——散射角,(°);
θ_i——入射角,(°);
λ——激光波长,nm;
D——x 方向的周期,即水平方向凹凸不平的尺寸,μm;
B——入射光束的直径,μm;
A——入射光束的截面积,mm²;
C——与入射光强有关的常量;
$F(x)$——表面起伏的反射函数,其大小取决于表面下凹深度和凹陷部分形状及散射角的大小。

从上述关系式中可以看出，如果入射光的波长 λ、入射角 θ_i、光束直径 B 与截面积 A 固定，那么对于一定的散射角 θ_s 方向，其散射光将只取决于表面凸起或凹下部分水平方向大小 D 和高低 H。因此，测量 θ_s 方向散射光强度涨落可直接反映出表面粗糙度的大小。研究结果已表明，材料表面散射光的变化与表面粗糙度成正比，即材料表面越粗糙，散射光的变化（涨落）就越大。通过测量相邻位置散射光的变化，可定量测出纸张表面的粗糙度。

表观平滑度反映的是纸张表面在自由状态下的轮廓情况。大量试验证明，从显微照相法所得的视觉评价结果能较好地反映纸张在压印力较小的一些印刷过程中的印刷平滑度。它还表明，纸张表面高且尖的峰与深且窄的谷比宽的峰与谷对印刷更为不利。

三、纸张印刷平滑度的测量

目前，已开发出许多测量纸张印刷平滑度的方法，但概括起来有两类：一类为光学接触法，另一类为空气泄漏法或气流法，以第二类的仪器较多。这些仪器中大多数的测量压力都较实际印刷压力低很多，因而与实际印刷中纸张的印刷效果之间存在一定的差距，但用于区别不同纸张之间平滑度的差别仍是十分方便有效的。

1. 光学接触法

光学接触法是把玻璃三棱镜压在纸上，一束光线通过棱镜照到纸张表面，通过纸面反射的光量反映纸面在压力作用下与光学玻璃表面的接触程度。根据接触部分与未接触部分在三棱镜内反射光的不同状态，以光学的方法确定接触部分的面积与全部测量面积的比率，以此接触面积的百分率表示纸张的印刷平滑度大小。光学接触法中最具有代表性的是查普曼（Chapman）平滑度仪，该仪器可提供三种不同的背衬［玻璃背衬、胶印橡皮布背衬和薄膜状（tympan）衬垫］及五种不同的测量压力（10.3，25.7，51.4，77.1，102.8，单位是 kPa）。

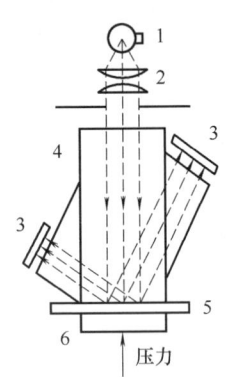

图 3-3 Chapman 平滑度仪
1—光源　2—聚光镜
3—光电池　4—三棱镜
5—纸样　6—背衬

Chapman 平滑度仪的测量原理如图 3-3 所示。Chapman 平滑度仪的测量压力已接近实际印刷压力，但此法对于非接触部分的深度考虑不够，距棱镜表面 0.4~0.8μm 的凹坑就被认为是非接触面，而实际印刷中这个凹坑深度是在油墨厚度范围内的，即这类凹坑对印刷质量不会产生不利影响，因此，此法的测量结果与实际印刷效果相比性较差。

2. 空气泄漏法

空气泄漏法是目前使用最为普遍的一种方法。利用这种原理设计的平滑度（粗糙度）仪有别克（Bekk）型、威廉（Williams）型、格尔莱（Gurley H-P-S）型、本特生（Bendtsen）型、谢菲尔德（Sheffield）型和 PPS 型等。我国目前均能生产这些类型的仪器，它们都是在一定压力和一定面积下，测量一定量空气通过纸张表面与另一个表面之间的间隙所需的时间，或测定空气的流速、流量以及空气压力的变化等。在众多的空气泄漏平滑度仪中，Bekk 型、Bendtsen 型和 PPS 型在评价印刷平滑度中得到广泛的应用，PPS 型是 20 世纪 70 年代开发出来的平滑度仪。

（1）别克（Bekk）型平滑度仪。Bekk 型平滑度仪如图 3-4 所示，该仪器的工作原理是在一定真空度和压力下，测出一定量的空气通过试样表面与支承玻璃砧接触面所需的时间。按照标准的定义，则表述为"在特定的接触状态和一定的压差下，试样面积和环形板之间由大气泄入一定量空气所需的时间，以秒（s）表示"。试样越平滑，它与玻璃砧之间的接触就越紧密，一定量的空气泄漏通过的速度就越慢，所需的时间就越长，表明纸样表面平滑度就越高。该仪器测量压力为（100±2）kPa，有效面积为（10±0.05）cm²，测量纸样与玻璃砧之间真空度从 50.66kPa 下降为 48.00kPa

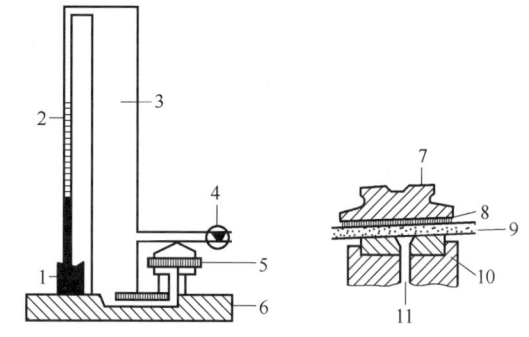

图 3-4　别克型平滑度测试仪结构图

1—水银　2—玻璃毛细管　3—容积管　4—三通阀　5、9—纸样　6—底座　7—压盖　8—胶垫　10—玻璃砧　11—气道

[相当于大真空器进气量为（10±2）mL 或小真空器进气量为（1±0.05）mL] 所需要的时间，用秒（s）表示（参照 GB/T 456—2002）。

别克式平滑度测定法有一定的优缺点，对低平滑度的试样较适宜，误差小，但对高平滑度的试样测定时间较长，可以采用小真空器进气量进行测量。由于某些纸张存在从横断面透气的现象而使测定值降低。纸张正背两面的平滑度不同，可以按照 GB/T 456—2002 提供的方法来计算平滑度的两面差。

$$\Delta P = \frac{P_{大} - P_{小}}{P_{大}} \times 100\% \tag{3-6}$$

式中　ΔP——平滑度两面差，%；

　　　$P_{大}$——平滑度较大测定值，s；

　　　$P_{小}$——平滑度较小测定值，s。

（2）本特生（Bendtsen）型平滑度仪。Bendtsen 型平滑度仪的特点是操作简单，测量快速准确，它与别克型平滑度仪相比较，测试的稳定性更好。该测试仪器采用 3 个相互关联的流量计，可根据纸和纸板平整程度的不同而选择使用。其工作原理是利用空气泄漏法，使微弱的压缩空气，通过一定测量面积的金属环，以漏过空气流量多少来测定纸和纸板的表面粗糙程度。如漏过的空气越多，则说明纸张表面越粗糙，即纸张表面平滑度越低。该仪器还可以测定纸张的透气度、表面可压缩性及弹性（参照 GB/T 22363—2008）。

纸张的透气度是指在一定面积、一定真空度下，单位时间内透过纸张的空气量，以微米/帕·秒（μm/Pa·s）表示。测量时，使空气通过一定范围的纸面来测定纸张自身的紧密情况，若气流通过得越多，说明纸张的透气度越大（参照 GB/T 458—2008）。测定纸张的表面可压缩性和弹性时，是在测试头上加砝码，使压力达到 5kg/cm²，然后读取流量计上浮子的指示数，该数与平滑度相比的百分数即表示纸样的表面可压缩性。去掉砝码后，再读取流量计上浮子的指示数，该数与平滑度相比的百分数又表示了纸样的弹性。图 3-5 所示为 Bendtsen 型平滑度（粗糙度）仪的结构示意图。

(3) PPS 型粗糙度仪。20 世纪 70 年代初，由英国 J. R. Parker 博士和英国 Messmer 公司联合发明的采用在接近印刷压力下测量纸张印刷平滑度的仪器，其全称为 Parker Print Surface 粗糙度仪，简称 PPS 粗糙度仪。该仪器的主要特点如下。

① 采用与实际印刷相接近的测量压力作为标准压力，为 1980kPa，并在 490~4900kPa 或更高范围内压力可调，并推荐对于凸印、胶印、凹印等的用纸，采用的压力分别为 2000，1000，5000kPa，所以该仪器的测量压力较其他种类的平滑度仪都要高很多，测量状态也更接近实际印刷状态。

② 测量时纸样的背衬材料采用了实际印刷中常用的背衬材料。印刷方式不同，选用的背衬也不同。也可用其他背衬材料，以便研究背衬对印刷平滑度的影响。

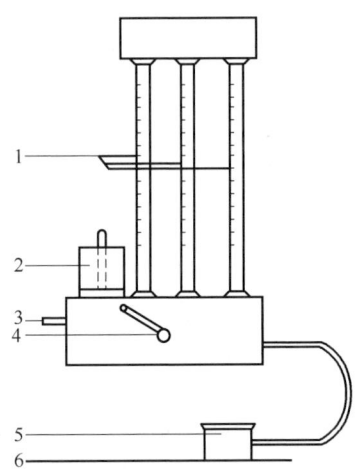

图 3-5 本特生平滑度测定仪
1—流量计　2—调压砝码　3—空气进口
4—调节阀　5—测量头　6—玻璃板

③ 测量环的周长为 10.0cm，与本特生型相同，但其宽度为 51μm。

④ 在测量环的两面均采用了环形保护环，该保护环不仅可以起到保护测量头的作用，而且还可以提高测量精度，减少测量误差。测量头的结构如图 3-6 所示。

⑤ 测量压力由气动加压获得，可减少机械振动对测量结果的影响。从测量环泄漏出的空气经由一个可变面积的流量计进行测量、读数。

整个仪器由测量头、气动控制装置和测量板三部分组成，如图 3-7 所示。由测量头上测量环与纸面之间泄漏的空气经由测量板上的流量计，并将流速换算成绝对单位的粗糙度值，测试方法可参照 GB/T 22363—2008。

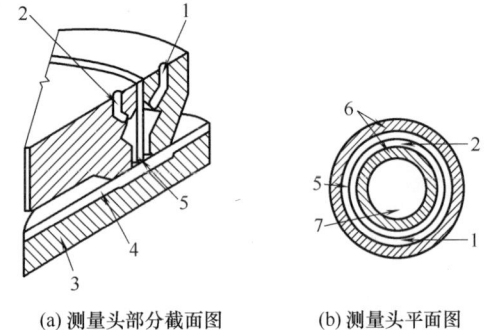

(a) 测量头部分截面图　　(b) 测量头平面图

图 3-6 PPS 粗糙度仪的测量头
1—接流量计　2—进气口　3—背衬　4—纸样
5—测量环　6—保护环　7—通大气

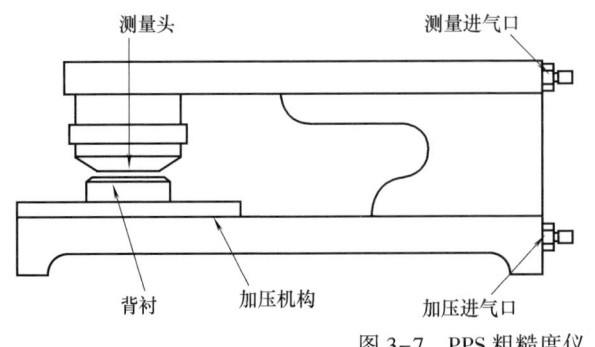

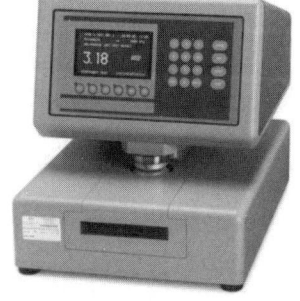

图 3-7 PPS 粗糙度仪

表3-3 所示为几种空气泄漏法平滑度仪测量条件的比较。从表中可见，不同仪器之间的测量条件各不相同，因此，即使结果表示方法相同，测量结果仍有较大的差别。对于 Bekk 型和 Bendtsen 型平滑度仪，由于测量时的压力比实际印刷时的压力小得多，因此，有些测量结果并不能反映或预测所有被测纸样在印刷中的表现。实验表明：当纸样宏观上平滑，而且微观上也平滑（测量的平滑度高）或宏观上和微观上都不够平滑（测量的平滑度低）时，测量的结果比较接近实际印刷的效果。而当纸样虽然表面不平但微观上很平滑（如经过涂布压纹的花纹纸等）时，则用 Bekk 型和 Bendtsen 型平滑度仪测量的结果与实际印刷效果之间的可比性很差，但采用 PPS 粗糙度仪进行测量时，由于采用的压力可以模拟实际印刷的压力，能反映出纸张的表面可压缩性，因此测量结果与实际印刷效果比较一致。不过，PPS 粗糙度仪的使用要求比较苛刻，要求仪器和被测样品的放置与使用都在恒温（23±1）℃、恒湿（RH55%±5%）的环境下才行。

表 3-3　　　　　　　　　几种空气泄漏法平滑度仪的测量条件

仪器	结果表示	气流宽度/mm	压力/10^2kPa	可变形背衬
Bekk	s/10mL	13.5	1.0	可
Gurley H-P-S	s/10mL	5.90	0.21	否
Sheffield	mL/min	0.38	1.00	否
Bendtsen	mL/min	0.15	1.50	否
PPS	μm	0.051	5.000~50.000	可

四、绝对单位粗糙度与 PPS 粗糙度仪的应用

1. 绝对单位粗糙度

从表 3-3 可见，除 PPS 法外，其他几种方法都以空气流速或时间来表示结果，这就不能与纤维的大小及墨膜厚度之间相比较，而测量印刷平滑度的一个重要目的就是预测要填充纸面凹坑所需的墨膜厚度。因此，有必要将空气泄漏法的结果转换为绝对单位的粗糙度。

粗糙度可定义为纸面偏离某一理想参考平面或滚筒形参考表面的程度。这个参考面可以是想象的代表纸张表面平均趋势的，或是诸如印版表面的真实表面。空气泄漏法中的测量环也可看成是这样一个参考面。这样，如果测量环的宽度不超过被检测的缺陷的宽度，则从流体力学中可推得纸面与测量环之间的平均间隙 G_3：

$$G_3 = \left(\frac{12\mu b q_m}{L\Delta p}\right)^{\frac{1}{3}} \tag{3-7}$$

式中　　G_3——在测量条件下绝对粗糙度，μm；

　　　　μ——空气黏度，mPa·s；

　　　　b——空气流过测量环的距离（气流宽度），mm；

　　　　q_m——单位时间的空气体积流量，mL/min；

　　　　L——垂直于流动方向的长度，即测量环的长度，cm；

　　　　Δp——横跨测量环的压力差，kPa。

实际上，绝对粗糙度 G_3 是测量环与纸面之间的平均立方根间隙。由于空气是可压缩

的，式（3-7）中：

$$\Delta p = \frac{p_u^2 - p_d^2}{2 p_m} \tag{3-8}$$

式中　p_u 和 p_d ——测量环进气端和出气端的绝对压力，kPa；
　　　p_m——流量测量点的绝对压力，kPa。

对于 Bendtsen 粗糙度仪，代入有关参数的数值后得到如下表达式：

$$G_3 = 1.545 Q^{\frac{1}{3}} \tag{3-9}$$

式中　Q——Bendtsen 粗糙度，mL/min。

表 3-4 所示为由式（3-7）计算出的绝对粗糙度。对于其他形式的空气泄漏法平滑度仪也可得到类似的表达式，将相对粗糙度转换为以 μm 表示的绝对粗糙度。由于 Bendtsen 粗糙度测量压力小，且采用刚性背衬，纸张的绝对粗糙度的数值比实际印刷中采用同种纸张获得满意印刷品所需墨膜厚度要大。例如，在实际印刷中，Bendtsen 粗糙度为 100mL/min 的新闻纸，5μm 厚的墨膜便能得到表面完全覆盖的实地印刷品，然而从表 3-4 中可见，该种纸张对应的绝对粗糙度为 7.2μm。可见，即使将 Bendtsen 低压力下测得的粗糙度（平滑度）转换为绝对粗糙度后，也并不能反映纸张在实际印刷中的效果。

表 3-4　　　　　以绝对单位粗糙度表示的 Bendtsen 粗糙度

Bendtsen 粗糙度/(mL/min)	10	30	100	300	1000
绝对粗糙度/μm	3.3	4.8	7.2	10.3	15.5

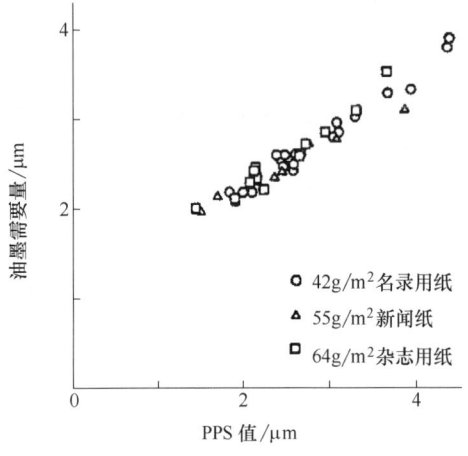

图 3-8　印版上油墨需要量与 PPS 值的关系

2. PPS 粗糙度仪的应用

由于 PPS 粗糙度仪的测量条件更接近实际印刷的状态，因而在印刷纸质量评价中得到广泛的应用。利用 PPS 粗糙度仪测得的绝对粗糙度称为 PPS 值，表 3-5 中列出了不同纸张采用软背衬、测量压力为 1960kPa 条件下（常表示为 S_{20}，若用硬背衬，则表示为 H_{20}）测得的 PPS 值范围。将表中新闻纸的 PPS 值与表 3-4 中由 Bendtsen 粗糙度计算出的值 7.2μm 比较，不难发现，PPS 值较为真实地反映了纸张的印刷平滑度。此外，纸张 S_{20} 条件下的 PPS 值与印版上印刷油墨需要量之间是近似线性关系。图 3-8 所示为得到 0.90 的印刷密度，印版上所需油墨量与纸张 S_{20} 条件下 PPS 值之间的关系。

表 3-5　　　　　不同纸张的 PPS 值

纸种	PPS 值/μm	纸种	PPS 值/μm
铸涂纸或纸板	<0.7	新闻纸	2.5~3.7
铜版纸或纸板	0.7~1.4	普通压光纸	3.0~4.5
辊涂超压印刷纸	1.2~2.0	书写纸	4.5~6.8
普通超压印刷纸	1.4~2.3		

图 3-9 所示为三种经不同强度压光处理的纸张，PPS 值随压力的变化曲线。从图 3-9 可见，随压力的增大，PPS 值减少（相当于印刷平滑度增加），最后趋于一个恒定值。三种不同压光处理的纸张，它们的 PPS 值随压力增加而减少的速度是不同的，最后达到恒定的值也不相同。

研究表明，当 PPS≤2μm 时，即纸面与印版或橡皮布表面之间的平均间隙小于或等于 2μm 时，就足以保证转移到纸面墨膜的厚度是均匀的，印刷密度均匀性能令人满意。人们把 PPS=2μm 时的压力称为需用印刷压力（Printing pressure requirement, PPR）。由此发现，印刷密度不均匀性与 PPR 值之间几乎呈线性关系，图 3-10 所示为版上墨厚为 8μm 时，凹版印刷密度不均匀性与 PPR 值之间的关系图。

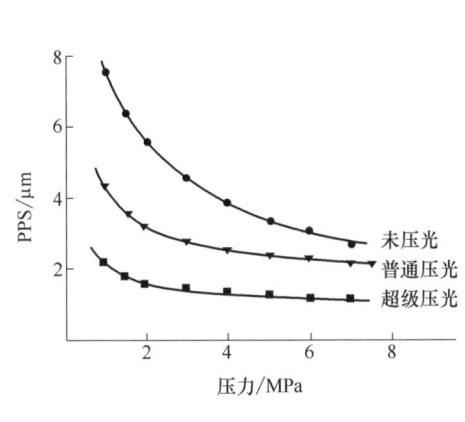
图 3-9 PPS 值与压力的关系

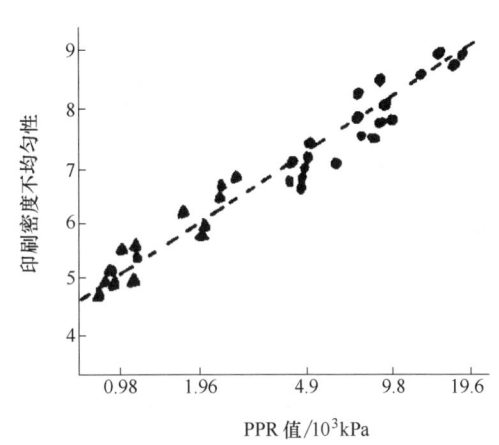
图 3-10 凹版印刷密度不均匀性与 PPR 值的关系

通过上述讨论可以看出，印刷质量不仅取决于纸张的表面可压缩性或纸张的表观平滑度，而是取决于两者综合的参数，那就是需用印刷压力。PPR 值较准确地反映了纸张印刷平滑度的大小，PPR 值越低的纸张，越容易取得满意的印刷效果。

五、纸张生产工艺对平滑度的影响

提高纸浆的打浆度能够增加纸张的平滑度；长网机的振动装置可以改进成纸的平滑度；造纸机的铜网形式和毛毯织法影响平滑度；提高湿压和增加压光也可以改进平滑度，但要得到平整的纸张，不能单纯靠压光手段来提高纸张的平滑度，因为经压光的纸会出现光而不平，粗糙的纸压光还会产生硬斑，这就要求纸张在压光前本身要平，才能进一步改进纸张的平滑度；加填和表面施胶可以改进平滑度；涂料纸的表面为涂料层所构成，随涂料的性质和涂布机的特性形成不同的表面，与非涂料纸相比，可得到平滑度极高的纸面；纸浆的品种也是影响平滑度的一项重要因素，机械木浆含有纤维束，制成的纸粗糙，亚硫酸盐木浆和棉浆使纸张表面更平整些。

六、印刷平滑度对印刷品质量的影响

印刷平滑度是在纸张上获得忠实于原稿的印刷品的首要条件，它决定了在压印瞬间纸张表面与着墨的印版或橡皮布表面接触的程度，成为影响油墨转移是否全面、图文是否清晰的重要因素。

第一，印刷平滑度影响纸张的油墨需要量，即达到一定印刷密度时，纸面或版面所需的油墨量（墨膜厚度），如图3-8所示。从图中可见，纸张越粗糙，即印刷平滑度PPS值越大，要达到反射密度0.90，印版上所需墨膜越厚。印版上墨膜厚度的增大，将增加印品的不均匀性和透印性，并导致不良的网点质量，增加机械性网点扩大的可能性。第二，印刷平滑度影响纸张着墨的均匀性。对于实地印刷品，印刷平滑度差的纸张，印刷密度的不均匀性增加。对于网目调印刷品，印刷平滑度差的纸张，网点质量差，而且有严重的网点丢失现象，在凹印中图像的中间调和亮调部分，由于网点较小，丢失尤为严重，影响了印刷品高光部分的层次再现。图3-11所示为印在印刷平滑度好（a）和印刷平滑度差（b）的两种纸上的网目调印刷品的显微照片，从图中可直观看出印刷平滑度对网点图像印刷品质量的影响。第三，印刷平滑度还影响印刷品的光泽度。高的印刷平滑度有利于在纸面形成均匀平滑的墨膜，从而提高印刷品的光泽度。

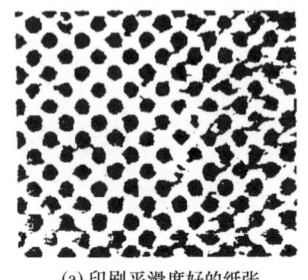 

(a) 印刷平滑度好的纸张　　(b) 印刷平滑度差的纸张

图3-11　不同印刷平滑度纸张的网点再现性

如果纸张比实际需要的平滑度差，印刷工作者可以借助于下列两种措施来提高印品质量：一是采用较大的印刷压力；二是印以较厚的墨膜。

增加印刷压力有一定的限度，因为压力的增高会产生斑点；甚至在严重的情况下，能在纸张的凸起区域将印刷品压破，形成所谓"穿孔"现象。如果纸张过分粗糙，在压力还不足以使纸张的凹坑与印版有良好接触之前，就会发生穿孔。增加墨膜厚度能改进纸上油墨的颜色强度和鲜艳性。但因印版上存有较多的油墨，使填塞的可能性增加，也更加剧了粘脏的可能性。纸张表面性状的差别，能使油墨遮盖力出现50%的差别。

由此可见，印刷平滑度是印刷纸和纸板一个非常重要的质量指标。但对于不同的印刷方法，由于油墨转移到纸面的方式不同，对纸张印刷平滑度的要求也不一样。对于凹印，纸面直接与印版接触，而印版大多为不可压缩的金属，因而纸张的印刷平滑度对油墨转移的均匀性起着决定作用，因而要求纸张的印刷平滑度要高。对于胶印，印刷平滑度的要求没有凹印那么严格，因为胶印是靠富有弹性的橡皮布来间接转移油墨的，对普通的胶印产品，橡皮布的弹性能够弥补纸面的轻微粗糙而较好地把油墨转移到纸张表面。但对于高档胶印产品，加网线数高，为了保证图像层次不受损失，还是要选择印刷平滑度高的纸和纸板（如铜版纸等）进行印刷，以保证产品的质量。

第四节　纸张的油墨吸收性能

纸张是一种多孔材料，不同于塑料薄膜、铁皮等承印物，其结构与土壤、沉积岩层相似，具有多孔性。由纤维网络构成的孔隙是纸张吸收油墨的基础，因此，对油墨的吸收能力便成为评价印刷用纸质量的一个重要指标。这一指标决定着油墨印刷到纸张表面后的渗透量和渗透速率。许多印刷故障往往是由于纸张对油墨的吸收能力与所采用的印刷条件不匹配造成的。纸张对油墨吸收能力过大时，会导致印迹无光泽，甚至产生透印或粉化现象；而吸收能力过小时，则减慢了油墨干燥速度，导致印品背面蹭脏，特别是在靠渗透干燥的凸版印刷和高速印刷中问题尤为突出。可见，纸张的油墨吸收性能是影响印刷品质量的重要印刷适性指标。准确评价纸张的油墨吸收能力并预测其对印刷品质量的影响，对于印刷质量控制和造纸时提高产品质量都具有重要的意义。

一、纸张的油墨接受性能和油墨吸收性能

纸张的油墨接受性能（ink receptivity）和油墨吸收性能（ink absorptivity）是影响纸张印刷质量的两个重要性质，两者之间有一定关系，但又是纸张的两个不同的特性。纸张的油墨接受性能是指纸张表面在印刷过程中，在印刷机上压印瞬间接收转移油墨的力，它是纸面如下几方面性能的综合表现。

① 表面被印刷油墨润湿的能力。
② 表面吸收一定油墨组分的能力。
③ 表面固定和保留均匀墨膜的能力。

可见，纸张的表面自由能、印刷平滑度、吸墨性能及油墨的固化形式等，均影响纸张的油墨接受性。油墨接受性能好的纸张，指的是纸张能既快又均匀地接受油墨。因此，油墨接受性能不单是纸张的性质，还取决于油墨的性质和印刷方式。只有在这些条件固定后，才单独描述了纸张的性质。

纸张的油墨接受性能中包含了一定的吸收性能的作用，但和纸张的油墨吸收性能是有区别的。前者是发生在压印瞬间不到1s时间内的现象，而后者则发生在从油墨与纸面接触到完全固化在纸面的一个较长的时间。油墨的接受性能与其转移性能有关，而油墨的吸收性能则与纸张毛细孔对油墨中低黏度组分的吸收作用，及油墨中某些组分向纸内的渗透作用有关，因而纸张的油墨吸收性能影响纸面墨膜的干燥及墨膜的表面性能。

二、印刷过程中纸张对油墨的吸收及对印刷的影响

要准确评价纸张的油墨吸收性能，必须首先弄清楚印刷过程中纸张吸收油墨的规律。在实际印刷时，纸张对油墨的吸收可分为两个阶段。

第一阶段是印刷机的压印瞬间，依靠印刷压力的作用把转移到纸张表面墨膜的一部分不变化地压入纸张较大的孔隙中，即油墨整体进入纸张孔隙，油墨中颜料的同时进入则会促使透印现象的发生。该阶段油墨的渗透量随印刷压力、油墨的黏度及压印时间而变化。

若印刷速度为 v（m/min），印刷压力为 p（kPa）时，油墨压入深度为 h（μm），则速度为 v_1，压力为 p_1 时的压入深度 h_1 与 h 之间存在如下关系：

$$\frac{h}{h_1}=\sqrt{\frac{pv_1}{p_1v}} \tag{3-10}$$

由上可见，第一阶段纸张对油墨的吸收很大程度上取决于印刷压力的大小，印刷速度也起一定的作用。由于在此阶段油墨被整体压入纸张较大的孔隙，因而保留在纸面墨膜的性质不会受压入量多少的影响。另外像新闻纸、凸版纸等非涂料纸，由于其孔隙率高，压

力过大则会将油墨过多地压入纸内而导致透印。

第二阶段则主要是依靠纸张的毛细管力吸收油墨,从纸张离开压印区,延续到油墨完全干燥为止。在这个阶段,连接料从油墨整体中分离出来,通过小孔隙和纤维粗糙的表面以相当慢的速度进入纸张内部。因而这个过程实际是连接料从油墨向纸张大孔隙迁移的过程。第二阶段的吸收比第一阶段更为重要,这是因为连接料从油墨整体中分离出来,将改变保留在纸面墨膜的结膜性质,墨迹的固着与干燥也要在这个阶段完成。第二阶段纸张对油墨的吸收速率决定着印刷品是否具有光泽,是否会发生透印现象。因为分离减少了留存在墨膜中的连接料,从而使光泽降低。发生透印则是由于连接料渗入纸张内部孔隙,部分取代了孔隙中的空气,由于空气-纤维、空气-填料、空气-涂料的散射界面减少,使纸张的光散射能力降低,不透明度变差,增加了透印现象发生的可能。第二阶段纸张对油墨的吸收速率可以用著名的 Washburn 公式来描述:

$$\frac{dh}{dt}=\frac{r^2}{8\eta h}\left(\frac{2\gamma_{LG}\cos\theta}{r}\pm\rho gh\right) \tag{3-11}$$

式中 $\dfrac{dh}{dt}$——纸张毛细管吸收液体的速率;

r——纸张毛细管半径,μm;

h——毛细管内液体的高度,μm;

η——液体的黏度,Pa·s;

γ_{LG}——液体的表面张力,N/m;

θ——固液接触角,(°);

ρ——液体的密度,kg/m^3;

g——重力加速度,m/s^2。

公式中,正号表示向下流动,负号表示向上移动。

当吸收达到平衡时,$\dfrac{dh}{dt}=0$,由式(3-11)得:

$$h_\infty=\frac{2\gamma_{LG}\cos\theta}{r\rho g} \tag{3-12}$$

这便是毛细孔吸收的平衡深度。将 $2\gamma_{LG}\cos\theta$ 代入 Washburn 公式求积分,将对数部分展开并经化简后可得:

$$h^2=\frac{r\gamma_{LG}\cos\theta\cdot t}{2\eta}$$

$$h=\sqrt{\frac{r\gamma_{LG}\cos\theta\cdot t}{2\eta}} \tag{3-13}$$

对于纸张和油墨相互作用而言,上述表达式中的 r 表示了纸张毛细管的平均孔半径,γ_{LG} 为油墨的表面张力,η 为油墨的黏度,θ 为油墨与纸张材料之间的接触角(对于非涂料纸,即为油墨与纤维之间的接触角)。

实际印刷时,纸张对油墨的吸收能力不仅取决于毛细管吸引力的作用,还受到印刷压力的影响,而且印刷压力的作用远比毛细管吸引力大得多。在考虑印刷压力 p 的作用之后,油墨被压入纸张的深度用 d 表示,可由下式计算:

$$d = \sqrt{\frac{pr^2}{4\eta} \cdot t} \qquad (3-14)$$

上式称为 Olsson 公式，基本归纳了在各种印刷条件下印刷压力、印刷时间、油墨黏度、纸张毛细管半径与油墨被压入纸张深度的关系。Olsson 公式已被实验研究结果所证实。

三、纸张的油墨吸收性能的测量

1. 压印瞬间油墨吸收性能的测量

该试验利用 IGT 印刷适性仪，先用第一印盘在纸条上印一层薄薄的油态石蜡膜，接着立即用第二印盘在纸条上再压印一层黑墨。石蜡膜在压印初期的吸收强烈地影响着第二印盘黑墨在纸面的附着。石蜡在压印时压入纸内越多，则转移到纸面的黑墨越多。因此，测量黑墨膜的密度便可准确量度压印瞬间纸张对油墨的吸收能力。研究表明，该试验的测量结果能较为准确地预测纸张在实际印刷机上压印瞬间对油墨的吸收能力。

2. 毛细管吸收性能的测量

目前有许多测量纸张毛细管吸收性能的方法，主要可分为油吸收方法和油墨脏污试验法两大类。

（1）油（或溶剂）吸收方法。这类方法是通过测量纸张对某些特定溶剂或油的吸收速度，描述纸张的毛细管吸收能力。常见的有二甲苯吸收性试验、油吸收性试验和 IGT 油吸收性试验。

二甲苯吸收性试验是我国规定的标准试验方法（参照 GB/T 2805—2006）。该方法是将一滴二甲苯溶液滴于专用试验架上的纸张表面，测量液滴被纸面完全吸收后光泽消失时所需的时间，以秒（s）来表示。该方法的测量结果对于以溶剂型油墨印刷的凹印纸而言，能较好地预测其吸墨性能。

油吸收性试验的基本原理是将一定量的油滴滚展在纸面上，然后用一束平行光以一定角度照射油痕，用光电池检测其镜面反射光，可得到一条反射率随时间而变化的曲线，如图 3-12 所示。图中，区域 1 反射率有一个初期的上升，所用时间可以由油膜从滚筒分离到纸面后流平所花的时间来计算。区域 2 反射率保持恒定直到区域 3。此后，反射率随时间增加而减少，直到与加油滴前的反射率相等。这种方法的最大优点是可以从曲线

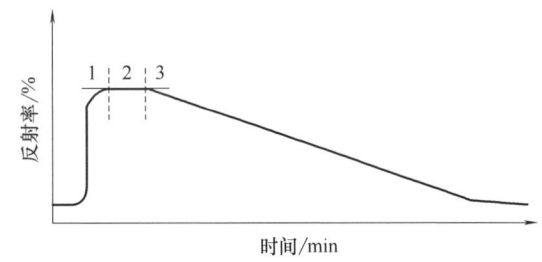

图 3-12 油滴的反射率随时间的变化

直观地看到纸张吸收油的速率。若区域 3 段曲线越陡，说明吸收越快。油吸收性试验方法的缺点是测量结果受纸张表面平滑度和光泽度的影响较大。

IGT 油吸收性试验则是利用 IGT 印刷适性仪，按一定印刷条件把一滴用苏丹红着色的化学纯酞酸二丁酯溶液印在纸面上，形成一条红色油痕，将油痕长度的倒数乘以 1000，表示油吸收性。油痕越长，说明纸张越光滑，吸收性越小。一般认为，油痕长度在 75mm 以上的纸张印刷后，成膜光泽度非常高；油痕长度在 60~75mm 成膜光泽度一般；油痕长

度在 50~60mm 成膜光泽度较差；油痕长度小于 50mm，成膜光泽度非常差。该方法也曾作为测定印刷纸吸收性能的国家标准（GB/T 12911—1991），但其最大缺点是不能准确地区别吸收性较接近的纸张。表 3-6 所示为用此法测得的几种印刷纸的吸收性结果。

表 3-6　　　　　　　　　　几种印刷纸的 IGT 油吸收性

纸种	油痕长度/mm		吸收性/mm^{-1}	
	反面	正面	反面	正面
铜版纸	78	99	12.3	10.1
书籍纸	37	39	27.0	25.6
机涂纸	97	110	10.3	9.1

以油吸收性试验预测纸张的吸墨能力虽已普遍采用，但在实际印刷时，纸张孔隙对油墨连接料的吸收不仅取决于纸张本身所固有的吸收能力，而且还取决于墨膜中颜料粒子间形成的毛细管的大小，即取决于颜料粒子的大小及分布。墨膜中的毛细管在一定程度上起到阻止连接料从油墨整体中分离出去的作用。所以，采用油吸收性试验的方法并不能真实预测实际印刷时纸张对油墨的吸收。

（2）油墨脏污试验法（ink stain test）。国内外已普遍采用 K&N 油墨脏污试验法来控制造纸的质量和预测印刷时纸张的吸墨能力。K&N 油墨是一种将白色颜料分散在有色油中形成的非干性油墨。

油墨脏污试验的程序如下：
① 将过量的试验油墨涂于纸张表面。
② 让油墨在纸面保留一定的时间。
③ 用软布或脱脂棉将过量的油墨擦掉。
④ 分别测量脏污区域的反射率与干净纸面的反射率。

K&N 油墨试验程序在 TAPPI 标准 RC-19 中有所描述，并已定为我国标准方法（QB/T 2636—2004）。在油墨吸收性试验仪上，K&N 油墨在纸样表面保留并吸收的时间为 2min，再用自动擦墨程序将纸面未吸收的油墨擦掉，试验结果用 K&N 值表示。K&N 值的计算不大相同，在美国，K&N 值按下式计算：

$$\mathrm{K\&N} = \frac{R_\mathrm{F}}{R_\infty} \times 100\% \tag{3-15}$$

式中　R_F——油墨脏污区域的反射率；
　　　R_∞——足够厚空白纸面的反射率。

在英国标准和我国标准中，K&N 值则按下式计算：

$$\mathrm{K\&N} = \frac{R_\infty - R_\mathrm{F}}{R_\infty} \times 100\% \tag{3-16}$$

大量研究表明，通过油墨脏污试验法预测纸张的吸墨能力是一种很科学的方法，不仅便于常规测试，而且由于采用的是油墨而不是油，测得的结果与印刷质量（主要在光泽度和透印方面）有着良好的相关性。在有些文献中，把 K&N 值的大小用来表示和评价纸张的油墨接受性能，但从该方法的测量原理来看，K&N 值反映的是纸张的油墨吸收性能。

（3）影响油墨脏污试验结果的因素。油墨与纸张接触的时间、试验油墨的黏度、纸面的光反射能力、纸面的粗糙度等因素，都将影响油墨脏污试验的结果。

① 油墨与纸张接触的时间不同，纸张对油墨吸收的量不同，用 K&N 值表示的吸收性能就不同。

图 3-13 为同种试验油墨在 A、B、C、D 四种不同涂布纸张上保留不同时间擦掉后，测得的反射密度对接触时间所作的曲线。从图中可看出：

a. 不同的接触时间，脏污后的密度值是不同的。即纸张对油墨的吸收量在不同时刻是不同的。

b. 不同纸张吸收油墨的速率是不一样的。

A 类纸（铜版纸）在起初 2min 密度值增加的速率很快，说明其印刷后的两次吸收（毛细管吸收）迅速，意味着油墨接触到纸张后发生快速固着。在达到最高值期间，曲线平缓显示出吸收良好。

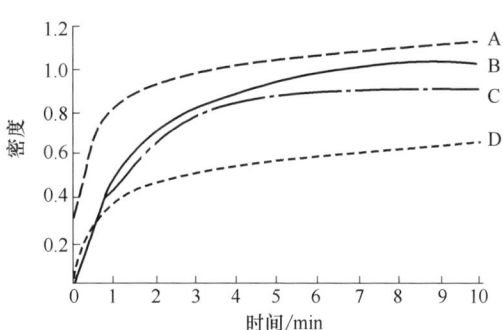

图 3-13 不同接触时间的脏污密度值
（4 种不同纸张）

A 类纸在 2min 后仍显示出高的吸收值，采用通常的 K&N 试验，便可正确预测其吸收能力。

B 类纸张在开始 2min 显示的吸收较小，但试验继续进行到 10min 时，其吸收值已相当高了。从这点可以看出，如果只看前 2min 吸收的大小，就会误认为该纸的吸收能力小。从整个曲线看，B 类纸虽然起初吸收量较小，不如 A 类纸那么容易着墨，但随着毛细管一直吸墨，并不会给干燥、固着带来麻烦。

C 类纸最初的吸收量同 B 类纸一样小，但约 10min 后就不如 B 类纸那么大。这是由于 C 类纸的涂料中含有较高比例的胶乳，经过良好的压光处理，使这类纸对着墨不利，造成它最后的吸收量不高，不易干燥，但还不至于蹭脏。

D 类纸是一种便宜的机内涂布纸，它不仅最初吸收小，而且最后吸收也小。利用普通的 K&N 试验法便可预测出这类纸较易蹭脏，油墨干燥缓慢。

② 试验油墨的黏度影响油墨脏污试验的测量结果。图 3-14 为不同黏度的 K&N 油墨在 3 种纸上的试验结果。从图中可看出，不管何种纸，其 K&N 值均随油墨黏度的增加而减少，这与前面提到的 Washburn 公式是相符的。

③ 不同的纸张，其表面的光反射能力不同，用 K&N 值表示的吸墨性能就有差别，如图 3-15 所示。消除纸张表面反射能力影响的最佳方法就是利用 K&N 指数 X 表示，X 可由下式计算：

$$X = \frac{R_\infty - R_F}{R_\infty \cdot R_F} \times 100\% = \left(\frac{1}{R_F} - \frac{1}{R_\infty}\right) \times 100\% \quad (3-17)$$

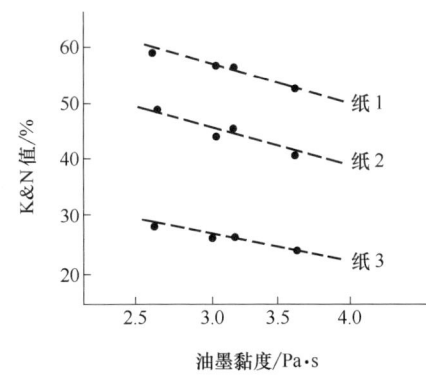

图 3-14 油墨黏度对 K&N 值的影响

用 K&N 指数的优点是它与传递到纸面的墨量成线型关系，如图 3-16 所示。

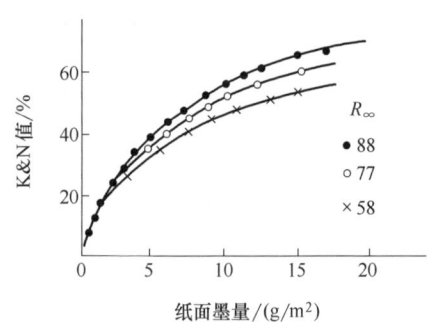
图 3-15 不同纸张 K&N 值的差别

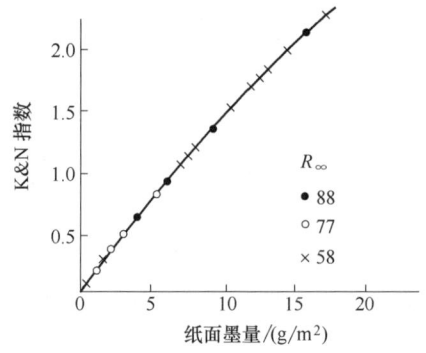
图 3-16 K&N 指数与纸面墨量关系

④ 纸张表面粗糙度也会影响油墨脏污试验结果。在油墨脏污试验中，经自动擦墨后，少部分油墨会残留在纸面凹坑中，纸张表面越粗糙，则残留的油墨越多。

四、不同印刷方法对纸张的油墨吸收性能的要求

油墨在纸上的附着是靠纸的毛细管作用，把油墨中的部分连接料吸入纸中实现的，故纸张吸收性的大小直接影响着油墨对纸张的渗透和结膜情况。每种印刷纸都必须具有与印刷方法和印刷条件相适应的吸收性能，以保证获得饱满、清晰、牢固的印迹。

除了普通新闻纸印刷，单张纸平版胶印采用的大多是树脂型连接料所制备的油墨，其在纸上最后的干燥要依靠油墨连接料中树脂和干性植物油的氧化结膜。因此，只有纸张具有较弱的吸收性，才能避免油墨连接料甚至颜料的过分渗透，使纸面得到鲜艳光亮的墨膜。但若吸收性太差，即使印刷质量好，也易引起印刷时纸张粘脏现象，影响图文印刷效果，故一般控制纸张的二甲苯吸收性在 40~50s，印刷效果较好。

凹版印刷用的是低黏度的挥发性油墨，油墨黏度低，依靠溶剂挥发，树脂在纸上结成墨膜，所以凹版印刷纸的吸收性弱一些为好。但如果吸墨速度太慢，会使纸张和印版紧密接触时，造成油墨无处渗透而生成斑点或层次不清，在多色印刷中易导致粘脏现象。因此，凹版印刷机都配置有热风干燥装置，以加速溶剂的挥发，促进油墨的干燥。对于薄膜类承印材料，由于没有吸收性能，完全依靠溶剂的挥发，使树脂逐渐形成凝胶而干燥。

对于柔性版印刷，其印版上图文凸起，印刷压力小，主要使用水基油墨，连接料主要由水和水溶性树脂及乳液组成，油墨在纸上的固着主要依赖于纸的吸墨性能，加热会进一步促进溶剂的挥发，使油墨在纸张上结膜干燥。因此，柔性版印刷用纸应有良好的吸墨性能，使油墨能迅速在纸上附着。对于薄膜类承印材料，由于不具有吸收性，若是使用溶剂型油墨，则依靠连接料中溶剂的挥发而干燥；假如使用水性油墨，水是主要溶剂，水的挥发速率远低于各种有机溶剂，在正常的印刷速度下，在薄膜上难以实现油墨的固着和干燥。

思 考 题

1. 定量、紧度、松厚度和厚度的定义分别是什么？它们之间有何关系？
2. 为什么现在倾向使用低定量纸张？为什么纸张厚度的均匀性比其绝对值更重要？

3. 影响印刷纸紧度的因素有哪些？分析纸张紧度的大小对其强度、吸收性（油墨透印或油墨的干燥）及不透明度的影响。

4. 什么是纸张的表观平滑度？测量方法有哪些？什么是纸张的印刷平滑度？其测量方法又有哪些？哪个平滑度对印刷品质量有直接的影响？

5. 什么是纸张的表面可压缩性？它是如何影响印刷质量的？

6. 针对利用空气泄漏法测量印刷平滑度的几种仪器，比较其测量条件、测量精度和结果表示法各有什么不同。

7. PPS 值是指什么？PPR 值又指什么？PPR 值有何实际意义？

8. 纸张的印刷平滑度对印刷品质量有何影响？纸张的生产工艺对其平滑度有何影响？

9. 纸张对油墨的接受性和吸收性有什么不同？加压渗透和自由渗透的渗透深度表达公式各是什么？这两个阶段对印刷品光泽、透印等性能有何影响？

10. 影响油墨脏污试验结果的因素有哪些？这些因素是如何影响 K&N 值的大小？

第四章 纸张的力学性质

第一节 概 述

纸张的力学性质又称为机械性质或机械强度。印刷纸一般是在需要承受相当大的应力条件下使用的,因此机械强度是印刷纸的重要性能之一,也是使其在现代高速造纸机上连续生产且适应高速轮转印刷机印刷所必备的条件。纸张的机械强度通常用使纸和纸板的整体性遭到破坏和结构发生不可逆改变的那些应力数值来表示。根据作用于纸上的力的性质不同,可用抗张强度、耐折度、耐破度、撕裂度、挺度等指标来表示。

在实际使用中,纸张是否容易发生拉断、折断、撕裂等破坏,不只是单纯地由上述一项或几项强度指标决定,而是与纸张的流变性质(如黏弹变形、蠕动变形和应力松弛等特性)密切相关,因此,要从纸张的强度指标与纸张其他相关性能的结合角度来分析和认识纸张的机械性质。无论何种纸张,在"Z"向受到压力作用时,其"Z"向都会产生变形,变形的大小取决于纸张紧度(即表观密度)。

第二节 纸张的流变性质

通过研究纸张的流变性质,可以了解纸张在实际应用(如印刷)中的受力状况及其不同性能,这有助于解释常规检验结果的意义。

一、纸张的黏弹性变形

纸张是一种多相复杂且非均质的高分子材料,同其他高分子材料一样,纸张在受到力的作用时会表现出其固有的特性——黏弹性(viscoelastic property)。在讨论纸张的黏弹性之前,需要说明应力、变形、理想弹性固体和理想液体的意义。应力是物质为了抵抗外力而在单位面积上发生的内力(N/m^2);变形(或称应变)是物体尺寸发生变化的数量对原有尺寸的比率。理想弹性固体在有外力作用下,其瞬时的变形程度与负荷成直线比例关系,而当去除负荷后,能恢复其原有规格。若用 σ 表示应力,ε 表示其变形,则有:

$$\varepsilon = \frac{\sigma}{E} \tag{4-1}$$

式中 E——物体的杨氏模量。

最大应力是物体在保持能恢复其原有形态条件下能承受的最大负荷,也称为弹性极限。理想弹性固体不用考虑时间因素,而对于理想液体则需要考虑时间因素,它的流动要依时间与负荷而定。因为纸张具有弹性性能和与时间有关系的流动性能,这就意味着引起纸张特定变形而产生的应力,也将随产生变形所用的时间而变化,纸张所产生的这种变形称为黏弹性变形。对于理想液体,其应力 σ 与变形 η 之间遵循牛顿定律:

$$\sigma = \frac{\eta d\varepsilon}{dt} \tag{4-2}$$

式中　η——液体的黏度，Pa·s；

　　　t——应力作用的时间，s。

对于一定的应力 σ_0，上式积分后得：

$$\varepsilon = \frac{\sigma_0 t}{\eta} \tag{4-3}$$

纸张的这种应力-变形对时间的依赖关系可以用试验的方法来证明。采用均匀的纸样，先用肖伯尔抗张强度仪进行试验，测得纸样的平均断裂负荷为980N（添加负荷的时间约为4s），即纸样的抗张强度为980N；如果改用88.2N的负荷，经过11min纸条就会裂断；如继续进行试验，采用78.4N的负荷，经过14h纸条裂断；如用58.8N负荷，经20d纸条才裂断；若用39.2N负荷，需要经过220d纸条最终也会裂断，如图4-1、图4-2所示。图4-1所示为不同负荷的变形随时间的变化曲线，图4-2所示为负荷与裂断纸条所需时间之间的关系曲线。在使用纸张的时候，无论弹性变形或黏性变形都是重要的，至于哪个变形更为显著和重要，则决定于纸张的用途。

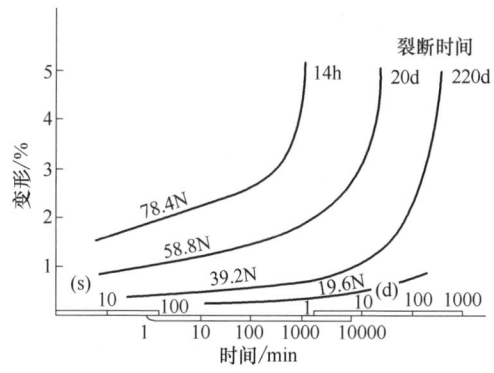

图4-1　不同负荷下纸张的蠕变

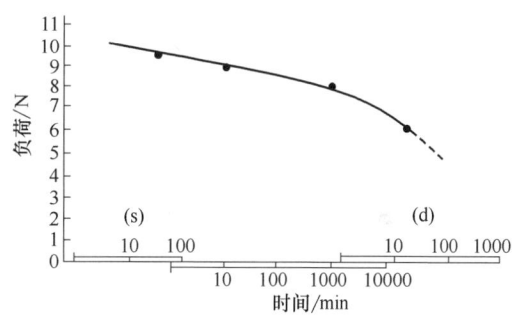

图4-2　负荷与裂断时间的关系

二、纸张的蠕变特性

连续增加作用于纸条上的质量并测定纸条的延伸长度（变形），得到一条曲线，在开始的时候，是一条直线（符合虎克定律），然后向变形轴的方向弯曲。换言之，纸张在开始时是纯粹的弹性体，在发生了1%~2%的变形以后开始产生流动性。如果负荷保持不变，纸张无限地流动，直至发生裂断。这种滞延流动称为蠕变（creep），图4-3所示一种典型的蠕变。若撤去负荷，纸张会部分恢复其原有形态，但是仍有部分变形不能恢复，形成了永久变形，因此，变形的恢复就可以用两部分来表示：瞬时部分、与时间有关的部分。用75%磨木浆和25%的牛皮木浆制成的纸张，其变形恢复情况如图4-4所示。有些印刷纸要求变形恢复的比率比较大，以保证使用各种纸印刷时能恢复其原有的状态。

如前所述，变形速率（rate of straining）是很重要的。如果纸张变形很快，也容易恢复其原有形状（显示真正的弹性）；如果纸张变形缓慢，就更易于保持其最后的形状（显示流动性）。

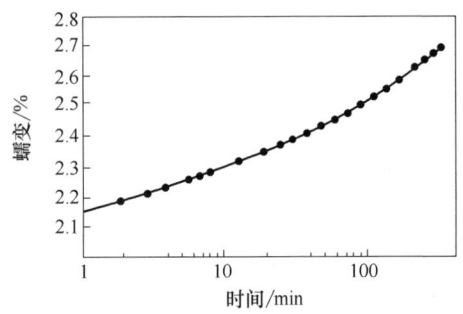

图 4-3 在 75% 裂断负荷作用下，纸张的蠕变与时间的关系

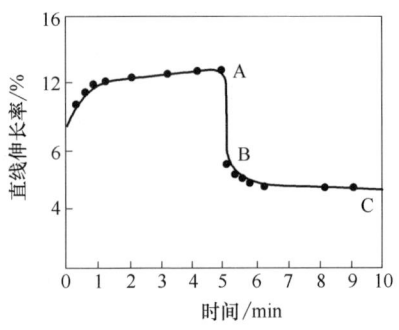

图 4-4 应力（27N/cm）作用 5min 后的变形恢复情况
A—B 是瞬时恢复　B—C 是蠕变恢复

三、纸张的应力松弛特性

如果纸张的变形保持一定，应力将随时间而减少，这种现象称为应力松弛（stress relaxation）。应力随时间的变化关系如图 4-5 所示。应力松弛是保持纸张在一定伸长情况下所必需的应力递减的结果。这种现象与液体的触变性（thixotropy）相似。应力松弛速率快的纸张，会更容易使负荷消失，因此，与应力松弛速率慢的纸张相比，更不易裂断。纸袋纸需要有高的松弛速率，以求吸收纸袋在使用过程中所受到的应力。显然，松弛速率快和抗张强度小的纸袋纸，比抗张强度大而松弛速率慢的纸张更好使用。在平版印刷机上印刷用的纸张，应有较高的应力松

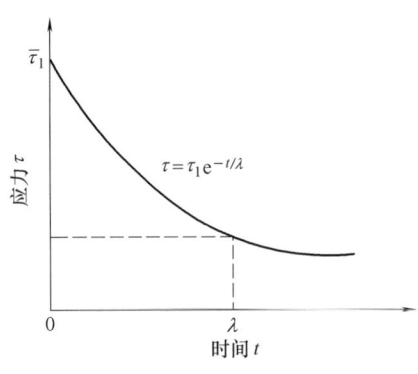

图 4-5 应力随时间的变化关系

弛速率，以抵抗在印刷时突然发生的应力。现代生产的新闻纸抗张强度较低，但其使用情况较好，就是因为有较快的松弛速率，有较好的流动性。蠕变纸已有广泛的应用，经蠕变的纸，其抗张强度比未经蠕变的纸小，但蠕变处理使纸张更加绵韧，因而能吸收突然的振动，而不致将应力积聚于纸上某点。一般应力松弛与时间的关系，在开始时上升较快，约 5min 以后变得较慢。

第三节　纸张的"Z"向压缩变形特性

纸张在"Z"向产生变形的大小取决于纸张孔隙率，也即纸张表观密度。新闻纸孔隙率约在 50% 以上，因此在压力作用下的"Z"向变形较大，而对于像玻璃纸这样高密度的纸张，其孔隙率一般都在 10% 以下，在压力作用下几乎不产生变形。对于印刷纸张而言，不仅要求具有较好的压缩变形（也称"Z"向塑性），而且由于需要进行多次套色印刷，还要具有在压力去除后能恢复的特性，即纸张的"Z"向弹性。

一、纸张"Z"向压缩变形的整体特性

纸张在受到压力作用时,压力与压缩量随时间的变化关系如图 4-6 所示。图中 d 为纸张的最初厚度,K 为压力最大时的压缩量,R 为压力去除后的弹性恢复量,($K-R$)即为永久变形量,因此,纸张的压缩率、弹性恢复率和塑性变形率分别为:

$$压缩率 = \frac{K}{d} \times 100\%$$

$$弹性恢复率 = \frac{R}{K} \times 100\%$$

$$塑性变形率 = \frac{K-R}{K} \times 100\%$$

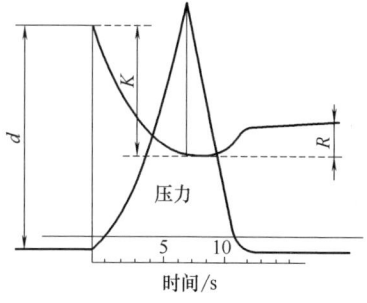

图 4-6 压力与压缩量随时间的变化

图 4-7 所示为不同纸浆的打浆度与纸张压缩率之间的关系曲线。从图中可以看出,一般漂白纸浆较未漂纸浆压缩率大,针叶木纸浆较阔叶木浆压缩率大,磨木浆的压缩率较化学浆大近 10 倍。

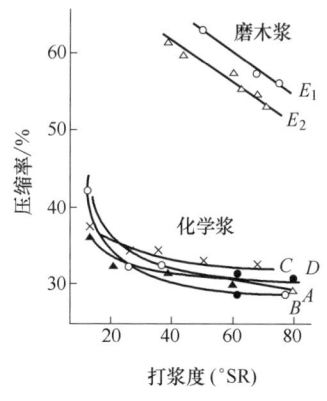
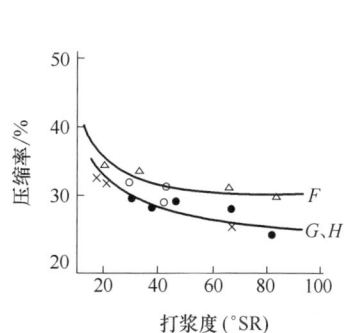

图 4-7 打浆度与纸张压缩率之间的关系曲线

A—漂白亚硫酸盐虾夷松浆 B—未漂硫酸盐红松浆 C—未漂亚硫酸盐红松浆 D—漂白硫酸盐红松浆
E_1、E_2—磨木浆 F—漂白亚硫酸盐桦木浆 G—未漂硫酸盐桦木浆 H—漂白半化学桦木浆

图 4-8 为图 4-7 中 8 种纸浆的弹性恢复率。从图可见,硫酸盐纸浆较亚硫酸盐纸浆弹性恢复率大,未漂纸浆较漂白纸浆大,而磨木浆的弹性恢复率最小;从图 4-9 可见,

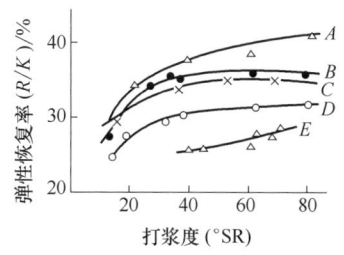
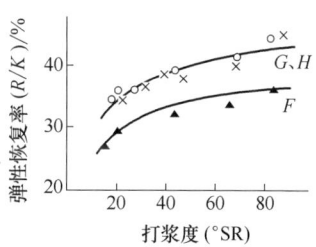

图 4-8 打浆度与纸张的弹性恢复率之间的关系曲线

随着磨木浆中未漂亚硫酸盐纸浆含量的增加，纸张压缩率急剧减少，在含量超过60%以后，弹性恢复率才渐渐增加；从图4-10可见，随着涂料印刷纸涂布量的增加，纸张压缩率减少，而弹性恢复几乎没有变化。图中括号内的数据表示绝对压缩量；从图4-11可见，随着纸张含水量的增加，纸质变得更为柔软，压缩率随之增加，而弹性恢复率随之减少。

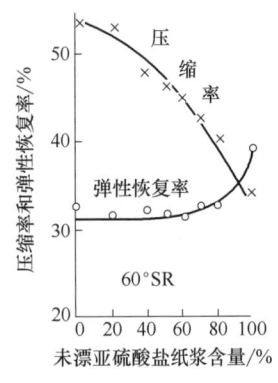 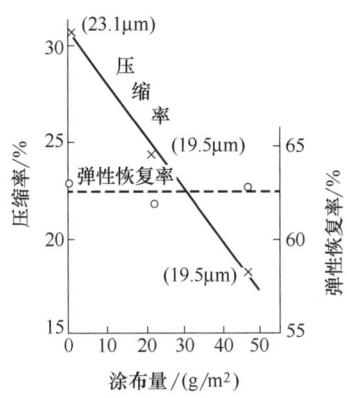 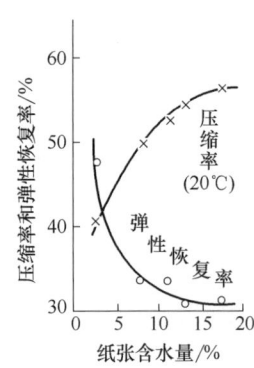

图4-9　磨木浆中未漂亚硫酸盐纸浆含量对纸张压缩率和弹性恢复率的影响

图4-10　涂布量对纸张压缩率和弹性恢复率的影响

图4-11　纸张的含水量对压缩率和弹性恢复率的影响

二、纸张"Z"向压缩变形特性与时间的关系

由于造纸的原料和工艺不同，纸张"Z"向压缩变形率随时间的延长所产生的结果是不同的。图4-12所示为三种纸张在压力为$1.83×10^6 N/m^2$下的压缩率随时间变化的曲线，图中纸张1为机涂纸（Machine Coated Paper），相当于仿铜版纸，纸张2、纸张3均为不含磨木浆的压光纸。从该图可知，对于这三种纸张压缩率自加压力$1.83×10^6 N/m^2$后迅速由0上升到3%~7%，然后上升速度较慢。纸张3在经过4.5h后去除负荷，纸1经过约5h后去除负荷，纸张2在经过约6h后去除负荷。三种纸张在去除负荷后压缩率先迅速回降，而后缓慢回降，在经过15~36h后，无磨木浆的压光纸2和3几乎恢复

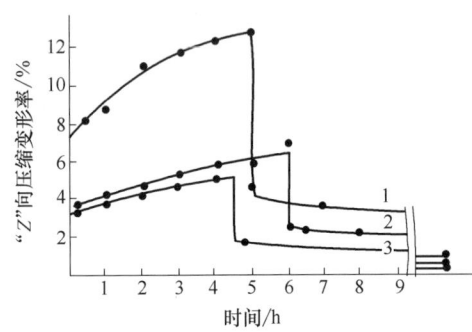

图4-12　压缩变形随时间的变化
1—机涂纸　2、3—不含木浆的压光纸

其原厚度，而机涂纸仍残留相当大的塑性变形率。从图中曲线形状看，压缩变形对时间的变化特性与纸张受张力作用的蠕变变形的情形类似，即变形由三部分组成：敏弹性变形、滞弹性变形和不可逆塑性变形。

三、纸张"Z"向压缩变形特性对印刷的影响

纸张的"Z"向压缩变形是在力的作用下才产生的。在印刷中，纸张在印刷压力作用

下的"Z"向压缩变形可产生一种缓冲作用，使纸张与印版（或胶棍）间得以良好的接触，使油墨得以均匀地转移。也就是说弹塑性好的纸张，即使其表面结构较为粗糙，也能取得良好均匀的油墨转移。例如涂布后的机制纸（如布纹纸），由于这种纸页在其"Z"向具有良好的弹塑性，即使用一般平滑度仪测定其平滑度很低，但仍能取得良好的印刷效果。对于多色印刷用纸，由于在套色过程中要受到多次压缩，因而不仅要具有较高的压缩率，还应有较高的弹性恢复率，也就是说要具有较高的弹性。

第四节　纸张的机械强度

纸张是一种凝胶触变结构的可逆体系，受到力的作用会发生变形（弹性变形和塑性变形）。当受力负荷过大时，纸张的结构被破坏。在印刷过程中，纸张受到不同方向的张力作用，纸张的机械强度决定着其受力后的结果。强度足够高，则保证了印刷操作的正常进行；反之，将出现运行故障。可见，纸张的机械强度对印刷生产至关重要。

从微观上看，纸张是纤维素纤维通过氢键作用结合而成的。因此，纸张的强度一方面取决于单根纤维本身的强度，另一方面取决于纤维之间的结合强度，即纤维结合点的数量和结合的质量。此外，一些其他因素对强度也有着重要的影响。如填料的种类和数量、助剂的种类和数量、纤维的柔软性和长度、纤维在纸页内的分布等。然而，对于印刷运行适性来说，纸张的强度并不是一个明确的概念，因为在印刷过程中，纸张可能同时受到张力、折叠及撕裂作用。抗张强度高，并不意味着耐折性能好。以抗张强度为例，即便纵向（X）、横向（Y）抗张强度好，也不代表垂直于纸面的"Z"向抗张强度也好。因此，谈及纸张在印刷过程中的强度性质，必须明确具体内容。纸张的强度性质包括许多指标，选择其中与印刷适性关系较大的简述如下。

一、抗 张 强 度

抗张强度是指在规定的试验条件下，单位宽度（15mm）的纸张试样在断裂前所能承受的最大张力。纸张的抗张强度分纵向抗张强度、横向抗张强度。纸样长边与丝缕方向平行时所测的抗张强度为纵向抗张强度，反之则为横向抗张强度。通常纵向抗张强度大于横向抗张强度，这是因为在纵向排成直线的纤维较多。抗张强度测量结果有如下几种表示方法（参照 GB/T 12914—2018）。

1. 绝对抗张力

绝对抗张力即以标准所规定的纸或纸板试样宽度，在抗张强度测试仪上直接读出的荷重 F，用牛顿（N）来表示。

2. 抗张强度

用绝对抗张力除以试样宽度。

$$S=\frac{F}{b} \tag{4-4}$$

式中　S——抗张强度，N/m；
　　　F——绝对抗张力的平均值，N；
　　　b——试样宽度，m。

3. 裂断长

裂断长是一个假定的强度概念，它表示一定宽度的纸条，其悬挂的纸条长度不能承受自身重量时而自行断裂时的长度，单位为千米（km）。裂断长与厚度无关，适用于比较不同定量的纸张，表示了抗张强度的相对值，不能用仪器直接测量，可以根据纸张的定量和抗张强度进行计算。计算公式如下：

$$L = \frac{F}{9.8 \times b \times W} \tag{4-5}$$

式中　L——裂断长，km；
　　　b——试样宽度，m；
　　　F——试样的绝对抗张力，N；
　　　W——试样定量，g/m²。

4. 抗张指数

用抗张强度除以定量，以牛顿·米/克（N·m/g）表示。

$$I = \frac{S}{W} \tag{4-6}$$

式中　I——抗张指数，N·m/g；
　　　S——抗张强度，N/m；
　　　W——试样定量，g/m²。

5. 伸长率

纸或纸板受到张力至断裂时的伸长与原试样长度的比，用百分比表示。在测量纸张抗张强度的同时，可以测量出纸张的伸长率。计算公式如下：

$$\varepsilon = \frac{\delta}{l} \times 100\% \tag{4-7}$$

式中　δ——断裂时伸长量，mm；
　　　l——试样的初始长度，mm。

早期用于测定纸张抗张强度和伸长率的仪器为摆锤式绝对抗张力试验机，即常说的肖伯尔抗张强度仪。该仪器的基本原理是摆的平衡，如图4-13所示。仪器的下夹头由于传动装置的带动，以一定的速度下降，通过试样将拉力传至上夹头，上夹头通过链条传动使摆偏转一定角度。当试样断裂时，摆立即自动停止，由摆所转动的角度，直接在刻度尺上指示出绝对抗张力。刻度尺上绝对抗张力由下式计算。

$$F = \frac{G \cdot h}{r} \cdot \sin\alpha \tag{4-8}$$

式中　F——绝对抗张力，N；
　　　G——摆锤重力，N；
　　　h——摆的重心与摆轴之间的垂直距离，mm；
　　　r——扇形体的半径，mm；
　　　α——摆在绝对抗张力作用下偏转角度。

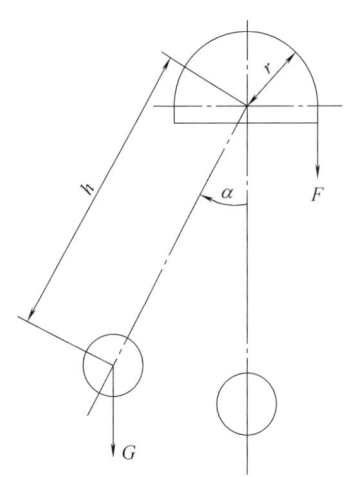

图4-13　摆锤式绝对抗张力试验机原理图

由于式（4-8）中G、h、r都是定值，所以绝对

抗张力 F 是偏转角度 α 的函数。

还有一种自动的电子抗张强度仪，测量原理相同，但可以通过仪器设置的程序，同时得到绝对抗张力、伸长率、裂断长、抗张指数等数据。

抗张强度对于印刷纸是十分重要的，尤其是对于高速轮转印刷机的印刷用纸，抗张强度是相当重要的。因纸张在整个印刷中均匀处在张紧的状态，纸的纵向受到一定的拉力作用，如果纸的抗张强度低于纸在运动时的拉力，那么在印刷过程中经常出现纸张断裂现象。所以为保证印刷生产的正常进行，一般对纸张的抗张强度均有一定要求，如合格的卷筒新闻纸要求裂断长不小于 3000m。

二、耐 折 度

耐折度是纸张的基本机械性质之一，用来表示纸张抵抗往复折叠的能力。纸张的耐折度系测定纸张受一定力的拉伸后，再经来回折叠而使其断裂，以折叠的次数表示。高耐折度对半透明纸、钞票纸等不可缺少，对于其他如地图纸、工程绘图纸（蓝纸）、包装纸、印刷纸等纸张也有一定的要求。对于印刷纸，耐折度反映了印刷品在使用过程中耐折寿命的长短。耐折度数据的单位是双折次，按纵向裁样测试的为纵向耐折度，按横向裁样测试的为横向耐折度。一般纵向耐折度比横向耐折度高，这是由于纤维的排列及纵向纤维结合力大的缘故。

耐折度对于印刷品（特别是热固型干燥的印刷品）在联机折页时更显重要。因为纸页通过干燥部时急剧脱水并变脆，易造成折页作业时纸页出现断裂问题。许多纸张在使用过程中都需要承受相当多的折叠作用，如证券纸、账簿纸、地图纸、书皮纸、白报纸和箱板纸等，都要求纸张具有较高的耐折度。尤其是钞票要流通使用，故要求纸张具有很高的耐折度。

最常用的耐折度仪器有肖伯尔型、MIT 型（测试方法可参照我国国家标准 GB/T 457—2008）。耐折度测试的特点是结果变化很大，其原因一是由于使用不同的仪器，测试方法不同而产生的；二是由于纸样在检验过程中产生发热现象，而使耐折度有所下降。因此，在仪器结构上应增加降温装置，如风扇，以增加通风，避免热的产生。由于耐折度的变化性大，耐折度指标必须有一定的公差，高级纸的公差最少 20%，普通纸的公差最少为 30%。

三、撕 裂 度

撕裂度是指将纸样撕裂到一定距离时所需的力。撕裂度分为内撕裂度和边撕裂度。内撕裂度是将纸张从预先切口处撕裂至一定长度时所需的力，单位是 mN，在没有特指时一般是指内撕裂度。若起始切口是纵向的，则所测结果为纵向撕裂度，否则为横向撕裂度。通常，同样的纸张，其横向撕裂度大于纵向撕裂度。边撕裂度是用与纸边平行方向的力将纸张的完整边缘撕开一定长度所需的力，单位是 N。纸张的边撕裂度高，其内撕裂度不一定高。撕裂指数是用纸张的撕裂度除以其定量，以 $mN \cdot m^2/g$ 表示。撕裂度的测定在爱利门道夫式（Elmendorf）撕裂度仪上进行，测试方法参照 GB/T 455—2002。

撕裂时所做的功包括两部分：一部分是把纤维拉开所做的功，另一部分是把纤维拉断所做的功。纸张的撕裂度与纤维的处理方式（是否打浆）和纤维长度有直接关系。未打浆的纸浆制成的纸张,其撕裂度接近全部用于克服拉开纤维时摩擦阻力所做的功,实际上纤维并未拉断,撕裂后裂口能看到许多被拉开的纤维,因为纤维间的接触面积小,摩擦阻力小,因而撕裂度也低。经过打浆处理后,纤维间的结合力增加,拉开纤维的摩擦阻力也增加,撕裂度就较大。但当打浆程度大大增加后,纤维间的结合力将进一步增强,纸张的紧度也很大,撕裂时纤维基本不能被拉开,处在裂口的纤维几乎全部被拉断,此情况下裂口比较平滑,撕裂度也较小,因为紧度的增加使拉应力不能分散到较大的范围中去。这就是纸张撕裂度随打浆度的提高有所上升,但当打浆度进一步上升后,纸张撕裂反而下降的原因。这说明对于一般印刷纸而言,撕裂度的大小主要取决于成纸的纤维长度和强度,其次才是纤维间的结合力、纤维排列方向等。高蠕变的纸张,其撕裂度较高,因为蠕变会使负荷分布于纸张的较大面积上。蠕变纸张与非蠕变纸张相比,撕裂度较高,因为纸张在撕开时,撕开的距离较大,需要做更多的功。对于在使用过程中要经受撕裂作用的纸张,如纸袋纸、条纸、带纸、建筑纸板、薄页纸及制盒纸板等,撕裂度有特别重要的意义。国外一些纸张公司还把撕裂度作为评价邮票纸打孔性能的重要指标。

四、挺　　度

纸张的挺度(stiffness)即指其弯曲挺度(bending resistance),是指在规定的试验条件下纸张在弹性变形范围内受力弯曲时所需要的力或力矩,是纸张抵抗弯曲的能力,即刚性(rigidity),也间接表明其柔软(softness)或挺硬的性质。挺度与纸张的流变性质有关,决定于纸张受弯曲时其外层的伸长能力和里层的受压能力。挺度衡量了纸张支持自重的能力,与纸张的杨氏模量 E(惯性力矩 I)、宽度(b)和试样长度(l)之间存在下式所示的关系:

$$B = \frac{Ed^3}{12} \times \frac{b}{l^2} \tag{4-9}$$

式中　B——弯曲挺度,N;
　　　E——杨氏模量,MPa;
　　　d——试样厚度,mm;
　　　b——试样宽度,mm;
　　　l——试样长度,mm。

由此可见,弹性模量越高,挺度也越高。由于模量为每单位面积上的应力应变,故降低在一定负荷下的变形,可获得较高的挺度。挺度有纵向弯曲挺度、横向弯曲挺度之分。单张纸样长边为丝缕方向的,即为纵向弯曲挺度,反之则为横向弯曲挺度。纵向弯曲挺度要大于横向弯曲挺度,这是由于大多数纤维集中于纵向排列。还可根据下式计算某个试验方向的弯曲挺度指数:

$$B_1 = \frac{B}{W^3} \tag{4-10}$$

式中　B_1——弯曲挺度指数,N·m^6/g^3;
　　　W——试样定量,g/m^2。

弯曲挺度的测定方法可参照 GB/T 22364—2018 执行。对于纸板,采用泰伯尔(Taber)式挺度仪,该仪器是使试样的一头固定,在另一头加负荷,使试样弯曲15°角,测试其所需要的力矩；另一种为葛尔莱（Gurley）式挺度仪，可用来测定纸和纸板的抗弯曲性能，它是以一定尺寸的试样拨动一定重量的摆，在力达到平衡时，由摆指针指示的值计算出试样的挺度。

挺度大小还跟纸张的定量、紧度以及原料、制浆方法等有关。定量越大，挺度越大；在厚度一定时，紧度越大，挺度也越大。浆料中，半纤维素含量高的纸，其挺度比半纤维素含量低的纸更高。短纤维浆制成的纸，其挺度通常比长纤维浆的纸高。打浆度高的纸浆制成的纸张，其挺度也较大。另外，下列原料纸浆抄造出的纸张挺度大小依次为：未漂针叶木亚硫酸盐浆＞漂白针叶木亚硫酸盐浆＞漂白针叶木硫酸盐浆＞磨木浆。

纸张的挺度对于单张纸印刷中的输纸、定位及收纸具有特别重要的意义。同时，不同纸张对挺度的要求也不一样，卡片纸、扑克牌纸、静电复印纸、瓦楞芯纸等需要有一定的挺度，而标签纸、生活用纸等的挺度则要求低一些为好。

五、耐 破 度

耐破度是纸张在一定面积下以匀速加压直至破裂时所能承受的最大压力，以液压力或气压力表示。耐破度表示了纸张在不破裂时所能承受外压的程度，它是抗张强度、伸长率和撕裂度的综合反映。纸张破裂时一般成为一条与纸张纵向垂直的裂纹，这是由于纸张纵向伸长小，受压力后成为纵向张力。耐破度是包装纸非常重要的质量指标。

耐破度与抗张强度间存在下面的关系：

$$p = \frac{2S}{r} \tag{4-11}$$

式中　p——绝对耐破度（耐破压力），kPa；
　　　S——单位宽度纸样的纵向抗张强度，N/m；
　　　r——纸样破裂时的弯曲半径，mm。

纸张的耐破度受纤维的长度与强度、纤维间结合力、纤维的交织排列及纸页匀度、纸张的伸长率与水分等因素影响，直接与纸袋纸、包装纸和制盒纸板的用途有关。利用缪伦（Mullen）式耐破度仪可对纸张的耐破度进行测量，测量方法参照 GB/T 454—2020。也常用耐破指数（用纸或纸板的耐破度除以其定量，单位是 $kPa·m^2/g$）来表示不同定量纸张的耐破能力。

第五节　纸张的表面强度

一、表面强度与拉毛

纸张的表面强度（surface strength）是指纸张表面细小纤维、胶料、填料间或纸张表面涂料粒子间及涂层与纸基之间的结合强度，它表示了纸张在印刷过程中抗油墨分裂力的能力。当纸面与着墨的印版或橡皮布分离，油墨的分离力大于纸面粒子间的结合力时，纸面便产生肉眼可见的破裂现象，被油墨拉下的纸面纤维、填料或涂料堆积在橡皮布和印版表面，脏污橡皮布和印版表面，印刷工人必须及时进行擦洗。因此，在破裂的纸面出现不连续的或连续的未着墨区域的现象称为拉毛（picking），纸张的表面强度又称为拉毛阻力

(picking resistance)。通常来讲，拉毛是指在印刷过程中，当加于纸张或纸板表面的外部张力大于纸张或纸板的内聚力时，纸张或纸板表面发生的肉眼可见的破裂现象。加于纸面的外部张力也即油墨的分离力；纸张的内聚力也就是决定纸张表面结合强度的纸面粒子之间的结合力，对于非涂料纸来说，就是纤维、填料、胶料之间的结合力，对于涂料纸来说，就是涂层与原纸层的结合力以及涂层内部粒子间的结合力。拉毛的结果不仅影响印刷品的质量，而且给印刷生产带来麻烦。对于凸印来说，会堵塞印版，污染油墨；对胶印来说，印刷工人必须经常停机清洗版面和橡皮滚筒。因此，根据印刷方式和印刷机类型选择适合印刷的纸张是十分重要的。

拉毛对印刷的影响主要体现在两方面：一是造成图文部分的污染；二是胶印过程中橡皮布及墨辊清洗次数增加。图文部分的污染来自两方面，其一是纸面粒子剥落后，由于未沾上油墨而引起白斑点，这一现象能较早地得到发现。这种情况下，剥落下的粒子会黏在橡皮布表面，然后转移到印版上。旋转半周后，先与上水辊接触一次，沾上水的粒子再与墨辊接触时就不易沾上油墨。结果，这部分粒子再旋转半周并与橡皮布接触后，使橡皮布也无法上墨了，从而使图文部分产生白斑，且在同一位置上因不再接受油墨而继续留有白斑点，这种白斑会越积越多。其二就是由细微的纸粉或微细的涂料粒子等的拉毛引起的，这类拉毛现象在初期很难发现。但经过几千张的印刷后，逐渐在图像边缘开始显现，此时停机检查橡皮布就会发现严重的堆墨现象（拉毛剥落物在橡皮布上堆积的现象），必须及早清除。另外，如果堆积的纸毛、纸粉在橡皮布上形成一定高度，还会由于局部凸起而造成在其周围很小的面积内产生不能着墨的现象，表现为环状白斑。目前，长时间印刷后对橡皮布表面进行清洗是不可避免的，而清洗的频次就与纸张表面强度的高低和印刷的图文内容有关。显然，纸张在印刷中发生拉毛后橡皮布清洗的次数会明显地增加，这大大影响了印刷生产。拉毛严重时，容易出现纤维从印版经由上墨辊沉积在油墨槽的现象，还会出现版面受填料粒子磨损的现象，导致印刷无法进行。此时，单纯依靠清洗橡皮布是无法解决问题的。

二、干、湿拉毛与掉粉掉毛

按发生拉毛时是否有水的参与，把拉毛分为干拉毛（dry picking）、湿拉毛（wet picking）两类。干拉毛与水无关，只是由于油墨的分离力对纸张表面作用的结果，这种拉毛现象与纸的耐水性无关，在单色机和多色机上都可能发生干拉毛。湿拉毛是在水的参与下发生的，因此，与纸张的耐水性有关。湿拉毛是多色胶印中特有的现象。干拉毛是在纤维或填料之间的结合力小于油墨的分离力时发生的，而湿拉毛是在这一条件下再加上润版液的参与下发生的。

即使在干燥时纸张的拉毛阻力再大，但在多色印刷中多次受到润版液的润湿作用，对于靠氢键结合的非涂料纸的纤维之间或以水溶性胶（如淀粉、聚乙烯醇）为胶黏剂的涂料纸涂层中，颜料之间的结合力都会显著下降，也就更容易发生拉毛现象。湿拉毛与水量及水在纸面上停留的时间密切相关。在纸面水量相同的情况下，迅速印上油墨与隔一段时间后印上油墨的情形也不一样，前者印上油墨时大量的水分还停留在纸张表面，而后者印上油墨时纸面上的水已大部分渗透到纸张内部去了。显然，前者较容易发生湿拉毛现象。还有一种现象是当水量比较大，而且印刷的速度又很快时，纸面上的水分来不及渗透到纸张的内部，这时就会产生对油墨的抵抗作用，使下一个橡皮布上图文部分的油墨不能转移到纸面上，这种现象称为湿抵抗（wet resistance）或湿排斥（wet repellence）。

掉粉掉毛是指在印刷过程中纸张表面松散粒子的脱落现象。与拉毛现象不同，掉粉掉毛是指单纯由于润版液的湿润或机械摩擦作用就能导致纸面松散粒子的脱落，而拉毛是在油墨的分离力大于纸面粒子之间的结合力时才发生的。因此，拉毛是导致纸面相互结合的粒子的剥落，而掉粉掉毛是纸面松散粒子的脱落。拉毛取决于纸张的表面强度，掉粉掉毛则取决于纸面的干净程度（指纸面松散结合粒子和纸尘的多少）。虽然是纸张两个不同方面的性能，但对印刷造成的影响是一样的，纸面脱落下的松散粒子同样会堆积在橡皮布表面，转移到印版表面等，引起类似拉毛的故障。在实际印刷中，表面强度高的纸张同样要清洗橡皮布，这说明掉粉掉毛也是影响印刷生产的纸张的印刷运行适性。但目前有些测量纸张掉粉掉毛量的方法（如 STFI 掉粉掉毛测试法）还须得到进一步应用与检验。

三、表面强度的测量与表示

测定纸张表面强度的方法有如下两种。

1. Dennison 蜡棒法

该方法是采用 20 根胶黏能力（adhesive powers）不同的蜡棒按胶黏能力由小到大从 2A 到 32A 进行编号。测量时将蜡棒的一端加热使之熔化后，垂直立于纸张表面，15min 后拔起，用将纸面损坏的蜡棒的号数来表示纸张的表面强度，号数越高，说明纸张的表面强度越高。Dennison 蜡棒法测量简便，且能较准确地区分不同表面强度的印刷纸张，曾得到广泛运用。但由于测量用蜡与印刷油墨在结构上的差异，对纸张的附着力、亲和力与油墨的情形各不相同，且采用静态测量，不能反映纸张表面在高速印刷过程被动态剥离的力学特征，因而 Dennison 蜡棒法只有比较的意义。

2. 加速印刷法

加速印刷法是基于流体在平面之间分离时的分离力与分离速度成正比关系而设计的，即分离速度越快，分离力越大。对于一定的印刷油墨，当油墨的分离力大于纸张的拉毛阻力时，纸面便发生所谓的拉毛现象，因此，发生拉毛时印刷速度便间接表示了纸张拉毛阻力的大小。因此，在实际测量中，将一定印刷条件下纸张产生肉眼可见的明显的起毛、起泡的最小印刷速度称为临界拉毛速度，用 v_C 表示，单位是 m/s 或 cm/s。

IGT 系列印刷适性仪就是利用这一原理进行拉毛试验的，它不仅可用于拉毛测试，而且可进行各种纸张、油墨结合的印刷适性试验。利用 IGT 印刷适性仪测量纸张表面强度（拉毛阻力）的方法可以参照我国国家标准（纸和纸板印刷表面强度的测定 GB/T 22365—2008）。

3. 纸张表面强度的表示方法——VVP 值

用加速印刷法测得的临界拉毛速度 v_C 表征纸张的表面强度，在众多方法中是最为科学的。但对于不同黏度的拉毛油或油墨，尽管采用相同的纸张，其临界拉毛速度也是各不相同的，这就不便于不同纸张之间表面强度的相互比较，也难以与实际印刷联系起来。即使采用标准拉毛油或油墨，临界拉毛速度也只能比较纸张之间表面强度（拉毛阻力）的相对大小，而不能确定在实际的纸张、油墨和印刷条件下不发生拉毛的条件。对此，美国造纸化学学院（IPC）的研究人员提出了用临界拉毛速度（velocity）与拉毛试验用拉毛油黏度或所用油墨塑性黏度（viscosity）的乘积（product）来度量纸张拉毛阻力的大小，用 VVP 值表示。对于一定的纸张，VVP 值为常数。它的提出，为比较不同黏度拉毛油测定的纸张表面强度提供了可能。表 4-1 所示为采用黏度为 21Pa·s 的低黏度拉毛油和黏度为 72Pa·s 的中黏度拉毛油测得的几种纸张的临界拉毛速度 v_C 和 VVP 值结果。从表中可知，对于一定的纸张，两种拉毛油的 VVP 值是基本相等的，其偏差远小于试验的误差范围。

表 4-1　　　　　　几种纸张的 v_C 和 VVP 值

纸种	低黏度拉毛油		中黏度拉毛油		$\dfrac{VVP_M - VVP_L}{VVP_L} \times 100\%$
	v_{CL}/(m/s)	VVP_L/Pa·m	v_{CM}/(m/s)	VVP_M/Pa·m	
涂布白板纸	4.89	102.7	1.33	98.8	-3.8%
铜版纸 1	2.32	48.7	0.65	46.8	-3.9%
铜版纸 2	2.59	54.4	0.74	53.3	-2.0%
凸版纸	1.14	23.9	0.34	24.5	2.5%
胶版纸	3.43	72.0	1.04	74.9	4.0%

注：L 代表低黏度，M 代表中黏度。

四、纸张表面强度的不均匀性

在进行拉毛试验时，同一种纸样 10 次拉毛的结果，很难有两次是相同的。这是因为在纸幅整个表面上的纸张性质存在差别，纸面粒子之间的结合力并不是均匀的，因此，每种纸样的表面强度都有一个如图 4-14 所示的近似正态分布。这条曲线也是纸面粒子（纤维或填料）被剥离的拉毛速度分布曲线。其中大多数粒子所具有的拉毛速度 v_M 称为平均速度。当用速度递增的方式进行一系列匀速印刷测量纸张的拉毛速度时，测得的纸张的拉毛速度会是速度 v_L，而不是平均速度 v_M，因为在这种方式印刷中，在速度 P 点就已有足够的粒子脱离纸面，造成了纸面肉眼可见的破裂现象。但如果采用加速方式进行拉毛试验，则会发现在速度 v_L 时基本上纸面粒子未被剥离，而在比 v_L 更高速度的地方才明显地出现拉毛现象，这个更高的速度即为图 4-14 中的 v_P，v_P 为所测得的纸张平均拉毛速度。速度 v_P 的大小取决于所用的加速度（或终点速度），加速度越高，测得的拉毛速度 v_P 越高。在实际拉毛试验中也发现，当采用弹簧加速器 A 速（终点速度为 2.0m/s）时测得的拉毛速度，比采用摆锤加速测得的结果高约 20%。采用不同黏度拉毛油进行测试，也发现了类似的结果。采用不同宽度的印刷盘，测量结果也各不相同。在一定加速度下，在不改变总压力的条件下，采用 1cm 宽印刷盘时纸面粒子被拔起的概率是采用 2cm 宽印刷盘的两倍。采用 2cm 印刷盘测得的拉毛速度比采用 1cm 印刷盘的结果高约 5%。

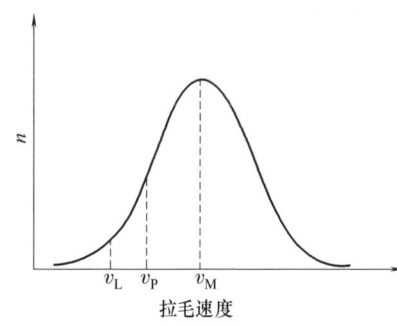

图 4-14　纸面粒子被剥离的拉毛速度分布

上述现象都是由于纸张表面强度的不均匀性引起的。这表明，要使拉毛试验结果具有很好的可比性，采用相同的印刷条件进行拉毛试验是很有必要的。

思 考 题

1. 纸张的应力-应变的特点是什么？
2. 为什么经过蠕变的纸张不容易发生断纸的故障？
3. 什么是纸张的应力松弛特性？印刷时对其有何要求？
4. 压缩率、弹性恢复率和塑性变形率分别指什么？
5. 画出纸张"Z"向压缩的力学模型和相应的流变曲线，并对不同阶段的变形进行解释。
6. 纸张抗张强度、裂断长的定义各是什么？分析影响抗张强度的主要因素。
7. 纸张耐折度、撕裂度、挺度、耐破度的定义各是什么？
8. 纸张的表面强度和临界拉毛速度的定义各是什么？影响临界拉毛速度的主要因素有哪些？为什么VVP值的高低可以表示纸张表面强度的高低？
9. 为什么四色胶印更容易发生拉毛现象？
10. 环境的温、湿度对纸张的强度有什么影响？为什么？

第五章 纸张的光学性质

第一节 概　　述

当一束平行光照射在纸张表面时，首先，一部分光发生镜面反射（specular reflection）。镜面反射是指反射角与入射角相等而方向相反的反射现象。若纸面为光学平滑状态，即表面凹陷间隙小于入射光波长的 1/16，则镜面反射光也为平行光束，且镜面反射光不受反射体颜色的影响。如果入射光为白光，镜面反射光也是白光。除镜面反射外，一部分光通过纸张与空气间的界面进入纸张内部，并在其界面上发生折射。进入纸张内部的光，一部分被吸收——若纸张选择性吸收，则使纸张呈现出特定颜色；另一部分进入纸张内部，在由纤维、填料、空气、涂料形成的若干界面上，因界面间物质折射率的差异而发生散射（scattering），使得光沿各个方向传递。其中，一部分散射光又回到入射面而射出纸面，这部分光称为扩散反射光（diffuse reflection）；另一部分光从纸的背面射出，这部分光称为扩散透射光，还有极少量的镜面透射光（即无散射透过纸张的光）。图 5-1 为一束平行光照在纸张表面后发生的光学现象示意图。

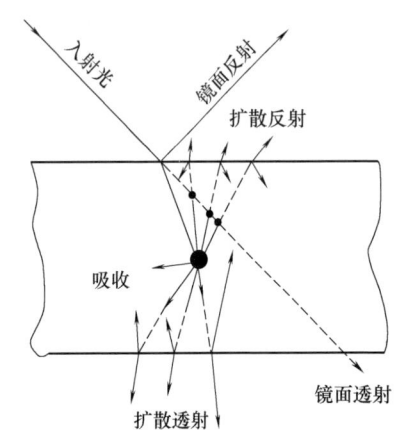

图 5-1　光照在纸张表面后发生的光学现象示意图

第二节　纸张的光泽度

一、光泽度及其表示方法

光泽度（gloss）作为纸张表面的特性，取决于纸张表面镜面反射光的能力。理论上把光泽度定义为纸面镜面反射光能力与完全镜面反射光能力的接近程度。对于镜面，照射在其上面的光几乎全部在镜面方向反射；而对于"无光泽"表面，入射光以任何角度和方向反射出去，出现所谓的漫反射现象，即完全扩散。大多数纸张既不是完全无光泽的，也不是完全镜面的，而是介于两者之间。对于印刷纸而言，光泽度是非常重要的性能。市场上销售的纸张可分为有光纸、无光纸两大类，要根据印刷品的设计要求和用途来选择纸样。纸张光泽度由低到高排列，应是非涂料纸、轻量涂料纸、铜版纸、铸涂纸。

虽然光泽度与物体表面的镜面反射有关，但也受观察者的生理和心理状态的影响，因而不能单纯以对镜面反射的物理测量来表征。亨特（Hunter）提出了 6 种表示方法，其中镜面光泽度和反差光泽度两种适用于造纸业及印刷业,已被广泛采用。镜面光泽度(G_s)是物体表面镜面反射光量(S)与入射光量(I)之比,如图5-2(a)所示。

$$G_s = \frac{S}{I} \tag{5-1}$$

反差光泽度(G_c)又称为对比光泽度,是物体镜面反射光量(S)与总反射光量(D)之比,如图5-2(b)所示。反差光泽度描述了物体表面偏离镜面光泽的程度,特别适合于描述低光泽度表面。

$$G_c = \frac{S}{D} \tag{5-2}$$

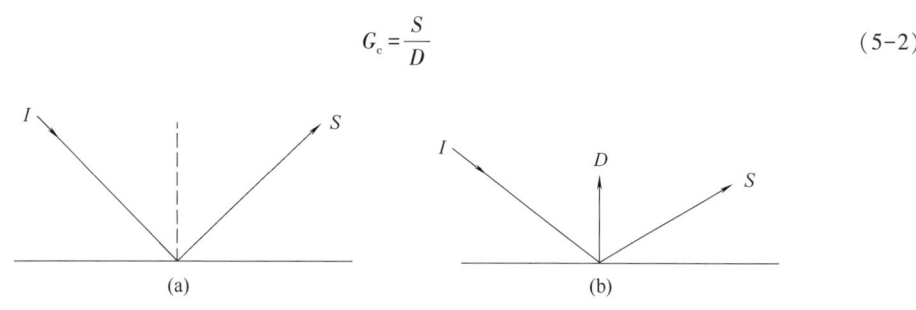

图5-2 镜面光泽度与反差光泽度示意图
I—入射光量 S—镜面反射光量 D—总反射光量

二、光泽度的测量

测量纸张光泽度的仪器大多数是测量物体表面镜面反射率(即镜面光泽度),可参照GB/T 8941—2013执行。纸张光泽度仪由光源、产生平行光束的校正棱镜、限制平行光束的光栅、镜面方向反射光检测装置组成。测量时,可以选择不同的入射角照射,将纸张反射率与已知反射率的物体表面进行比较。通常采用一块抛光黑玻璃作为工作标准,这是因为黑色玻璃能吸收所有进入玻璃的光,因而无扩散反射光,射到检光计的光也就全是镜面光;若用白色玻璃作为标准板,镜面反射光量与黑玻璃相同,但有扩散反射光掺在里面,影响测量的结果。因此,用黑玻璃优于白玻璃。

光泽度测量时,光的入射角度选择不同,结果也不同。入射角越大,镜面反射率越大,光泽度值就越高,反之亦然。由此可见,光泽度值的高低不仅取决于物体的表面特性,而且取决于测量角度。具体测量时,根据纸张表面光泽度级别不同,可采用不同的测量角度。研究发现,对于大多数光泽度不高的纸张,最适宜的测量角度是75°;蜡纸光泽度高,采用20°;高光泽的涂料纸,常采用45°、60°。在报告测量结果时,必须注明所用仪器类型和测量角度。目前光泽度仪有单角度、多角度之分。单角度光泽度仪最普遍的测量角度是60°,而多角度光泽度仪的测量角度可调,对于纸和纸板,一般在以上测量角度中的2~3个可选。

进一步的研究还发现,光泽度不仅受测量角度的影响,还受照明和观察所采取的角度范围的影响。图5-3所示为45°角照射,不同角度观察纸张表面反射光的相对量。图中两条曲线分别代表涂料纸和非涂料纸的情况。由图可见,涂料纸表面平滑均匀,45°观察时(镜面方向),其相对反射光量有一个高而窄的峰。因此,在光泽度测量时,测量角度只要有轻微的变化都会明显地影响测量结果,所以角度必须精确控制。而非涂料纸的反射率分布曲线则相当平缓。从图中还可看出，其最大反射率并不在45°角的方向上，而是偏移到约55°角的方向上。这是因为非涂料纸表面粗糙，当平行光束照射到这样的表面时，入射角在表面上的各点是不相等的，有的大于45°，有的小于45°。如果这两种情况的概率相等，则由于角度大于45°的方向上的反射光多，造成最大反射率偏移到了大于45°的方向上。

三、影响纸张光泽度的因素

1. 表观平滑度

光泽度和平滑度都是物体的表面特性，二者均取决于物体表面的微观结构。研究人员发现用外观轮廓法和光学法所测平均粗糙度的平方 σ^2，与TAPPI光泽度（由美国制浆造纸工业技术协会TAPPI规定的方法测量的光泽度）之间存在良好的相关性（相关系数为0.91），如图5-4所示。

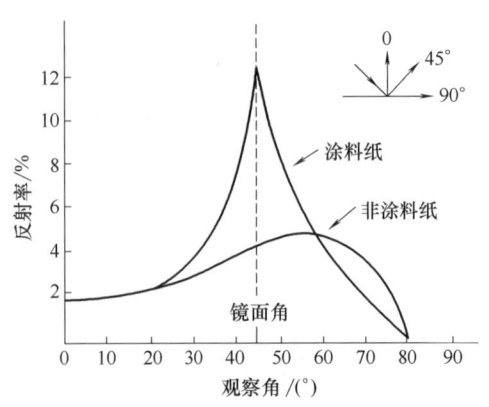

图 5-3　涂料纸与非涂料纸的反射率分布

由图可见，σ^2越大（即表面粗糙度越大），TAPPI光泽度越小。用其他方法测量平滑度时，由于都是在一定压力下进行测量，测量结果与光泽度之间的相关性很差。表5-1所示的为75°角镜面光泽度与几种平滑度测定方法的测量值之间的相关系数结果。从表中可见，它们之间的相关性很差。这表明光泽度仅与物体表面的表观平滑度相关，而与一般在压力状态下测得的印刷平滑度之间没有多大的相关性。

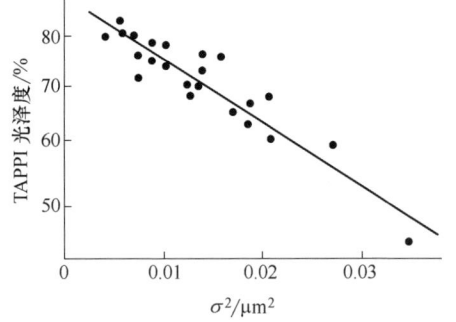

图 5-4　TAPPI光泽度与粗糙度的平方（σ^2）之间的关系

表 5-1　　75°角镜面光泽度与平滑度间的相关系数

测量方法	Bekk 平滑度	印刷平滑度	Bendtsen 粗糙度
相关系数	0.14	-0.53	0.35

2. 超级压光

如果把未压光纸面看成是一系列的峰谷，则可看到在垂直方向上点之间形成若干不等的角度，光照射在这样的表面上，将向各个方向反射。如果纸张经过超级压光后，峰顶被压平，所有平面区域都在同一光学平面上，照射在这些压平顶面上的平行光束具有相同的入射角，因而以平行光束反射。平行反射光的量取决于顶面所占面积的百分比，超级压光作用越强，形成的平面区域越大，光泽度就越高。

纸张经涂布后，涂料中的细微粒子填满了原纸表面的凹凸处，使纸面的平滑度得到提高，但还不能有效地提高光泽度。只有再经过超级压光处理，使纸面受到强烈摩擦后，光泽度才会有飞跃性地提高。这是因为纸张表面的平滑度虽有所提高，但其表面还是存在相当多的细微凹凸不平现象,仍然使相当多的光扩散反射出去。经过超级压光处理后,大大减少了纸面的细微凹凸不平,平滑度再次得到提高,光泽度也显著上升。当然,除了超级压光处理外,涂布量对光泽度的影响也是相当重要的。当涂布量低到不足以掩盖纸面的凹凸不平时,再怎样进行超级压光也不能使光泽度得到明显提高。

四、纸面光泽度对印刷品质量的影响

高光泽的印刷纸张有助于提高印刷品的美感,因此,纸面光泽度已成为评价印刷品质量的重要因素之一,尤其是在包装领域。

从对印刷品质量的影响来看,纸张光泽度与印刷品的光泽度之间有着十分密切的关系,如图5-5所示,无论是快干油墨还是慢干油墨,印刷品的光泽度均随纸张本身光泽度的提高而提高。在实际印刷中,要印制高光泽度的印刷品,常常需选用高光泽度的纸张。但对于同一涂布量的纸来说,纸张光泽高并不意味着用它印制的印刷品光泽度也高。这是因为影响印刷面平滑度的因素,不单是纸张本身的光泽度,还受到油墨的流平性、干燥性的影响。只有印刷墨膜面充分平滑,印刷品光泽度才会越高。一些无光涂料纸由于印刷时能获得均匀平滑的墨膜表面,同样可获得高光泽的印刷品。

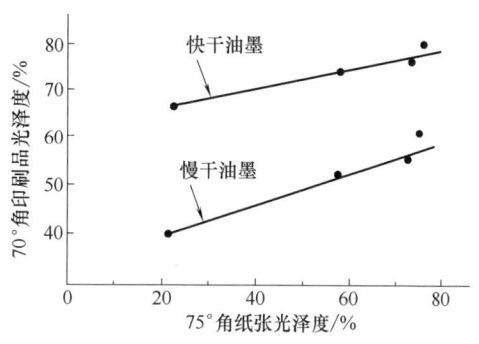

图5-5 纸张光泽度对印刷品光泽度的影响

另外,纸张光泽度与纸张的着墨效率有着直接的关系。着墨效率可用在纸面印以相同墨膜厚度时能获得印刷密度的大小以及密度平滑度(表示随纸面墨膜厚度增加时印刷品反射密度增加的快慢程度,用 m 表示,$0<m<1$)共同来描述。光泽度越高的纸张,相同墨膜厚度时的印刷密度越大,密度平滑度也越大,其着墨效率就越高。表5-2所示为不同光泽度纸张印以同种油墨时的密度平滑度结果。从表中可以看出,密度平滑度随纸张光泽度的提高而增大。

表5-2　　　　　　　　纸张光泽度对密度平滑度的影响

纸张	铜版纸	胶版纸	新闻纸
光泽度/%	66.3	14.9	8.9
密度平滑度/μm^{-1}	0.51	0.23	0.15

由于炫光的影响,光泽过高常常会导致阅读质量下降,使人感到疲劳。因此,以文字为主的印刷出版物,往往采用低光泽度的纸张,如非涂料纸或无光涂料纸。而以宣传为主的商业性印刷品,高光泽度的涂料纸仍占主流。

纸张的光泽度是印刷纸张一个重要的指标,但光泽度的均匀性比光泽度大小更为重要。光泽的不均匀性被称为斑点,斑点是国产铜版纸与进口铜版纸的主要差距之一。国内外已开发出不少光泽不均匀性测试仪,这些仪器的测量原理基本上都是基于把非常小区域的反射率与其周围相对较大区域的反射率进行比较,给出差值的均值或方差值,该方差值越小,说明纸面光泽越均匀。

第三节　纸张的白度

一、白度与视觉白度

1. 白度

白度是指纸张的洁白程度。从技术的观点来看，纸张的洁白程度包括了各种复杂的因素，它是纸张总光谱反射率、照明能量分布、观察条件和观察者特性的函数。造纸工业中的白度（brightness），对于大多数纸张是基于测量纸张对光谱中蓝光范围（主波长为457nm 光）的反射率。在欧洲和北美地区，测量新闻纸的白度，则是基于测量纸张对光谱中绿光范围（主波长为557nm 光）的反射率。显然，这种物理测量的白度与视觉上感受到的白色程度（whiteness）是有差别的。

2. 视觉白度

视觉白度是纸面白光总反射率和在整个波长上反射率均匀性的综合。也就是说，人的视觉白度不仅取决于纸张对白光的总反射率，而且取决于纸张在整个可见光波长上反射率的均匀性，且反射率的均匀性较总反射率更为重要。在造纸过程中加入与纸浆颜色互补的染料，虽然会减少总反射率，但提高了反射率的均匀性，因而视觉上觉得白度更高。此外，由于光学增白剂吸收紫外光而放射出蓝光，不仅不会减少照射在纸面可见光的反射率，还会增加反射率。常用的荧光染料放射出的光正好是纸张吸收的可见光部分，所以这种染料不仅能增加总反射率，而且使纸张在可见光整个波长范围内的反射率更加均匀，这种双重作用使得纸张的视觉白度显著增加。图 5-6 所示为同种浆料在无染料（实线）和加入荧光染料后（虚线）的分光反射率曲线。但对于未漂白的浆料，由于其纤维本身也能吸收紫外光，因此，对于这类浆料加入荧光染料是无效的。如果把提高了白度的纸与白度虽没有提高，但使用了具有增白作用的荧光染料和有色染料的纸作比较，视觉上也会发现，前者呈现的是沉静而明亮的白色，后者是暗淡而刺眼的白色。印刷后，前者的色彩再现性（特别是亮调部分）更好一些。

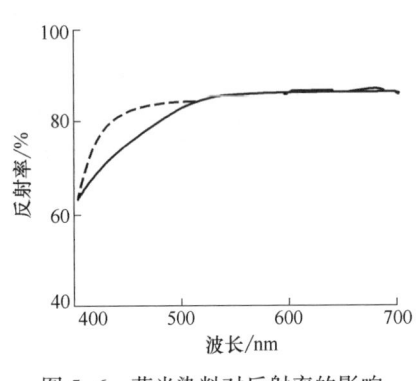

图 5-6　荧光染料对反射率的影响

荧光染料具有遇紫外线分解的性质，因此，如果使用添加有过量荧光染料的纸张制作月历的话，在一年的时间内白度会逐渐减退，纸张变黄。添加一般的有色染料的纸张，在较长时间的光照下也会发生一定程度的变色现象。

二、白度的测量

目前常用的白度仪都是测量纸张对主波长为 457nm 蓝光的反射能力。但由于仪器的几何结构、观察条件不同，测量的结果也是不一样的。美国造纸化学学院（IPC）研制的白度测试仪于 1941 年被定为 TAPPI 标准方法，测量结果称为 TAPPI 白度。该方法是将平行光束以 45°角照射到纸张表面（图 5-7），测量纸张法线方向的反射率，在入射光中放一滤色片滤去红外光，在反射光中放一滤色片以提供 457nm 蓝光作为测量光。这种方法也是我国纸张白度的标准测量方法，ZBD 白度计和最新数字式 SBD 白度计就是依据图 5-7 所示原理设计的。为了区别于利用扩散照明测量的白度，也把 TAPPI 白度称为"定向白度"或"定向蓝光反射率"（参照 GB/T 7974—2013）。

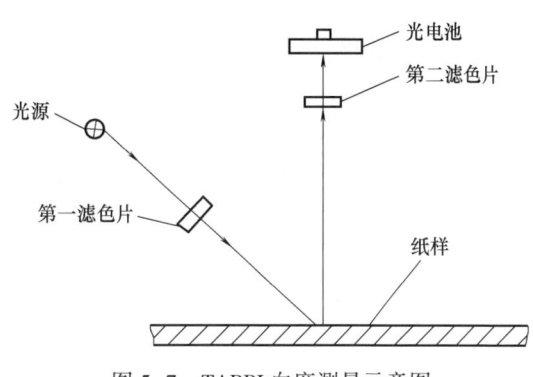

图 5-7　TAPPI 白度测量示意图

三、影响纸张白度的因素

1. 染料

每种染料都有一定的特性波长，在该波长处吸收光量最多，这就是通常所说的最大吸收波长。在选择染料时，应使该染料在测量白度的光波长附近不会影响其反射率，既能调正纸张颜色，又不明显地影响纸张的白度。

2. 填料

填料的白度因其种类和等级的不同而有较大的差别。如果使用比浆料的白度还高的填料，则加填量越多，纸张的白度就越高。

3. 浆料

浆料白度是影响纸张白度最重要的因素。使用 100% 的漂白纸浆抄造的高级纸，以及用它作为原纸的高级涂料印刷纸的白度在 80% ISO 左右。相比之下，配有机械木浆的中级纸及中级涂料印刷纸的白度就会低一些，这类纸的白度取决于使用的浆料的白度以及浆料的配比。

4. 涂料

涂料印刷纸的白度是由原纸的白度、涂料的白度以及涂布量来确定的。如果原纸的白度高于涂层，一些透过涂层的光线将被原纸表面反射回去，并再次通过涂层的表面反射出来，则涂料纸白度可以提高。如果原纸的白度低，则被原纸表面吸收的光量增加，再通过涂层反射出来的光减少，从而会降低涂布面的白度。

如果在涂料中加入二氧化钛这种白度高、不透明度也很高的颜料，则不仅可以提高涂层本身的白度，而且由于它的不透明度高覆盖了原纸的原色，可使涂布层表面的白度得到进一步的提高。

四、纸张白度对印刷品质量的影响

1. 纸张白度影响印刷反差

由于印刷品的反差是随纸张白度增加而增加的，且大多数彩色油墨都为透明或半透明的，纸面的反射光会通过墨层透射出来，因此，对于彩色印刷品，应采用高白度的纸张进行印刷。

2. 纸张白度影响印刷呈色效果

白纸作为承印物起着将经墨层选择性吸收后的色光反射出去的作用，纸张的白度不同会影响到彩色印刷的三原色墨和由三原色叠印而成的间色墨的呈色效果；而且，纸张的底色本身也参与彩色印刷的色光混合，所以纸张的白度不同自然会影响到彩色网目调印刷的颜色再现。纸张白度越高，其表面越能使油墨色彩的特性准确地表现出来，其色域越宽广，印品墨色越鲜艳，视觉效果更好。另外，在实际生产中，同一批印活也应尽量选用白度相同的纸张印刷，以减小纸张白度对印刷颜色的影响。

综上，高白度纸张有利于生产颜色丰富、图像清晰的印刷品，但对于书刊这类经常阅读的印品，高白度常常导致视觉疲劳及其不良的阅读效果，因此这类印刷品所用纸张的白度不必太高。

第四节 纸张的不透明度

一、透明度与不透明度

透明度与不透明度均为描述纸张透光性质的物理量，它们取决于纸张透射的光量。透明度虽与不透明度有关，但却有各不相同的意义，不透明度取决于总透射光量，而透明度仅取决于镜面透射光量。所以对于理想的透明材料，应是不反射、散射和吸收照射在其上面的光，而无散射地透过所有的光。当光通过物体发生散射和扩散透射时，该物体便称为半透明体。几乎所有的纸张都是半透明体。

透明度是描图纸、拷贝纸及某些包装纸重要的质量指标，用透明率可真实地量度透明度。透明率是镜面透射光量与总透射光量的比值，它是评价纸张透明度最好的方法（纸张透明度的测试方法参照 GB/T 2679.1—2020）。

用于包装照相胶片的黑纸是绝对不允许光线透过的，这类纸可以称得上是完全"不透明体"。但在实际中，通常把大多数纸或纸板都称为"不透明体"，可见这是不严格的。例如，"不透明"的书写纸的不透明度为 90%，"不透明"的面包包装纸的不透明度仅为 60%。

不透明度是书刊、证券、书写纸等非常重要的性质，它对于纸张在印刷或书写后是否会产生透印现象起着决定作用。

二、不透明度的测量

不透明度虽然是由总透射光量决定的，但通常用反差率来描述纸张的不透明度。反差率是单张纸背衬黑板时的扩散反射率与背衬白板时扩散反射率的比率。用反差率来描述纸张不透明度的原理如图 5-8 所示。

当纸页背衬为黑板时，透过纸页的光被黑板全部吸收，因而无附加反射光 [图 5-8 (a)]；但当纸页背衬为白板时，透过纸页的光照射到白板表面后将反射回纸页，再从纸页正面部分扩散反射出来，有附加反射光，如图 5-8 (b) 所示，从而增加了纸面的扩散反射率。这两种情况下反射率的差别取决于总透射光的量。如果无光透过纸页，两种情况反射率相等，反差率为 1.0，即不透明度为 100%；如果所有光都透过纸页，则背衬黑板时反射率为0，因而反差率为0，即不透明度为0。

可见，凡能测量反射率的仪器就能测量不透明度。和白度一样，纸张不透明度的大小与仪器的光源光谱特性、照明和观察的几何结构以及背衬的光谱反射率有关。在标准不透明度测量中，上述条件为定值，即测试仪器必须符合标准规定的条件。大多数国家都是按 TAPPI 方法 T425 所给条件进行不透明度的测量，我国执行 GB/T 1543—2005 标准。

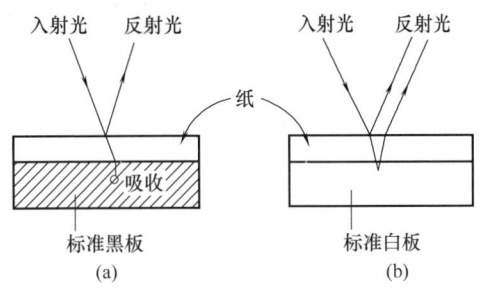

图 5-8 不透明度的测量原理

三、不透明度的表示方法

对于纸张的不透明度，常见的表示方法有 TAPPI 不透明度、ISO 不透明度。

1. TAPPI 不透明度

TAPPI 不透明度为单张纸被测纸样背衬黑板时反射率与相同点背衬有效反射率为 89%白板时反射率的比率，记作 $C_{0.89}$。

$$C_{0.89} = \frac{R_0}{R_{0.89}} \times 100\% \tag{5-3}$$

式中 R_0——单张纸被测纸样背衬黑板时的反射率；

$R_{0.89}$——单张纸背衬反射率为 89%的白板时的反射率。

2. ISO 不透明度

ISO 不透明度为单张纸被测纸样背衬黑板时反射率与相同点背衬足够厚相同纸层时反射率的比率，表示为：

$$\text{ISO 不透明度} = \frac{R_0}{R_\infty} \times 100\% \tag{5-4}$$

式中 R_0——单张纸被测纸样背衬黑板时的反射率；

R_∞——单张纸被测纸样背衬足够厚相同纸层时的反射率。

由上式可见，如果 $R_\infty = 89\%$，则 ISO 不透明度与 TAPPI 不透明度相等。ISO 不透明度较好地量度了纸张透背的性质，透背是透印的一个重要组成部分。

四、影响纸张不透明度的因素

不透明度是印刷纸非常重要的指标，影响纸张不透明度的因素较多，凡是能增加散射能力和吸收能力的任何因素都将影响纸张的不透明度。

1. 反射能力

反射能力（R_∞）取决于光吸收系数与光散射系数的比值（k/s），它的减少会导致纸张不透明度的增加，且反射率每减少 2.0 个单位，不透明度约增加 1.0 个单位。实际中也能发现，白度高的纸张的不透明度比同一定量值的白度低的纸张的不透明度要低。

2. 测量光的波长

测量光的波长主要影响纸张的吸收能力。由于纸张吸收较多的蓝光，因而用蓝光测量白纸的不透明度比用红光测量的不透明度要高得多。

3. 染料

染料对不透明度的影响非常明显，即使加入少量的染料也会导致不透明度显著增加。当测量光波长与染料的最大吸收波长相对应时，染料产生最大的不透明效应。

4. 定量

增加定量会导致光散射能力增加，因而能增加纸张的不透明度。如果其他条件固定，散射能力与定量成正比例关系。

5. 打浆

纸张散射系数是单位质量纸页比表面积的线性函数。打浆对不透明度有两个相反方面的作用。一方面，打浆增加了纤维发生光散射的总面积，从而能增加不透明度；另一方面，打浆还能增加抄造纸页的紧度（表观密度），纤维间黏结面扩大，从而增加了纤维间的光学接触面积，导致不透明度下降。对于大多数浆料，光学接触的增加导致的光散射系数的减少，比比表面积的增加导致的散射系数的增加要重要得多，因此打浆仍会降低纸张的不透明度。

6. 湿压与压光

湿压虽不会增加纤维比表面积，但通常会使得纸页紧度增加，导致纸内各粒子间的黏结（即增加了光学接触面积），所以湿压总是会降低纸张的不透明度。

在湿含量（纸张含水量）低于7%的条件下，压光纸页导致紧度的增加，不会产生更多的光学接触，因而对纸张不透明度的影响不大。当用水蒸气超级压光纸页或压光湿含量较高的纸页，紧度增加后则会产生更多的光学接触，从而会降低纸张的不透明度。

7. 填料

在加填的纸页中，存在着三种界面，即纤维-空气、颜料-纤维、颜料-空气。由于颜料-空气界面折射率差异较大，因而填料的加入能显著地增加纸张的光散射能力，从而增加纸张的不透明度。另外，颜料-纤维界面上光散射能力较弱，对加填纸张增加湿压会增加颜料-纤维界面而减少光散射能力较强的颜料-空气界面、纤维-空气界面，从而会降低纸张的不透明度。

对于一定的填料，其散射系数取决于填料粒子的大小及其在纸页中的分散程度。当粒子直径减小时，光通过空气-填料界面的次数增加因而散射能力增强。但如果填料粒子直径小于入射光波长的一半时，将失去散射能力，所以，一般填料粒子的有效直径不能小于 $0.3\mu m$。填料粒子在纸页中的不恰当分散会形成粒子间的光学接触，相当于形成了更大直径的粒子，因而会减少光散射能力。所以用一定量的颜料作为填料使用产生的不透明度，比等量颜料作为涂料来使用产生的不透明度要高。这不仅是由于在涂料中颜料粒子间紧紧地包在一起形成光学接触的缘故，还由于粒子间的空气被黏合剂取代，从而减少了散射界面间折射率的差异，纸页的散射能力下降，因此，纸张的不透明度降低。

8. 涂蜡

如果将石蜡或折射率与纤维素接近的类似物质浸入纸张，纸张的不透明度会大大降低。即使采用滑石粉、白土或其他折射率接近1.5的颜料加填或涂布纸张，涂蜡后纸张的不透明度也将非常低。但加入高折射率的颜料（如钛白、锌白），涂蜡后纸张仍将保持高的不透明度。表5-3所示为涂蜡纸不同界面上对光的反射率。从表中数据可进一步看出涂蜡对纸张不透明度的影响。

表 5-3　　　　　　　　　　　涂蜡纸不同界面上的反射率

界面	纤维素-空气	纤维素-蜡	钛白-空气	钛白-蜡
反射率/%	4.0	0.1	18.0	7.5

9. 浆料

对于一定的纸浆来讲，不透明度取决于纤维的细度（即纤维直径）。由于纤维都几乎处于纸页平面上，光线仅横向通过它们，纤维长度不会影响横向纤维-空气界面的数量，因而对纸张不透明度的影响也非常小。磨木浆纤维直径对比表面积和不透明度的影响见表5-4。从表中可看出，比表面积和不透明度均随纤维直径的减小而增加。细小纤维吸收光的程度高，因而能产生相当高的不透明度。除与纤维直径有关外，纸张不透明度还取决于浆料蒸煮的程度、打浆和压榨的程度以及其他影响纸页黏结程度的造纸因素。

表 5-4　　　　　　　磨木浆纤维直径对比表面积和不透明度的影响

筛分组分/目	比表面积/(cm²/g)	ISO 不透明度/%
12~20	11400	79.8
12~35	12500	85.0
12~65	13900	87.4
12~150	24100	91.1
12~400	34200	92.6

五、透　印

在 IGT 印刷适性仪上，以一定印刷条件印刷纸样，纸样印区反面的反射率与未印区反面在足够厚纸层上反射率之比，记作 OP。

$$OP = \frac{R_{P0}}{R_{P\infty}} \tag{5-5}$$

式中　R_{P0}——印区反面的反射率；

$R_{P\infty}$——未印区反面在足够厚相同纸层为背衬时的反射率。

OP 值与 ISO 不透明度之差间接表示了油墨的渗透程度。

对于印刷样条或实际印刷品，在纸张印页一面能反射观察到另一面印迹或潜影的现象，被称为透印（print through），它是由纸张不透明度和油墨渗透性两方面因素综合导致的。印刷品透印程度的大小可用透印值（PT）来表示。

$$PT = \lg \frac{1}{OP} = \lg \frac{R_{P\infty}}{R_{P0}} \tag{5-6}$$

式中 $R_{P\infty}$、R_{P0} 的意义同前。如果用 PT_{ST} 表示因纸张透背（show through）所致透印组分，PT_{PP} 表示因油墨中颜料渗透所致透印组分，PT_{VS} 表示因油墨中连接料从油墨整体中分离渗入纸张孔隙取代空气所致透印组分，则透印值为：

$$PT = PT_{ST} + PT_{PP} + PT_{VS} \tag{5-7}$$

由上式可知，透印的程度取决于纸张本身不透明度和油墨对纸张的渗透程度两个方面。PT_{ST} 的值由下式近似求得：

$$PT_{ST} = \lg \frac{R_\infty}{R_0} \tag{5-8}$$

式中 R_∞、R_0 的意义同前。透印值对于低定量的纸张（如新闻纸、字典纸、书刊印刷纸等）是十分重要的。

第五节 纸张的表面效率

纸张的表面效率并非纸张的光学性质，而是用以衡量纸张印刷适性，进而影响印刷品质量的一个指标。

一、表面效率的定义

相同的彩色油墨印在不同的纸上会产生不同的印刷效果。通常，在非涂料纸上用彩色油墨印刷会使颜色饱和度和反差产生较大的损失，颜色纯度降低，甚至会使色相出现偏移。在涂料纸上，印刷色彩出现的偏差一般不超过10%，而在非涂料纸上，这种颜色偏差却高达30%。即使在同种纸张上，正反两面印刷的色彩也可能出现偏差情况。20 世纪60 年代初，美国 LTF（美国印刷技术基金会 GATF 的前身）的 Frank M. Preucil 曾研究过这种现象，提出用纸张表面效率（paper surface efficiency, PSE）来描述，指出纸张表面效率是将纸张光泽度和吸墨能力结合起来考核的物理量，可按下式计算：

$$PSE = \frac{100 - A + G}{2} \tag{5-9}$$

式中　PSE——纸张表面效率，%；
　　　A——纸张的油墨吸收能力（K&N 值），%；
　　　G——纸张的光泽度（75°镜面光泽），%。

从上式可知，不同的纸张具有不同的表面效率。当纸张的吸收性强时，要以高光泽来进行补偿；而低光泽的纸张，则必须以低吸收性来补偿。

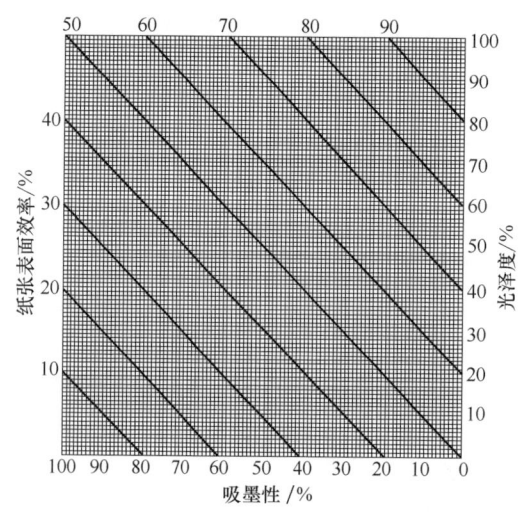

图 5-9　GATF 纸张表面效率换算图

二、表面效率的确定

纸张表面效率可通过测量纸张的光泽度和 K&N 吸收性，由 PSE 的计算公式求出，也可由油墨吸收能力 A 的值和光泽度 G 的值，查 GATF 表面效率图（图 5-9），从图中直接确定出 PSE。例如，若测得纸张的 $A=10\%$，$G=10\%$，则从图 5-9 可查得纸张的 $PSE=50\%$。

三、纸张表面效率对油墨呈色效果的影响

相同油墨印在不同纸张上，颜色的变化主要表现在色相上。油墨在纸上的色相

与纸张表面效率有密切关系,可以通过纸张表面效率了解其变化情况,并确定纸张的质量。由于三原色中黄色油墨的色偏与灰度比其他两种颜色低得多,因此,一般以品红色墨的色偏和青色墨的灰度来衡量颜色的变化和油墨质量。表 5-5 说明了纸张表面效率和油墨呈色效果的关系。从表中可见,颜色的强度和色效率是随纸张表面效率的增长而升高,而色偏和灰度则随纸张表面效率的增长而降低。

通过测量纸张表面效率,便可确定印在纸上油墨的色偏、灰度,为制版时的校色、调整灰平衡提供数据,也可预测两原色叠印的间色色偏,从而制作出适印性更好的印刷版。同时,根据印刷品质量要求,对纸张进行分类,选择合适的纸张进行印刷。

表 5-5　纸张表面效率(PSE)与油墨色偏、灰度、色效率和色强度的关系

纸种	PSE/%	色偏/%	灰度/%	色效率/%	色强度(密度)		
					黄	品红	青
铜版纸 1	59.8	35.0	12.7	88.6	0.83	1.44	1.41
铜版纸 2	56.0	37.0	13.9	88.0	0.82	1.28	1.38
铜版纸 3	46.2	43.4	17.0	87.2	0.74	0.93	1.23
铜版纸 4	40.0	45.0	23.4	86.0	0.71	1.02	0.98
铜版纸 5	33.0	46.7	24.0	85.7	0.70	0.79	0.98
画报纸	16.0	49.0	23.8	81.1	0.61	0.74	0.84
胶版纸	14.2	44.1	23.9	46.0	0.45	0.56	0.67

在实际工作中,为了确定纸张表面效率与色相的关系,首先要在各种类型纸张上,用生产上使用的一定型号的三原色油墨在同一密度水平下印刷,并测定出品红油墨的色偏和青色油墨的灰度,给出如图 5-10、图 5-11 所示的纸张表面效率与色偏、灰度的关系曲线。这样的话,印刷厂在选定了纸张后,只需测出纸张表面效率,再依据图 5-10、图 5-11 就可确定由纸张所导致的油墨色偏和灰度,从而为制版分色提供校色数据。造纸厂在生产彩色印刷用纸时,也可通过纸张的表面效率来更全面地管控纸张生产各要素,以抄造出高质量的彩印用纸。

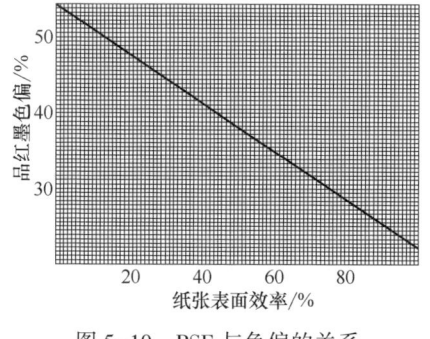

图 5-10　PSE 与色偏的关系

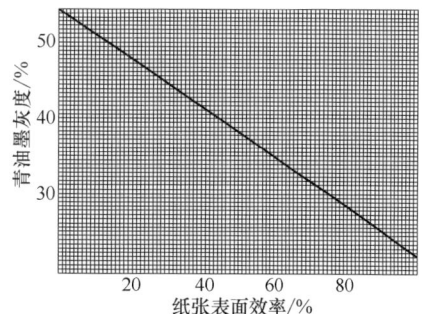

图 5-11　PSE 与灰度的关系

思 考 题

1. 镜面光泽度、反差光泽度的定义如何?常用的光泽度仪是测量物体表面的哪个光

泽度？

2. 分析影响纸张光泽度的因素（包括测量条件），为什么采用抛光黑玻璃作为测量标准？

3. 什么是纸张的白度？白度和亮度有何区别？

4. 阐述 SBD 白度仪的测量原理，并画出其几何结构。为什么要采用 457nm 的光作为测量光源？

5. 什么是视觉白度？哪些因素影响纸张的视觉白度？如何提高视觉白度？

6. 不透明度的表示方法有哪几种？写出各自的表达公式。

7. 透印值如何定义？它可由哪几个分量组合而成？透背和透印有何联系和区别？

8. 具体分析影响纸张不透明度的主要因素。

9. 纸张表面效率的定义是什么？它对油墨的呈色效果有何影响？测定纸张的表面效率有何实际意义？

10. 为什么有些纸张在自然光线充足的条件下感觉白度并不低，但在白度仪上测得的数据并不高？

第六章　纸张的化学性质

第一节　概　　述

纸张主要由纤维素和半纤维素组成，而这些又是亲水性很强的物质，因此纸张具有高度的吸水性和脱水性。纸张在存放、运输以及印刷过程中，会由于温度、湿度的变化引起纸张含水量的变化，导致膨胀和收缩。而且由于含水量的变化，使得纸张局部尺寸改变，发生其他形式的形变，如卷曲、皱折、形成波浪等，严重影响着印品质量。例如，当印刷车间相对湿度较高，而纸张原有含水量比较低时，如果不加以保护，纸张在车间堆放一段时间后，边缘部分会吸水而伸长，使纸张产生荷叶边现象；反之，印刷车间空气相对湿度比较低，纸张原来含水量较高，则因边缘脱湿较快而产生"紧边"。使用这样的纸张印刷时，由于纸边不平，易引起前规和侧规定位不准，影响套准精度。因此，纸张吸湿性能及其含水量的变化，会对纸张尺寸的稳定性造成一定的影响。

纸张的酸碱性是由纸张的制造工艺决定的，它不仅影响印版的使用寿命，更会直接影响油墨氧化结膜干燥的速度。因此，确定纸张的酸碱性，研究纸张表面的pH对油墨干燥速度的影响，对于保证印刷品质量至关重要。

第二节　纸张的吸湿性

一、纸张的水分

1. 纤维与纸张的水分

纸张具有高度的吸水性和脱水性能，且纸中的半纤维素比纤维素具有更强的亲水性。纸张是一种复杂多元的材料，它依靠三种不同的结合形式来保持水分。

（1）吸附水分。这是纸页粗糙表面上附着的水分，这部分水分与空气中的液体水是相同的，在任何温度下，它与纯水具有相同的饱和蒸汽压。

（2）毛细管水分。这是靠纸页毛细管作用吸附的水分，这部分水分的蒸汽压小于同温度下水的饱和蒸汽压，在干燥过程中，它借助毛细管的吸引转移到纸页表面。

（3）润胀水。这是存在于纤维细胞壁内的水分。这部分水分对环境温度和湿度的变化不敏感。

纸张的这种极性吸附和毛细管吸附决定了纸张是吸水性较强的物质，它不仅与水接触时能吸收水分，而且还具有从潮湿空气中吸收水分的能力。同样，纸张也能向干燥空气中释放水分。

2. 纸张的平衡水分

当把一定温度、湿度条件下的纸张置于不同的环境时，纸张的水分马上就会开始变化。若环境湿度变高,纸页将吸收水分;若湿度变低则会释放出水分。把在一定温度、湿度状态下,纸页水分不再发生变化的状态称为水分平衡状态,这时的含水量称为平衡含水量或平衡水分,用百分比表示。纸在不同的湿度状态下有着不同的平衡水分;在同一湿度下,不同的纸张也有不同的平衡水分,亲水性强的纸,其平衡水分越高,反之就越低。图6-1所示为不同纸张在不同湿度下的平衡水分。由图可见,未施加辅料的纸在各种湿度下的平衡水分为最高,而加入填料的高级纸以及高级原纸的涂料纸,其平衡水分依次下降。在涂料纸中,厚纸比薄纸的平衡水分要高,这是因为厚纸中亲水性原纸比率高的缘故。

影响纸张平衡水分的因素有很多。首先,取决于原料纸浆的品种与纯度,半纤维素比纤维素的湿含量大。因此,在一定温度、湿度时,原料纸浆不同,其含水量也不同,图6-2表示了各种不同原料的纸张在相对湿度65%时的含水量。图中虚线所示为各种纸浆所制成的纸张含水量的平均值。

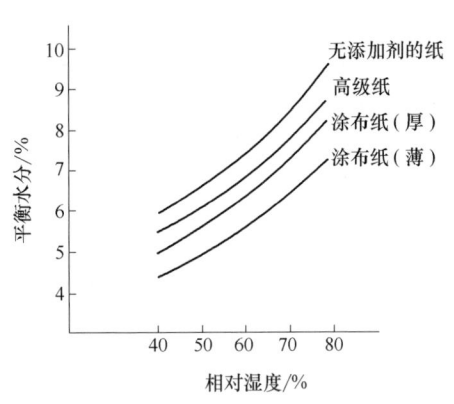

图6-1 纸张的平衡水分

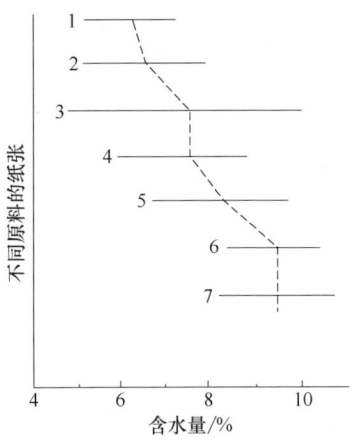

图6-2 不同原料的纸张的含水量
(相对湿度为65%时)

1—100%破布浆 2—破布浆和化学纸浆 3—100%化学纸浆
4、5—化学浆和碎木纸浆 6—蕉麻浆 7—碎木纸浆

其次,纸张的平衡含水量与环境温度有关,它随温度的增加而减少,近似直线关系。图6-3表示的是当环境空气湿度保持在45%时,温度从18℃上升到42℃时,胶版纸含水量的变化情况。

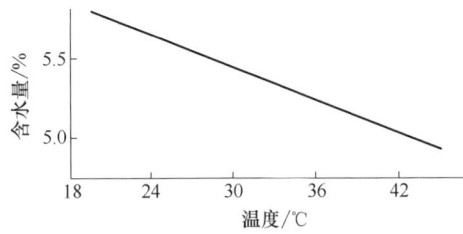

图6-3 温度与含水量(相对湿度为45%时)

由图6-3可以看出,在一定的相对湿度下,温度每变化±5℃,纸张中含水量的变化约为±0.15%。但是,在套印过程中,希望纸的含水量的变化不要超过±0.1%,否则影响套印的准确性,所以车间的温度变化必须控制到不超过±3℃。

再次,相对湿度对纸张含水量有直接的影响,下面第二部分将进行详细讨论。

最后,纸张的吸湿和脱湿需要时间。纸张的吸湿在非常短的时间内便可完成。图6-4

所示为几种纸张从相对湿度 35% 的环境中移到相对湿度 65% 环境中，纸张吸湿量随时间的变化。由图可见，造纸原材料不同，对水的亲和性也有所不同。一般在 15min 之内，纸张便完成吸湿过程，使水分达到饱和状态。此后，只要周围的湿度不变，纸内的水分是不会改变的。但纸张的脱湿速度与吸湿速度有很大差别，其脱湿所需要的时间比吸湿所需时间长得多。若想达到完全的平衡，需要相当长的时间。事实上，湿纸变干远不如干纸变湿来得快。图 6-5 是在相对湿度为 65% RH 条件下达到平衡水分的纸张，被调整至相对湿度为 100% RH 和 0% RH 的环境时，含水量变化和时间的关系。

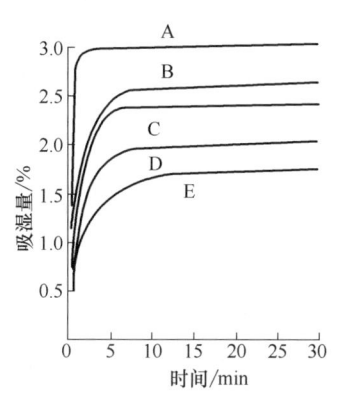 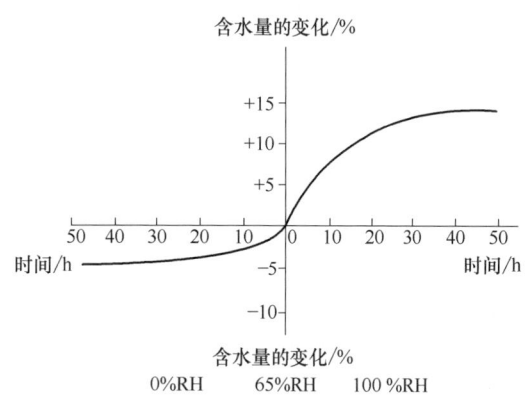

图 6-4　纸张吸湿速度
A—碎木纸浆抄造纸　B—化学浆和碎木纸浆混合抄造纸　C—100%化学浆抄造纸　D—破布浆和化学浆混合抄造纸　E—100%破布浆抄造纸

图 6-5　纸张的吸湿速度与脱湿速度

二、纸张的吸湿、脱湿及其滞后现象

当把一湿含量小于其平衡水分的纸页放在空气中时，它会吸湿，直至与空气达到平衡。吸湿过程中，纤维润胀，导致纸页尺寸的伸长；而当把一湿含量大于其平衡水分的纸页放在空气中时，它会向空气脱湿，直到与空气达到平衡。脱湿过程中，纸页收缩。但十分有趣的是，两相同纸页 A、B 都是在相同空气中达到平衡状态，A 是由低湿含量放在空气中，B 是由高湿含量放在空气中，当两者在空气中达到平衡时，会出现两者的湿含量不同，A 的湿含量小于 B，这种现象称为滞后现象，即是指在同一相对湿度下，吸湿时的吸着水量低于脱湿时的吸着水量的现象。图 6-6 为纸张的吸湿-脱湿曲线。

分析图 6-6 中曲线，可以得到以下两点结论。

（1）温度一定时，纸张含水量与空气相对湿度不是直线关系，而是呈 S 形。高湿度和低湿度时，相对湿度的变化引起含水量的变化率要比中等湿度时相对湿度变化引起含水量的变化率大得多。

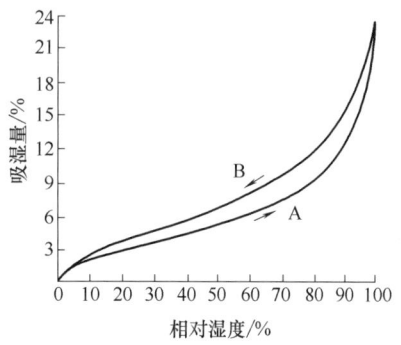

图 6-6　纸张的吸湿-脱湿曲线
A—吸湿过程的相对湿度与含水量的曲线
B—脱湿过程的相对湿度与含水量的曲线

也就是说，在高、低湿度条件下，较小的湿度变化会引起较大的纸张变形，因此，印刷在中等湿度条件下进行是有利的。

（2）图中A、B两条曲线并不重合，且两者组成一个闭合的滞后回路。如果两张相同的纸张在相同的相对湿度条件下进行调湿吊晾，经过一段时间，纸张中的含水量达到平衡状态，此时它们的含水量是否相同，还要看是否有相同的调湿过程。如果甲纸是由相对湿度很大的地方运来的，而乙纸是由较干燥的地方运来的，在调湿吊晾之前两者的含水量不同。对甲纸来说吊晾是脱湿过程，对乙纸来说，吊晾是吸湿过程，则吊晾后甲纸比乙纸的含水量要高。由此可知，纸张的含水量在相同的温度条件下，一方面随湿度变化而变化，另一方面也取决于纸张原来含水量的状态。例如，将已经在45% RH条件进行过吊晾的纸张，移至相对湿度为75% RH的印刷车间中积叠存放，其边缘因吸湿而伸展成波浪形。若此时就在75% RH条件下进行吊晾，则纸张中间部分因能吸收水分而再度平伸；假如将上述波浪形的纸张送回到晾纸间，仍然用45% RH的条件下吊晾，则由于纸张的滞后效应，边缘部分的含水量在脱湿过程中不能及时下降到原来的含水量，纸张依然存在一定的波浪形，还达不到原来的平整程度。

纸张吸湿-脱湿滞后现象的原因是因为纸张中干纤维素的吸湿是发生在无定形区氢键破坏的过程中，虽然打开了部分氢键，但由于遭到内部应力的抵抗，仍保持部分氢键，因而新游离的羟基相对较少。脱湿是已润湿了的纤维脱水发生收缩，在脱湿过程中，无定形区的部分羟基重新形成氢键，但遭到纤维素凝胶结构内部阻力的抵抗，被吸着的水不易挥发，氢键不是可逆地恢复到原来状态，故重新形成的氢键也较原来减少，即吸着中心（自由羟基）较多，因而吸着水分相应较多，产生前述的滞后现象。

三、纸张吸湿性对纸张强度的影响

如前所述，纸张的强度是由纤维之间的结合强度和单根纤维的强度决定的。通过纤维之间结合形成的强度（如抗张强度、表面强度等）会随纸张水分的增加而降低。这是由于水分增加后，纤维之间的结合减弱，在外力作用下纤维之间错开，并在较弱的力量下便被拉断。不过，在纸张被拉断之前，由于纤维之间的移动，纸张会伸长。也就是说，水分含量高的纸张，其抗张力虽减弱，但其伸长率反而较大。此外，从纤维的柔软性来看，水分减少时纸变得硬脆，而水分增加时纸就变得柔软。因此，耐折度、撕裂度等与柔软性有关的强度，随纸张水分的增加而略有提高。图6-7所示为纸张强度的几项指标随相对湿度变化的情况。

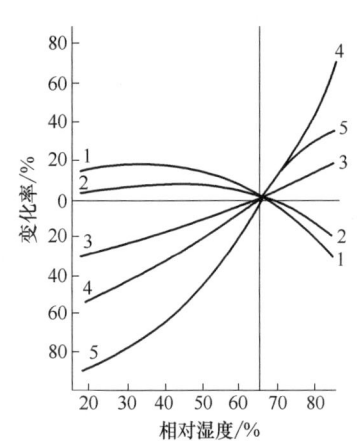

图6-7 纸张强度随相对湿度变化的曲线
1—抗张强度 2—耐破度 3—撕裂度
4—伸长率 5—耐折度

四、纸张的吸湿性对纸张形稳性的影响

纸张的形稳性是指纸张规格尺寸及形状的稳定性。许多印刷故障（如套色不准、卷曲及印刷折皱等）都与纸张的形稳性有着直接的联系。下面对产生这些问题的根源——纸张伸缩的原理进行讨论。

1. 纸张的伸缩

纸张的伸缩是由构成纸张的每一根纤维（即单根纤维）的伸缩而产生的。由于单根纤维在长度方向的伸缩远比直径方向小得多（图6-8），因此，纤维在纸内的排列情况对纸张的伸缩有着重要的影响。

由于在纸页成形过程中大多数纤维沿纵向排列，因此纸张沿纵向的伸缩性小，沿横向的伸缩性大，如图6-9所示。因此，在多色胶印中，套色不准大多出现在伸缩大的纸张横向上。伸缩性大，套色不准，单张纸印刷效果就不好。因此，必须把伸缩大的方向控制在一定范围。前面介绍过，印刷厂倾向于使用直丝缕（也称为纵向纸）的纸张，这是因为纵向纸在受湿度影响时比横向纸变形要小。另外，单张纸印刷机是以纸张的长边印版滚筒轴向平行进行印刷的，所以当纸张的短边稍有伸长时，即纸张在印版滚筒圆周方向稍有伸长，可以利用绷紧印版或调整包衬厚度等方法来进行补偿，但是因纸张长边的伸长而导致套准误差较大时，则很难消除。事实上，即使是印版滚筒圆周方向上产生的变形而引起的套印不准，也绝不是全都能克服的。由此可见，如何抄造与选用具有纤维排列方向的纸张并尽量使纸幅在横纵向上降低吸湿变形率是避免发生套印不准故障的关键之一。

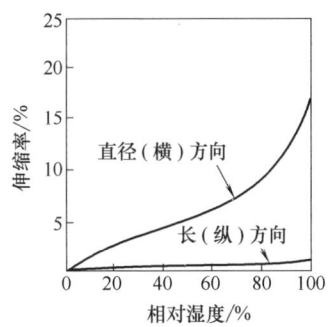

图6-8　单根纤维吸湿引起的伸缩变化曲线

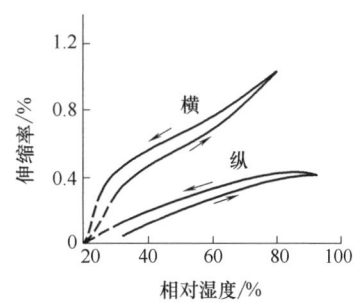

图6-9　纸张纵向、横向的伸缩变化曲线

2. 纸张的卷曲

纸张两面在吸湿或脱湿过程中不均匀的变形会导致纸张的卷曲。卷曲不仅影响输纸装置的作用导致输纸不匀，而且还会影响套准装置的作用造成套印不准。与书刊纸相比，胶印纸要有高度的平坦性（flatness），否则在胶印过程中会形成皱折和扇面形。与厚、软的纸相比，薄、硬纸张卷曲较严重，尤其是在低湿度情况下更为明显。印刷经单面处理过的纸张（如涂胶商标纸）时，这一问题更为严重。一般地，环境的相对湿度为40%~60%，相应的纸张湿含量（水分）为5%~7%，这时纸张变形最小。在湿度变化中伸缩不大的纸张称为形稳性好的纸张。

五、纸张的吸湿性与静电问题

在干燥的冬季，印刷纸的静电故障往往是印刷厂最头痛的问题。静电不仅使纸面吸附粉尘、纸毛，使纸张间相互吸黏给输纸带来困难，而且会加剧飞墨现象，严重时还会引起火灾。

众所周知，静电是由于纸张和其他物质或纸张之间摩擦产生的。它随着纸本身及周围空气导电性的强弱而发生很大变化。同一纸张越是干燥，其表面电阻越大（图6-10），其

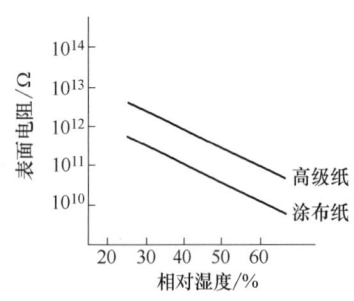

图 6-10 纸层间相对湿度与表面电阻的关系

结果是一旦摩擦生电，产生的电流就难以流通而停留下来。如果这时的周围空气中水分含量较多，则纸面的静电荷就会迅速传到空气中而不至于发生故障。因此，静电问题与环境的相对湿度及纸张的湿含量有关。研究发现，印刷时车间相对湿度低于40%，纸张水分低于3.5%，容易出现静电问题。当纸张的温度低于印刷车间温度时，静电问题加剧。如果纸张的导电性高，静电就会减少，即使有静电，也会迅速通过接地点传导到大地。例如，涂料纸比原纸电阻低、导电性好，因此，它比非涂料纸产生静电故障的可能性小。涂料纸印刷发生静电故障，往往是由于纸张水分含量过低（如轮转胶印时的过度加热干燥等）所致。

纸张的静电问题可通过预防和消除的方法来解决，如调节印刷车间的相对湿度，在略高的湿度环境下吊晾纸等，防止静电的产生。同时还可使纸张和印刷机接地，或者使用静电消除器来消除纸面的静电荷。在静电消除法中被普遍采用且较为有效的是离子中和法，该方法是采用相应的装置，将空气离子化后去中和纸面静电荷。

六、纸张的调湿处理

由于纸张具有吸湿性，在印刷之前都应对纸张进行调湿处理，使之与印刷车间的温湿度条件相适应。在胶印中，纸张的调湿处理尤为重要，因为在胶印过程中纸张还会受到润湿液的多次润湿作用。

纸张经调湿后，其水分含量与印刷车间空气湿度相平衡，但在胶印机上印刷时，可能再吸收0.5%~1.0%的水分，印刷后纸张含水量仍与空气的湿度平衡。这是由于滞后作用造成的现象，在滞后的限度以内，纸张在较低（吸湿）到较高（脱湿）的曲线上重新调整其平衡水分。滞后作用是胶版印刷中的一项因素，因为一般商品纸张在造纸机上干燥后的水分含量，低于纸张在印刷车间气候条件下的相对平衡水分含量。例如，纸张在造纸机上普通干燥后的水分含量为3%~5%，而在印刷车间气候条件下的平衡含水量为6%~8%，所以纸张在印刷前调湿是从低湿度一面接近平衡含水量的（即吸湿过程），并会在印刷过程中继续吸收补充水分。若把纸张在印刷前放在比印刷车间湿度更大的空气中预先调节，然后再放在与印刷车间湿度相等的空气中调节，使纸张从高湿度的一面接近平衡（即吸湿过程），这时的纸张在印刷过程中不会继续吸收水分，因为这种情况下的纸张已经达到了滞后限度的最大含水量。这并不是说纸张在印刷过程中就不会吸收水分，而是纸张在每次通过印刷机时能重新调整平衡水分，其含水量的变化是相同的，因而在每次开始通过印刷面时，纸张的含水量保持一致。

在胶版印刷中，解决水分平衡问题最好的办法是在印刷前进行调湿处理，使水分释放到空气中的速度与从印刷机上吸收水分的速度相等，这样可以在整个印刷过程中保持水分的适当平衡。为了达到这个目的，在印刷开始时，纸张的水分含量应当比与印刷车间空气湿度相平衡的纸张水分高0.5%~1.0%。图6-11所示为不同调湿处理的纸张在多色胶印机上湿含量的变化曲线。从图中可见，未经调湿处理的纸张1在印刷过程中吸湿，从而导致纸张的伸长；纸张 2 虽在印刷车间调湿处理过，但印刷时仍会吸湿，只是少一些；在比印刷车间相对湿度高 8%的湿度下调湿处理的纸张 3，在印刷过程中湿含量保持不变；先在 65%相对湿度下调湿处理，然后在 53%相对湿度下再调湿的纸张 4，在印刷过程中不再吸收水分，但其原始水分含量高，这是滞后作用产生的结果。

七、纸张湿含量的测定

纸张的湿含量对于纸张的性质及其使用具有重要的影响，因此，准确测定纸张湿含量是很有必要的。纸张的湿含量是指一定质量的纸张所含有的水分质量与其总质量之比，以百分数表示。测量纸张湿含量的直接方法有干燥法、蒸馏法和化学法等，具体测量方法可参照 GB/T 462—2008 的方法。

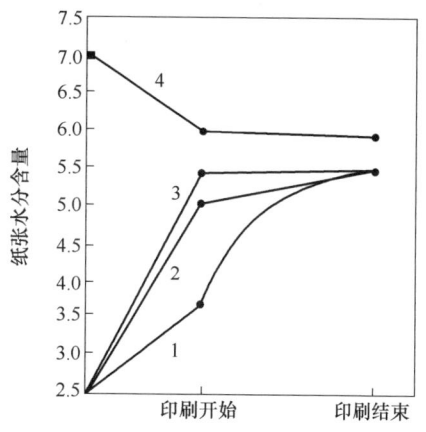

图 6-11　在多色胶印中纸张湿含量的变化
1—未经调湿的纸张　2—在印刷车间（相对湿度 45%）调湿的纸张　3—在比印刷车间湿度高 8%（53%）的环境中调湿的纸张
4—在更高湿度（65%）下调湿，然后再回到比印刷车间湿度高 8%（53%）的环境中调湿处理的纸张

众所周知，测量纸张湿含量的目的是控制纸张的调湿效果，以指导生产。但即使测量出纸张湿含量的多少，也并不知道纸张是否已达到平衡，因为一定纸张在印刷车间温湿度环境下的平衡湿含量是未知的。如何解决这个问题？从物理化学的知识中可知，一定湿含量的物质在其周围都有一个与之相对应的饱和蒸汽层，饱和蒸汽的湿度称为相对平衡湿度（Relative equilibrium humidity，REH）。因此，可以测量出纸张的相对平衡湿度，将该值与环境空气的湿度作比较，便可知道纸张是否与环境的温湿度相平衡。这种用测量 REH 来控制纸张调湿效果的方法已得到广泛采用。

第三节　纸张的酸碱性

纸张的酸碱性可用 pH 来表示。不同造纸工艺生产出的纸张，其 pH 是不同的。以前在造纸过程中用矾土［$Al_2(SO_4)_3 \cdot 14H_2O$］作沉淀剂来沉淀松香胶和保留填料的纸张，pH 大约为 4，纸张呈微酸性。目前在造纸生产中多采用中性—碱性法造纸，再加之施胶多采用中性施胶剂，使得新闻纸、胶版纸的 pH 呈中性或弱碱性。涂料纸的 pH 比非涂料纸要高一些，这是因为分散填料中的高岭土需要碱性，因此，填料（如碳酸钙）是碱性的。涂料胶黏剂中干酪素是碱性的，涂层也就呈碱性。由于涂层慢慢从空气中吸收二氧化碳，一定时间后 pH 有所下降，最后稳定在 6~7。

一、纸张酸碱性对印刷的影响

在印刷过程中，纸张的酸性会引起印版的腐蚀和粘版，直接影响印迹的氧化结膜干燥。表 6-1 所示为普通亚麻仁油型胶印油墨印于 pH 不同的证券纸上所得的结果。从表中可见，pH 越大，油墨的干燥速度越快，这是因为呈酸性的纸张会吸收油墨中的干燥剂，从而抑制印迹氧化结膜过程。对于树脂型胶印墨，这种影响不大。在胶印过程中，若纸张的碱性太强，则纸中的碱性物质会不断地传送到水斗中去，使水斗中一部分溶液被中和，直接影响水斗溶液 pH 的控制。此外，这些碱性物质还会减小印版水墨界面上的界面张力，促使油墨乳化，导致非图文部分上脏。水斗溶液的酸性越强，这种影响越严重。

表 6-1　　　　　　　　　　纸张的 pH 对油墨干燥时间的影响

纸张 pH	4.5	5.0	5.5	7.0
干燥时间/h	70	34	21	9

此外，在实际中也发现，如果用酸性纸进行烫金印刷时（用五色油墨印刷后在半干时撒上金粉）或用金墨进行印刷后，经长时间保存，金字会变色。这是因为跟这些金墨相接触的另一张纸页反面的一些氢离子转移到金墨表面而使金墨腐蚀的结果。

二、纸张酸碱性对其耐久性的影响

纸张的耐久性是指纸张能长时间内保持原有重要理化性能（特别是强度和白度）的能力。时间越长，说明纸的耐久性越好。耐久性与耐用性不同，耐用性是表示在连续使用的情况下能保持它原有品质的程度。耐久性对于法律记录用纸、重要的证明文件用纸、艺术品用纸以及有长期保存价值的高级书籍和某些印刷品用纸来讲是很重要的。

影响纸张耐久性的因素很多，如纤维种类和质量、残余木素、漂白工艺、各种添加物质、自身的 pH 等，而纸张酸碱性（pH）的影响是较为显著的。一般地，纸张 pH 越低（酸性越强），则纸张强度衰减越快，白度下降，颜色泛黄，即耐久性越差。

三、纸张酸碱性的测量

1. 水抽提液的 pH

按标准方法（参照 GB/T 1545—2008）用蒸馏水抽提纸样，测定水溶液的 pH 作为纸样的 pH。

2. 纸张表面的 pH

用上述方法测量的是由纤维、辅料和吸附水所组成的多相体系的纸张 pH，而对印刷有直接影响的是纸张表面的 pH。纸张表面的 pH 与水抽提液的 pH 是不同的，尤其对涂料印刷纸。因此，测量纸张表面的 pH 更具有实际意义。目前测量纸张表面 pH 的方法有电测量法和颜色指示剂方法，可参照 GB/T 13528—2015。

（1）电测量法。电测量法是采用玻璃电极（平头电极）与参比电极联在一起对纸样的潮湿表面进行测量，该法能快速地提供纸张表面的酸碱性结果。由于该法测定不破坏样品，因此，特别适合于检查书籍和重要文件的酸碱度。其原理是将纸样放置在尽量排除空气的衬有软橡皮或泡沫塑料的圆筒内，用 0.5mL 纯水润湿试样，迅速插入由玻璃电极、参比电极组合而成的平头电极，使电极在试样上的压力保持恒定，在规定的时间内测出的 pH 即为测量结果。

（2）颜色指示剂法。颜色指示剂法是采用适宜的酸碱指示剂点滴在纸张表面进行测量，最适宜的试剂有：溴甲酚绿（颜色指示：pH 3.8 时黄色，pH 4.2 时绿色，pH 4.6 时蓝绿色，pH 5.0 时绿蓝色，pH 5.4 时深蓝色）和溴甲酚紫（颜色指示 pH 5.2 时黄色，

pH 5.6 时棕绿色，pH 6.0 时紫棕色，pH 6.4 时亮紫色，pH 6.8 时深紫色）。测定时，可将指示剂滴于纸张的潮湿表面。

思 考 题

1. 什么是纸张的吸湿-脱湿滞后现象？发生该现象的原因是什么？画出滞后曲线，并分析印刷时为什么要选择中等湿度的条件？
2. 试说明纸张吸湿变形的两个特征。
3. 印刷前为什么要对纸张进行调湿处理？通常采用哪些方法？哪种方法更好？为什么？
4. 纸张的 pH 对印刷品的质量有什么影响？

第七章　其他承印材料

以前，除纸张外，主要的承印材料是玻璃纸。20世纪50年代后，随着塑料工业的快速发展，各种新型塑料在包装及建筑装饰等领域的应用日益广泛，塑料已成为除纸张外使用最多的承印材料。此外，合成纸、铝箔、铁皮、玻璃、不干胶材料、复合材料等在承印材料领域中也占有一定的比例。

第一节　特　种　纸

特种纸种类繁多，其命名多依据材料的性能、应用领域、加工工艺过程等角度，因此"特种纸"只是一个统称。例如，从印刷角度来讲，不同于国家标准常规纸的类型都可称为特种纸（如彩色纤维纸、充皮纸、纹理纸、喷墨打印纸、数码印刷纸、水印纸），但从造纸业的角度来说，只有纸的原材料明显不同于普通天然纤维材料时，才称为特种纸。因此，从不同角度去看，特种纸的含义是不一样的，在学习它们的性能时，要仔细对比特种纸的原料组成、制备工艺，还有材料表面是否有特殊涂层，这样才能把握好特种纸的印刷适性。

一、玻　璃　纸

玻璃纸（cellophane paper）是利用亚硫酸盐纸浆为原料，经各种化学处理制得的透明纸，是最早用于商品包装的透明材料之一。玻璃纸有如下特点：透明度高；薄膜本身有较高的光泽；化学性能为中性，不带电性，不吸尘埃；气体的渗透率低；抗油、酸、碱性较强；印刷效果好；价格较低廉。

玻璃纸最大的缺点是吸湿性强，因此，为了尽量防止玻璃纸吸湿变形，通常在玻璃纸的表面涂上防湿剂，这类纸称为防湿玻璃纸。涂布的防湿剂有聚氯乙烯和硝化纤维素。对玻璃纸进行防湿处理后，还能增加其作为包装材料的热封性能。近些年，由于玻璃纸在环保方面具有其他塑料薄膜所不具有的优点而受到重视，市场需求量在逐年增加。

玻璃纸印刷方式有凹版、柔性凸版两种。在印刷运行性方面，所有玻璃纸的共同之处是因吸湿而产生伸缩，印刷时因张力而伸长，所以在玻璃纸印刷时，要充分注意其伸缩问题，还要适当调整印刷环境温湿度及印刷张力。

印刷在玻璃纸上的油墨虽没有印刷在普通纸上的油墨附着那么牢固，但印刷效果也比较突出。按涂聚氯乙烯防湿玻璃纸、普通玻璃纸、涂蜡防湿玻璃纸的顺序，印刷效果依次降低。涂聚氯乙烯的防湿玻璃纸对油墨的附着力强于普通玻璃纸，但有容易粘页的缺点。另外，玻璃纸用印刷油墨要根据最终用途来选择。

二、硫　酸　纸

硫酸纸又称为描图纸，是由细微的植物纤维通过互相交织，在潮湿状态下经过游离打浆、不施胶、不加填料、抄纸，用72%的硫酸浸泡2~3s，清水洗涤后以甘油处理，干燥后形成的一种质地坚硬薄膜型的物质。硫酸纸质地坚实、密致而稍微透明，具有对油脂和水的渗透抵抗力强、不透气且湿强度大等特点，能防水、防潮、防油、杀菌、消毒。描图纸分普通描图纸、高定量描图纸。其中，普通描图纸的技术指标参见表7-1。

表7-1 普通描图纸的技术指标

指标名称		单位	规定				
定量		g/m²	50.0	60.0	65.0	70.0	75.0
定量偏差		%	±5				
横幅定量差 ≤		g/m²	3.0	3.0	3.0	3.5	3.5
透明度 ≥		%	70.0	70.0	69.0	68.0	68.0
撕裂度(纵横向平均) ≥		mN	160	180	200	210	220
平滑度(正反面平均) ≥		s	32	28	25	23	18
伸缩率 ≤	纵向	%	3.0			3.5	
	横向		12.0				
施胶度	≥	mm	1.5				
	细线		0.3±0.04				
尘埃度	0.05~1.0mm² ≤	个/m²	50				
	0.5~1.0mm² ≤		20				
	>1.0mm²		不应有				
交货水分 ≤		%	7.0				

描图纸具有纸质纯净、强度高、透明好、不变形、耐晒、耐高温、抗老化等特点，广泛适用于手工描绘、走笔喷墨式CAD绘图仪、工程静电复印、激光打印、美术印刷、档案记录、晒图、印刷设计制版、礼品包装、相册内页、转印橡皮章胶印等方面。

三、烟用接装纸

烟用接装纸，俗称水松纸，早期被称为包头纸、木纹纸等，是一种将滤嘴与卷烟烟支接装起来的专用纸。安全、卫生、环保的接装纸是烟草行业提高卷烟加工水平，提升卷烟整体质量和降焦减害的重要烟用材料。

烟用接装纸是卷烟生产加工上一种较为重要的烟用材料，与高透成形纸及其他技术结合，可有效降低卷烟焦油、尼古丁及一氧化碳量的产生，对卷烟吸食的特性和风格产生较大影响。因其与吸食者的嘴唇直接接触，纸张及涂层与油墨及生产原料必须无毒，其荧光、褪色、重金属、菌落等指标（直接或间接关系到消费者的身体健康）应符合食品卫生要求，且具有一定的抗水和耐湿强度。其产品内在质量特性直接影响到卷烟的外观、卷制质量；影响到卷烟机的有效运行及卷烟产品的安全性；同时也影响卷烟感官风格与降焦减害，甚至会直接或间接影响卷烟产品的整体竞争力。

随着烟草行业技术水平的发展和提高，接装纸产品不仅向更加美观和环保及稳定产品品质方向发展。同时也向更加地安全、卫生等目标进行提升，特别是对于荧光物质、重金属及菌落等指标的要求，与直接入口的食品要求相当，甚至部分指标要求还要高于直接入口的食品要求。

第二节 合 成 纸

所谓合成纸，就是以合成高分子物质为主体，具有类似纸的外观、性质且易于印刷的平面材料，其原料取自煤、石油和天然气，如聚丙烯腈（腈纶）、聚丙烯（丙纶）、聚酰胺（尼龙）、聚酯（涤纶）、聚苯乙烯等。用这些原料制成的合成纸一般不会吸湿霉变，在干燥和湿水的情况下都很结实。它既可以是像普通纤维纸张那样用纤维抄造或黏合成形，也可能是内部无孔隙的片状物。20世纪70年代初，日本王子油化（YUPO）公司研制出一种用石油原料制成的纸代用品，该产品曾被称为薄膜纸、塑料纸等。

一、合成纸的基本特性

1. 印刷质量方面

合成纸表面平滑、洁净、厚薄一致，而且能够再现印版的鲜明效果，网点清晰，色调柔和。

2. 环保方面

聚丙烯合成纸原料来源及生产过程均不会造成环境的破坏，产品可回收再利用，即使被焚烧处理也不会产生有毒气体而造成二次公害，符合现代环保的要求。

3. 比普通纸有更优越的性能

合成纸具有强度大、抗撕裂、防穿孔、耐磨耐折叠、耐潮湿、耐虫蛀等特点。

4. 比普通纸有更广泛的用途

合成纸具有优良的抗水性，使其特别适用于露天户外的宣传广告。由于合成纸不生灰尘、不掉毛，使其在无尘室能得以应用，还能与食品直接接触。

5. 优越的加工性能

合成纸可以采用裁切、模切、压花、烫金、钻孔、热折叠、胶接等印后加工方法。

二、合成纸的生产方法

合成纸发展至今，主要生产方法有压延法、流延法、吹膜法、双向拉伸法。下面简单介绍这几种生产方法及其产品特点。

1. 压延法

该方法生产以聚丙烯（PP）为基材的合成纸，即通过配料、混料、在线密炼、挤出造料、开炼至压延，分切为合成纸产品。关键设备是由意大利生产的挤出机，一次完成，连续进行，效率高、质量好。压延法工艺的缺点是工艺复杂，一般用于生产0.1mm以上的合成纸产品，产品比重较大，设备价格昂贵，但产品表面光滑，适用于印刷高级样品及书籍封面等产品。

2. 流延法

流延法合成纸的混料、密炼、混炼等工艺与压延法相似，只是由流延机代替压延机。流延法的特点是模头挤出速度与流延辊的旋转速度存在较大的速度差，不同的速度差，生产出的合成纸厚度也不一样。在模头挤出的弯月面和冷辊之间形成了单向拉伸，流延法可以生产各种不同厚度的合成纸。但合成纸内的分子链分布存在单向性，因此，流延合成纸产品的纵横向性能有较大的区别，这是它的缺点。与压延法一样，流延法合成纸的基料也是聚丙烯，其产品变形性稍大，但刚性与韧性较好。

3. 吹膜法

吹膜法生产合成纸用的基材是高密度聚乙烯（HDPE），不同于压延、流延法的聚丙烯基材。在国外，吹膜法生产合成纸大部分采用三层共挤设备，并应用内冷装置，泡膜直径、泡膜厚度在线检测及闭环控制系统，保证合成纸的厚薄均匀度一样。吹膜法工艺过程实现了纵向及部分横向拉伸，工艺设备比较简单，德国 ALPINE 公司首先推出了单层吹膜法生产合成纸，使用高密度聚乙烯及母料作为原料。

4. 双向拉伸法

生产这种合成纸的设备基本是在双向拉伸聚丙烯（BOPP）设备基础上加以改造，以适应合成纸的生产。为了充分体现合成纸的塑料特点和纸的印刷特点，生产出性能更好的合成纸，对设备的性能要求会更高。中国台湾台塑近年来推出了"双向拉伸珠光纸"，其基材也是聚丙烯。双向拉伸法的原料混配与压延法、流延法是基本一致的，但是使用的设备是双向拉伸机。在双向拉伸过程中，塑料的分子链纵横向分布比较一致，因此，合成纸纵横向的物理机械性能也基本相同，这张薄膜就是合成纸的纸基。由于薄膜太光滑，需要再对它进行糙化处理。糙化后，再涂上一层适合印刷的涂层，或是在塑料加工时加入填料，在薄膜拉伸过程中页面产生极细小的裂纹与孔隙，从而降低了合成纸的比重及成本。由于这些小间隙对光的折射作用而产生了珠光效果，这样就制成了看上去与普通纸外形相似的合成纸，它的结实程度却远远超过了一般的纸张，在包装、印刷、广告等领域得到了广泛的应用，缺点是容易褶皱和撕裂，遇到高于90℃温度时变形很大。

还有一类双向拉伸合成纸是分为上中下三层结构，可以选择不同的材料性能以满足不同的需求和应用领域。表层材料需满足人们对传统纸的感观要求和各种印刷要求（吸墨性能要好），还可根据不同客户的使用要求作出调整，以满足在不同应用领域的特殊要求，更充分地体现合成纸不同于纤维纸的优点，如开发出可热合的合成纸、模内标签纸等，日本的"王子尤泊"多层复合纸就具有类似特性。芯层材料可通过添加功能母料使其密度更低，降低成本，或大幅度提高强度，适应特殊应用领域，也可添加抗老化剂，延长使用寿命，降低客户的使用成本。

虽然双向拉伸法合成纸的设备昂贵，工艺、配方技术也较复杂，但其制品应用范围是最广泛的，它是合成纸的发展主流。目前国内厂商的合成纸生产主要是采用此方法，在国际包装行业上也属于较前沿的包装加工工艺。

5. 无纺合成纸生产工艺

美国杜邦公司将其无纺布的生产工艺推广到合成纸生产过程中，使合成纸的基材（主要是聚丙烯）经过熔融、抽丝、成网、挤压，最后生产出"无纺合成纸"，（俗称"撕不烂"纸）。由于无纺合成纸是用塑料纤维纺织而成的，因而具有较高的毛细管效应，更具有纸的特性，比重轻、渗透性强，各项物理机械性能良好，着色强度好，变形性低，用这种合成纸印制画报是十分理想的。它既能防水，伸缩性小，是印制游览图、制作室外广告的好材料，还可广泛用于家具包装、装修等行业。但是无纺合成纸的价格较昂贵，生产工艺复杂，设备成本高，限制了其推广应用。

除上述方法和原材料外，还有多种原材料或是混合方法用于生产合成纸类产品，如用芳香族聚酰胺纤维作原料，制成的合成纸具有较好的耐热、耐腐和防燃性，制成耐高温的防火纸板。如果把它们迭合起来加压，还可制成新型的复合材料，其用途更广。

合成纸的主要生产厂家有：日本王子油化（YUPO/尤泊）、日清纺积水化学工业株式会社、英国BXL、法国普利亚（Polyart）、美国杜邦公司（DuPont）、中国台湾台塑南亚（NANYA）等，此外，在德国、加拿大也有一些公司在生产合成纸。国内仅有几家企业能生产以压延为主的合成纸，完全以合成纤维制造合成纸的企业很少，其质量有待改进。

三、印刷工艺对合成纸的性能要求

1. 外观

除特殊情况外，合成纸应具有白而不透明的外观。木材纸浆经过药品处理，在得浆率低、纤维素分子质量减少等不利情况下才得到白纸，而合成纸做成白而不透明的效果是很容易的。它经过白色填料充填或设计发泡层、多孔层，不仅能得到高白度，而且得到的是比普通纸纯度还要高的白色成品，同时其不透明度也可以通过改变上述处理条件而有所变化。

2. 印刷运行适性

（1）表面性能差异性。这种材料与纸张相比最大的特点是它们大都具有非吸收性或低吸收性的表面，因而在它们表面进行印刷要解决的两个关键问题是油墨的附着和干燥。目前选用的印刷方式主要是油墨选择范围较宽的凹版印刷、丝网印刷和柔性版印刷，而且在印刷之前也大都要对承印材料进行表面处理。

（2）静电带电性。在冬季低湿度的情况下，一般承印材料都会产生静电，所以使用易于带电的合成高分子原料制成的纸张时，更应注意这个问题。用单张纸印刷机印刷时，常因产生静电而造成故障，因此，必须进行防静电处理。

防静电的方法是添加或涂覆防静电剂，但如果使用过量或选择错误，就会产生下述不良影响：首先会在书写时发生透印；在胶版印刷时发生糊版；甚至成为油墨变色的诱因。此外，添加的防静电剂应具有一定时期的稳定性，否则会在表面挥发而失去作用。

（3）硬度差异性。众所周知，纤维素是由极硬的分子骨架为基本结构的。与此相反，作为合成纸原料使用的聚合物都是柔软的，因此，薄膜和同样厚度的普通纸相比，硬度小、挺度低。

合成纸使用的聚合物若按杨氏模量高低排列的话，聚苯乙烯和聚氯乙烯几乎相同，其次是聚丙烯，最小的是聚乙烯。杨氏模量低的聚合物，在制作合成纸时，其硬度达不到要求。即使采用杨氏模量高的聚合物或进行延伸和填料充填，生产的合成纸的硬度还是要比普通纸差。

（4）尺寸稳定性。对于湿度变化的尺寸稳定性，任何一种合成纸都要比普通纸优越得多，几乎没有伸缩，因此，不需要调节印刷车间的湿度，甚至不需要在印刷前晾纸。但一般说来，塑料与其他材料相比，热膨胀率大。尽管如此，在没有温度调节的印刷车间，如果有10℃的温度变化，则其伸缩率可计为0.05%~0.30%。从相对湿度60%左右的标准状态到±30%左右的湿度变动所产生的伸缩，铜版纸是0.5%~0.9%，玻璃纤维混抄纸是0.15%~0.30%。与这个数值比较，合成纸因温度变化产生的尺寸变形在允许范围之内。

在尺寸稳定性方面还应该注意的是合成纸对于印刷动态张力的阻力比普通纸小，容易延伸，因此印刷、印后加工套准精度不高。现在市场上销售的合成纸均采取一定的方法来改善其尺寸稳定性，但这样也仅能满足一般印刷的要求，而像立体印刷那类高精度印刷，合成纸还不能达到令人满意的结果。

（5）页面平整性。普通纸、合成纸的表面如果呈严重波纹状变形，通过印刷滚筒时就会发生套印不准，甚至产生褶皱等故障。普通纸的波纹状态可以通过晾纸恢复正常，但合成纸不是因湿度变化而产生伸缩，不能用这种方法校正。合成纸的波纹主要来源于复卷张力不均匀而产生的材料蠕变，所以只要注意复卷方法就能防止这种现象的发生。

3. 纸化处理

普通纸的表面具有一定的吸收性，油墨印在纸张表面后，一部分低黏组分能立即渗入纸张孔隙中，进而固化。对于合成纸，要使其表面也具有吸收油墨的性能，必须进行纸化处理。处理方法主要有如下几种。

（1）填料充填。二氧化钛、碳酸钙等填料本身对印刷油墨的受容性很强，但只加入20%~30%的填料，并不能获得吸墨性，因为这时聚合物覆盖在填料周围，没有足够的毛细管。只有加入足够含量的填料或用溶剂洗掉表面层，露出填料，才可获得一定的吸墨性。

（2）充填填料和延伸并用。延展含有大量填料的聚烯烃薄膜，就会产生微细裂纹，有助于油墨的渗透。

（3）颜料涂覆。把黏土、二氧化钛、碳酸钙等细微粒子和黏合剂一起涂覆在合成纸表面，其原理和普通纸中的铜版纸、涂料纸相同。用这种方法，合成纸不仅能得到和普通纸相同的吸墨性，而且平滑性也极好，能得到超过未处理普通纸的油墨受容性和印刷效果。

除上述方法外，纸化处理还包括发泡单元破坏法、药物处理法等。

此外，与印刷油墨有关的性能还有表面强度和油墨的转移性。关于前者，因为薄膜内部结合力大，几乎没有像普通纸那样的拉毛故障；后者则因为表面平滑性、压缩性及其他因素互相关联，不能一概而论，故这里略去。

四、合成纸的发展方向

与用纤维素制造的相比，合成纸的品种已经很多，但总的产销量还比较少，随着植物纤维产量与社会巨大需求矛盾的进一步扩大，还有人们对包装材料的个性化要求的急切增加，合成纸的用途极为广泛。在印刷出版方面，合成纸可以印刷耐水报刊、书籍、地图以及名片、日历、卡片；在包装用途上，如手提袋、包装盒、药品包装、化妆品包装、食品包装、工业产品包装等；也可以用于建筑装修，作彩色贴面纸的原纸、壁纸等。还有特种用途，如膜内标签、压敏标签、热敏标签、纸币用纸、彩色相纸、CAD用描图纸、工业计算机及仪表用记录纸、快递信封、钟表、盘、纸扇、雨伞、旅游用纸帽及其他旅游宣传用品等。现在人们的认识是不限于代替普通纸，而在于追求合成纸所特有的功能。

目前，合成纸的印刷多采用普通规格的单张双色机印刷，但是为了适应印刷大型化、自动化、多色化的发展趋势，合成纸应向降低成本、增大幅面、提高印刷适性的方向发展。比如，用四色机印刷双全张尺寸的印刷品，就要求合成纸有更大强度，油墨转移到纸张后的固着、干燥速度要快，同时具有卷筒纸印刷即轮转胶印的印刷适性。为此，必须提高耐热性和对于外力的尺寸稳定性。

现在的合成纸所用的合成高分子材料多种多样，国际市场上销售的产品也种类繁多，制造方法也不同，但都是为使之适合目前的印刷方法来设计制作的，就是让合成纸易于用胶版、凹版或柔性版等方式来印刷。随着广告业的迅猛发展，喷墨打印大型广告的材料主要就是合成纸类材料。如果未来印刷方式有所变化，合成纸也要与之相应地有所改变，如新科技产品——电子纸，其主要的底基材料可能也是合成材料。近年来，又出现了一种新的合成包装纸，这种纸是在基材下覆一层铝箔，它既可以作印刷商标，又可以作自动连续包装的材料，用它包装日用化妆品、牙膏和防止香味逃逸的可口食品都是很理想的。

第三节　塑料类承印材料

添加了大量填充材料，或是成形过程中形成气泡、孔隙的化学材料薄页被称为合成纸，而不加或少加填充材料，薄页内部无孔隙，对液体无吸收或是吸收极少，以透明或半透明为特征的化学材料薄页被称为塑料薄膜。

塑料是以合成或天然高分子化合物为基本成分，在加工过程中可以塑制成型，且最终产品能保持形状不变的厚型材料，或指通过吹膜成型的薄膜材料。塑料薄膜与合成纸在某些特性上是相似的，塑料的主要成分是合成树脂。有些合成树脂能单独做成塑料，有些则需加入一些添加剂，如填料、增塑剂、稳定剂、着色剂、发泡剂、防老剂、润滑剂等。

塑料因其具有质轻、比强度高、耐化学腐蚀性好、易加工成型等特性，在包装及建筑装饰领域得到了广泛的应用，尤其是塑料薄膜，已成为塑料包装制品中的主要材料。以下将对印刷中常用的几种塑料薄膜的印刷性能作简要介绍。

一、聚乙烯薄膜

聚乙烯（PE）膜可以利用聚乙烯原料通过吹塑、压延和流延等方法制造成型。聚乙烯膜耐久力、撕裂度非常大，在20℃左右有显著的柔软性，在0℃以下无臭无味。

与玻璃纸及其他薄膜相比，聚乙烯的透明度低，化学性能稳定，表面张力低，若印刷前不做表面处理，印刷时油墨和聚乙烯的黏合力弱，即使油墨干燥了也容易脱落；由于薄膜的延伸大，对于套色印刷有一定困难。

聚乙烯薄膜的主要印刷方式是凹印和柔印。由于在印刷时施加适当的张力，薄膜受力伸长，造成成品比印版的尺寸收缩1%~2%，使套准不稳定。提高套准稳定的方法，有的使用裱背纸的方法，或在印刷机上安装张力控制器。如果事先把收缩量考虑在内，将印版制得大些，印刷品收缩后的尺寸也可与所要求的尺寸取得一致。

印刷聚乙烯膜时，最关键的是印刷后油墨不脱落，检验的方法有三种。

（1）胶带法。胶带法是将透明胶带切成适当的长度，密合到印后干燥的膜面上，前半部缓慢地、后半部迅速地剥下胶带，观察转移到胶带上的油墨量，可以推断油墨的黏着力究竟有多大。如果油墨从膜面大面积脱落，说明油墨的组分不合适。

（2）划格实验。划格实验是将印刷品放在平整的硬台面上，用尖针刻划出大小不一的网格。只要油墨和薄膜处于完全黏着状态，网格交叉点处的墨膜面就不会因划格而脱落。

(3) 粘页试验。粘页试验是将印好的薄膜卷取，测验其内层的粘页程度，只要处理完善，完全有可能不粘页。

此外，判断薄膜表面处理程度的方法，还有测定聚乙烯表面润湿性的方法。它是通过测定聚乙烯与测试液滴的接触角，得出是否能润湿的结论。但这是静态测试角，实际印刷是在高速中进行，油墨与承印物表面的接触是瞬间的，还可能有一定的压力，油墨从印版到承印物表面的转移、分裂是动态的，不一定能完全符合润湿测试结果。

二、聚丙烯薄膜

聚丙烯（PP）是一种热塑性树脂，由丙烯用三乙基铝和三氯化钛作催化剂进行聚合，并将反应生成物的无规则聚合物溶解后，分离出结晶性的聚合物而成。聚丙烯的性质类似低压法、中压法制成的聚乙烯，但比聚乙烯轻，机械强度大；它的气体透过性、透明性、耐热性及化学稳定性都比聚乙烯优良。未延伸的聚丙烯薄膜拉伸强度低、弹性小，没有挺度，相对密度低，在 0.88～0.91。双向延伸薄膜（BOPP）的拉伸强度、弹性率高，透明度高，物理性能类似玻璃纸，可用它代替玻璃纸。

聚丙烯对印刷适性要求不像聚乙烯那么严格，但若不进行表面处理，也难于印刷。一般采用电晕处理法、火焰处理法等将表面活化后，增加对油墨的黏着力。但这种表面处理会使薄膜的透明度和热封性稍有降低。目前已出现了可不进行表面处理直接印刷聚丙烯的油墨，油墨的结合强度可满足一般的要求。

三、聚氯乙烯薄膜

聚氯乙烯（PVC）膜是将聚氯乙烯粉末与增塑剂、稳定剂、填料等混合加热凝胶化后加工而成的薄膜。增塑剂的添加量在 30% 以上的为软质聚氯乙烯；10% 以下的称为硬质聚氯乙烯。软质聚氯乙烯膜的厚度最小在 0.1mm 左右，进行延伸处理后，可以得到 0.05mm 的薄膜。聚氯乙烯透明性好，耐水性、耐药品性优良，但含有增塑剂和有害稳定剂的聚氯乙烯不适于食品包装。延伸处理过的 PVC 薄膜可用于收缩包装。

聚氯乙烯薄膜的印刷大多采用凹印和柔印方式。在同等张力下，聚氯乙烯膜的伸长率大于纸张和玻璃纸，所以难于套准，而且容易产生皱褶。含增塑剂多的、薄的软质薄膜，受力伸长的程度就越大。聚氯乙烯的印刷效果与纸张的印刷相比，印刷图像的清晰度较高，尤其是 0.05～0.08mm 的硬质聚氯乙烯膜，能满足彩色印刷的要求，印制出较精美的印刷品，大量用于广告、装饰品。

四、聚酯薄膜

聚酯（PET）是由二元或多元醇和二元或多元酸缩聚而成的高分子化合物的总称，包括聚酯树脂、聚酯纤维、聚酯橡胶等。这类树脂的聚合度和结晶度高，因此聚酯片基的压缩弹性、硬度和弯曲刚性较高，抗张强度大，耐冲击，变形率低，且耐试剂性能优异、渗透率小。聚酯薄膜多用于印刷远洋及海运商用船舶的数据资料，目前还用于印制阅读卡、标牌材料。

与玻璃纸及其他塑料薄膜相比，聚酯膜的弱点是耐热性能强，难以热封。与在聚乙烯、聚丙烯等塑料膜上印刷类似，由于聚酯膜表面光滑，无吸收能力，在印刷前要对薄膜表面进行微孔化处理,提高表面对油墨的附着能力,防止墨迹的脱落。印刷方式多采用凹版、柔性版印刷,丝网印刷和平版胶印也不少见,印刷的套准精度很高。

第四节 低能表面承印材料的印前处理

聚合物表面因表面能低、化学惰性强,且表面又紧密光滑,因而难以被油墨等物质所润湿和牢固附着,即使对于高能的聚合物或金属材料的表面也往往因吸附了低能的水膜和空气中的有机污染物而成为低能表面。因此,在这些材料表面印刷或涂布前,都必须进行表面处理,以改变其表面化学组成、结晶状况、表面形貌,增加表面能,去除污染物和弱边界层,从而改善油墨的附着强度。下面,就目前主要采用的电晕放电表面处理方法进行讨论。

一、电晕放电处理原理

电晕放电(corona discharge)处理方法,因操作简单、处理强度比较稳定,且易于连续处理,已成为塑料薄膜类最常使用的一种处理方法。其处理装置如图7-1所示,在绝缘的电极同接地的电介质滚筒之间施加以高频高压,将两极之间的空气击穿而等离子化,从而产生电晕放电。当薄膜通过该放电区时,便经受了表面处理。

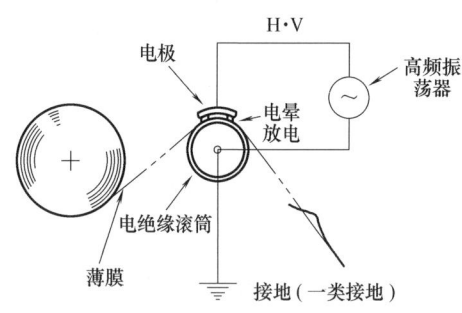

图7-1 电晕放电处理装置示意图

电晕放电处理使得材料表面黏结性能提高的原理在于:电晕放电区形成的低温等离子虽作为物质的整体在宏观上是电中性的,但电离后产生的带负电荷的自由电子、带正电荷的离子,以及原子在电离和复合中产生的光子具有较高的能量,电子能量可达2~10eV,光子能量可达2~4eV。这么高的能量(温度)是其他化学方法所不能提供的。另外,构成塑料等的有机化合物的许多键能一般为几个eV,见表7-2。其结合能的大小与电晕放电等离子体中电子、离子、光子的能量相接近。因此,当这些粒子与材料表面作用时,可以轻易地把分子链打开,使它们成为自由基,进而生成有活性的基团,如—OH、—C=O和—COOH等,加速了表面的活化,同时使表面结构紧密的大分子变成较小的分子。这种活化后的表面润湿性能大大改善,更易于与其他材料结合,所以可大大提高印刷油墨的附着强度。

表7-2　　　　　　　　　　　　某些化学键的键能

分子键	C—H	C—N	C—Cl	C—F	C—O	C—C	C=C	C≡C
结合能/eV	4.3	2.9	3.4	4.4	8.0	3.4	6.1	8.4

图7-2、图7-3所示为低密度聚乙烯(LDPE)薄膜经电晕放电处理后表面张力、剥离力变化情况。

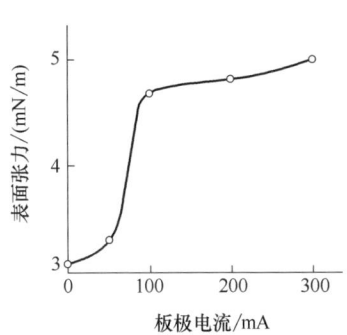
图 7-2 低密度聚乙烯薄膜经电晕
放电处理后表面张力的变化

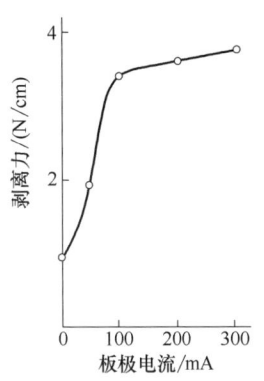
图 7-3 低密度聚乙烯薄膜经电晕
放电处理后剥离力的变化

从图中可见，聚乙烯薄膜表面张力和剥离力经处理后均显著增加。进一步用电子能（ESCA）分析方法对处理后表面变化的研究发现，经电晕放电处理后，薄膜表面含氧量明显增加，如图 7-4 所示。可知，经电晕放电处理后，聚乙烯表面发生了明显的氧化，而且氧原子数量随极板电流成比例地增加。其他塑料薄膜的研究也得到了类似的结果。例如聚丙烯薄膜的表面张力（表面自由能）可以从电晕放电处理前的 3.2mN/m 增加到处理后的 3.5~4.5mN/m；聚酯薄膜的表面张力可由处理前的 4.0mN/m 增加到处理后的 4.5~5.5mN/m。图 7-5 所示为聚酯薄膜经电晕放电处理后，表面与水接触角随处理时间的变化。从图中可以发现一个有趣的变化，即处理后的薄膜经溶剂处理后，接触角会再度增加。这一结果表明，经电晕处理，在薄膜表面的极薄的表层内发生了分子链降解现象。当用溶剂去处理表面时，这些较低分子质量的物质可被清洗掉。

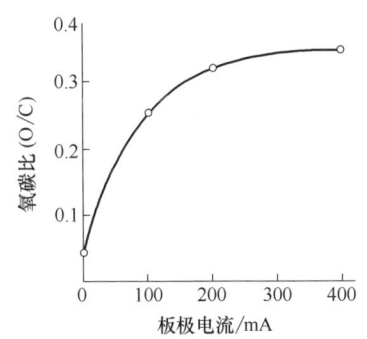
图 7-4 聚乙烯薄膜经电晕放电处理后
氧碳比（O/C）的变化

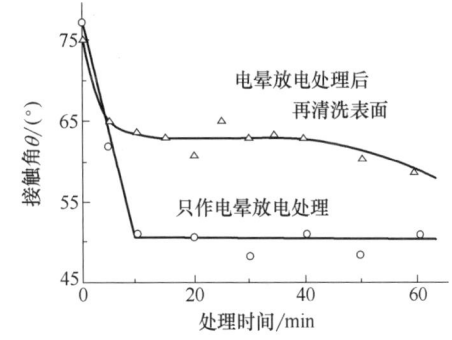
图 7-5 聚酯薄膜与水接触角随处理时间的变化

二、电晕放电处理的应用

电晕放电处理主要用于塑料薄膜的处理，对于纸、纸板、泡沫带以及铝箔类导电性材料的表面处理，也有明显的效果。但电晕处理方法还存在一些问题，如处理过度，则薄膜会自黏，并造成增塑剂、防静电剂等添加剂析出表面，使薄膜透明度下降。此外，处理效果会随时间而衰减，因此，表面处理后最好立即印刷才能取得较好的印刷质量和油墨附着强度。处理铝箔之类导电材料还须对处理装置做适当改进后才能适用，对于异形体材料的表面处理，目前已开发出了专门的电晕放电处理装置。

承印物印前表面处理除采用电晕处理的方法外，还有火焰处理、臭氧处理、紫外线处理、化学药品处理等方法。这里不再具体讨论。

第五节 镀铝纸

铝箔材料的种类很多，包括激光全息铝箔、铝/纸复合、铝/膜复合等组合，但其本质特征在于接触印刷的面是由铝材料构成。铝箔材料被广泛用于烟草、酒类、食品、药品、化妆品等领域的包装中。传统上铝箔是用压延法制成的，箔比较厚，不能在自然界中分解，在废纸回收生产中也不能分离，造成材料的浪费与环境污染。进入新世纪以来，"绿色环保"理念在包装的流行趋势中越发凸显，选择节能、低耗、无毒、无污染、可重复使用、易溶解、多功能、无公害的包装印刷材料成为迫切的需求。

目前，金属复合材料印刷环保应用方式主要有三种：一是白卡纸印金属墨及大面积烫金技术的应用；二是用真空镀铝材料取代复合铝箔纸；三是大力提倡水性油墨的应用。其中，真空镀铝材料（主要指镀铝纸）最受青睐。

一、镀铝纸及其生产

镀铝纸是一种新型绿色环保材料，主要由原纸、铝层和涂层组成。镀铝纸的生产方法有直接镀铝法和转移镀铝法两种。直接镀铝法是将纸直接置于真空镀铝机上进行镀铝，再对其表面进行特殊处理。直接法对基材的水分含量要求严格。镀铝纸主要采用转移法来生产，其生产形式更多样化。转移镀铝法只适合于生产基材的定量为 $100g/m^2$ 以上的纸张，其生产工艺是先将载体膜（聚酯 PET 膜或双向拉伸聚丙烯 BOPP 膜）涂离形层和色层，然后置于真空镀铝机上镀铝，再对其进行第二次涂胶，之后，将 PET 膜或镭射 PET 膜置于涂胶纸或纸板复合，再将 PET 膜剥离（PET 膜可反复使用多次），铝分子层通过胶黏作用转移到纸或纸板上。转移法可以生产光芒四射的任意图案、任意文字的镭射防伪真空镀铝纸或纸板。真空镀铝后，有的还要进行压纹处理，根据客户需要的图案进行加工，然后再分切成各种规格的平张或卷筒形式。镀铝纸生产过程如下：

（1）真空镀铝。在涂好离型层和色层的载体膜表面直接真空镀铝。

（2）复合。将镀铝表面涂上黏结剂后与其他基材（纸）进行复合并经烘道烘干。

（3）剥离转移。通过上述工艺使载体膜上的镀铝层与纸基牢固地黏结在一起，将载体膜剥离后即可获得金属化转移金银卡纸成品。

二、镀铝纸的特性

镀铝纸主要有如下特性：

（1）原辅材料无味、无毒，符合食品卫生要求；光洁度好、平滑度高、色泽鲜艳、外观亮丽、视觉冲击力强，能很好地提升产品包装档次。

（2）具有优良的阻隔性，防潮、抗氧化效果显著。

（3）印刷性能和机械性能极佳，适于凹版、凸版、胶版、柔版、丝网印刷，也可进行压纹、模切，甚至可采用压凹凸等工艺。

（4）降解回收好，基材容易处理和再生利用，符合环保要求。

（5）铝层薄，节约成本。由于采用真空镀铝技术，铝层厚度不到复合卡纸的1/200，基膜可重复多次（6~8次）使用，最后还可制成电化铝或其他产品。

三、镀铝纸的印刷适性

镀铝纸印刷适性比较特殊，其表面的镀铝层具有金属特性，在印刷加工过程中，镀铝纸表面的特性与印刷油墨等印刷材料的印刷适应性发生直接关系。因此，镀铝纸的印刷适性实际上比铝箔的印刷适性更易掌握。

镀铝纸表面强度高，它能和高速印刷机的速度相适应，同时也能承受油墨黏性增值所产生的拉力，对提高生产效率、稳定印刷质量有良好的适应性。

镀铝纸表面张力有利于印刷油墨的转移，其印刷墨膜平伏、光洁、图文清晰完整。镀铝纸结构较为紧密，基本上没有空隙，其表面近似镜面，因此，镀铝纸吸收性小。印刷的色序安排，一般应突出设计的主格调，在印刷中，先印的颜色和后印的颜色因色序不同，其效果也大不相同。从镀铝纸的吸收性能和干燥性能的特殊性来看，建议多色印刷时需遵循以下几点：颜色深、面积小的颜色先印，大面积的底色应放在最后印。若先印大面积实地，会造成后面的颜色叠印不上，也容易在印刷后面几色时划伤、蹭脏底色的表面，造成产品质量下降，影响外观和设计效果；主色调应放在后面印刷，完全透明的油墨是不存在的，印刷产品的色相往往会偏向后印颜色的色相；套印精度高的颜色应先印，因为镀铝纸具有金属和纸张的双重物理性能，所以应该把套印精度高的颜色放在前面印刷。

四、镀铝纸对印刷油墨与印刷工艺的要求

就印刷镀铝纸所需要的油墨及干燥要求来说，渗透是油墨在承印物上固着的基础，固着的速度和干燥的时间是油墨结膜的关键。

要想油墨渗透，必须具备吸收性能好的承印物，然而镀铝纸的表面光滑，吸收性差，如果使用一般的胶印亮光快干油墨，由于镀铝纸着墨后仍然带有液态的溶剂，无法快速渗透，容易造成产品的粘脏或干燥不良。因此，镀铝纸在印刷中对油墨的固着和干燥性能的要求相对就高。由于镀铝纸的吸收性能并不理想，但不存在其他纸张在印刷时的掉粉、掉毛现象，所以要选择抗水性好、耐摩擦性强、黏性较高的亮光快固、快干型专用油墨。或采用专用油墨（如UV油墨）。选择油墨时还应注意：印刷四色叠合网点图案时，应该选择透明度高的油墨，而底色用墨宜选择颜色浓度高且有一定遮盖力的油墨。

镀铝纸对印刷工艺条件的要求如下：

（1）印刷压力的确定。镀铝纸可以在单色或多色印刷机上印刷，镀铝纸同其他纸张相比，表面光泽度高，因此，印刷压力不需要比其他纸张大。但是由于镀铝纸吸收性较小，油墨很难固着，为使油墨均匀平实，应稍微加大印刷压力。

（2）印刷速度的确定。由于镀铝纸平整度较高，速度过快会影响油墨的转移，所以在镀铝纸上印刷时要把速度控制在8000张/h以内为宜。

（3）印刷车间温湿度的控制。由于镀铝纸吸收性很小，油墨干燥较慢，为了加快油墨的干燥速度，印刷车间的温度一般应控制在 8~25℃，相对湿度应控制在 60% 左右。

第六节　不干胶标签材料

不干胶标签，亦称自黏标签，是常见的标签产品之一。它是以纸张、薄膜或特种材料为面料，背面涂有胶黏剂，以涂硅保护纸为底纸构成的一种复合材料。由于有多种涂布技术，致使不干胶材料有不同档次。目前的发展方向是由传统的辊式涂布、刮刀涂布向高压流延涂布发展，以最大程度地保证涂布的均匀性，避免气泡和针眼的产生，保证涂布质量。

一、不干胶标签的组成

1. 面材

面材是标签内容的承载体，面纸背部涂的就是胶黏剂。面材可采用的材质极多，一般有铜版纸、透明聚氯乙烯、静电聚氯乙烯、聚酯、镭射纸、耐温纸、聚丙烯、聚碳酸酯、牛皮纸、荧光纸、镀金纸、镀银纸、合成纸、铝箔纸、易碎（防伪）纸、美纹纸、布标（泰维克/尼龙）、珠光纸、夹芯铜版纸、热敏纸。

2. 膜层材料

膜层材料有透明聚酯、半透明聚酯、透明定向拉伸聚丙烯、半透明定向拉伸聚丙烯、透明聚氯乙烯、有光白聚氯乙烯、无光白聚氯乙烯、合成纸、有光金（银）聚酯、无光金（银）聚酯等。

3. 胶黏剂

胶黏剂分为通用超黏型、通用强黏型、冷藏食品强黏型、通用再揭开型、纤维再揭开型。它一方面保证底纸与面纸的适度粘连，另一方面保证面纸被剥离后，又能与粘贴物具有结实的粘贴性。

4. 底纸材料

离型纸俗称"底纸"，表面呈低表面能的不黏性，底纸对胶黏剂具有隔离作用，所以用其作为面纸的载体，以保证面纸能够很容易从底纸上剥离下来。常用的底纸有白、蓝、黄等颜色的格拉辛纸（或蒜皮纸）以及牛皮纸、聚酯、铜版纸、聚乙烯。

二、不干胶标签的分类

1. 纸类标签

超市零售、服装吊牌、物流标签、商品标签、药品标产品等的印刷或条码打印。

2. 合成纸与塑胶标签

电子零件、手机、电池、电器产品、化学产品、户外广告、汽车零件、纺织品等的印刷或条码打印。

3. 特种标签

冷冻保鲜食品、净化间、产品防拆、名牌产品高温防伪标签等的印刷或条码打印。

三、不干胶标签的应用

1. 装潢用材料

以薄膜为主，主要用于汽车、摩托车上的装饰贴花、商标橱窗上的标识文字、高速公路上的反光膜、集装箱上的标记等。

2. 商标材料

以纸张和薄膜为主，按应用范围分为基础标签和可变信息标签。

（1）基础标签。食品和饮料、化工产品、药品、办公用品、玩具、洗发水、电器、卫生用品等商品用标签。

（2）可变信息标签。批号、次序码、条形码、生产日期、有效期、价格、邮寄过程信息处理、分销、仓库管理、库存数据等。

第七节　模内标签材料

一、模内标签的生产

模内标签是用聚丙烯或聚乙烯合成纸在表面进行处理，背面涂有特别的热熔胶黏剂加工成为的特殊标签纸，印刷制作成商标。使用机械手吸起已经印刷好的标签，放置在模具中，模具上的真空小孔将标签牢牢吸附在模具内。当塑料瓶的原料加热并成软管状下垂，带有标签的模具迅速合拢，空气吹入软管，使其紧贴模具壁，这时整个模具中的温度还比较高，紧贴着瓶体雏形的标签固状胶黏剂开始熔化并和塑料瓶体在模具内结合一起。于是当模具再次打开时，塑料瓶体成型，标签和瓶体融合为一体。使印刷精美的商标牢固地镶嵌在塑料制品的表面，标签和塑料瓶在同一个表面上，感觉上没有标签，彩色图文如同直接印刷在瓶体表面上。

模内标签可用于吹塑、注塑等热成型容器的贴标，有良好的使用性能，使其成为一种具有很大发展潜力的包装方式。不同的印刷厂家可以根据自身的设备状况来使用不同的印刷工艺和印后加工工艺来生产模内标签。

二、模内标签材料的特性

模内标签目前普遍使用的是塑料薄膜基材，适于多种印刷加工方式与不同的油墨，包括丝网印刷、UV凸版印刷、柔版印刷、凹版印刷及平版胶印。在选用油墨之前，应根据最终应用的要求，对油墨在模内标签材料上的附着力、耐刮擦性、抗化学性等性能进行测试。

模内标签的技术含量很高，首先体现出来的就是材料。日本YUPO模内标签、法国普丽亚（Polyart）吹塑模内标签先后进入中国市场，国内也在持续研发生产这种材料。

（1）模内标签首先要具备良好的印刷适性，保证油墨牢固地附于表面，在后加工过程要保证具备良好的加工适性，例如模切和冷烫金加工适性。其次，这种材料要满足使用特性，在吹塑成形时与塑料瓶子合为一体。

（2）模内标签材料分为纸张和塑料薄膜两大类。前者遇水或受潮会变形，降低使用价值，但是其优点是没有静电的干扰，减少吹瓶时吸取标签的损耗，另外它与塑料瓶子不是同质材料，不便于回收再利用。现在，国内外一般采用塑料薄膜类模内标签材料。

（3）模内标签材料结构由印刷面、中间层和胶黏层组成。印刷面的作用是接受油墨，形成彩色图文；中间层支撑印刷面，给予材料足够的挺度和透明度，在印刷机上和高温作用下不变形，保证套印精确。胶黏层在高温作用下将熔化，让标签材料与塑料容器成为一体，保证标签与塑料瓶子牢固地黏在一起。

（4）印刷面材料一般有 PE、BOPP 和 PE+PP 三种。由于目前大部分塑料容器属于 PE 材质，因此，采用 PE 模内标签更有利于回收再利用，因为，它们都属于同质材料。在生产模内标签时，为了提高印刷面材料的亲墨性，一般需要涂布表面涂层或用电晕放电方法提高表面能。

（5）胶黏层表面有平面无网纹结构和网纹结构两种结构。前者在使用时直接与毛坯接触，自然排气，适合小面积标签。后者在表面上压印了网纹结构，使用时气体通过网纹的排气通道排气，避免了气泡的生产。胶黏层还具有抗静电性，防止印刷时双张；另外，它还具有滑动性，确保了标签顺利分离，使得印刷加工顺利进行。

三、模内标签的印刷

不同印刷厂家可以根据自身的设备状况，选择不同的印刷工艺。胶印、柔印、凹印和丝印均可以印刷模内标签，目前以胶印和柔印居多。

1. 胶印

胶印在精细网点印刷方面的优点十分突出，但是线条、实地印刷效果和印刷饱和度比不上其他印刷方式。胶印不能像柔印那样实现连线（in-line）印刷加工，因此印刷后必须进行离线（off-line）模切、冷烫、上光等工序，但是胶印适合小批量标签的印刷，周期短，灵活性强。

胶印在细小网点的印刷质量上要优于其他印刷方式，对短版业务来说胶印的生产成本要低于其他印刷方式。在线条、实地的印刷效果及色彩饱和度上不及其他印刷方式。胶印在色差上的控制难度要大于其他印刷方式。

2. 柔印

柔性版印刷方式是欧美主流的包装印刷方式，配合 CDI 制版技术，柔性版印刷能获得较好的网点印刷质量和饱和的印刷色彩。柔性版印刷的突出优点是印刷和后道加工工艺可以一气呵成，前端是进料端，后端就获得了最后的印刷加工成品，实现了印刷和印后加工的连线生产。如今，随着柔印制版技术的改善，网点印刷质量有了很大进步，模内标签采用柔印已得到市场的认可，但是用环保型水性墨印刷还不成熟，目前有经验的厂家是采用流动性很好的 UV 油墨来印刷，并逐步成为模内标签印刷的潮流。

3. 凹印

凹印实地印刷和印刷颜色饱和度优于胶印，不适合印刷小网点和层次丰富的商标，但色差控制比较方便。在凹印机上，模内标签材料的走纸路径比其他印刷方式要长，因此，更容易产生静电。凹印制版成本高、周期长，因此，适合长版的模内标签印刷。

4. 丝印

丝网印刷方式印刷模内标签不如直接印刷在瓶身上经济。

尽管各种印刷方式都可选用不同类型的油墨来印刷模内标签，UV 油墨在模内标签材料表面的良好附着力和它的干燥特性，无疑是各类印刷工艺的首选。UV 胶印工艺的水墨平衡是获得高质量印刷标签和高成品率的关键，其他的印刷工艺使用 UV 油墨的关键在于选用高色强度和良好流平性的 UV 油墨。因此，在大面积印刷实地时，在相应的色墨中添加适量的抗静电剂，对于印刷过程中的静电消除会有一定的帮助作用。

<h3 style="text-align:center">四、模内标签的印后加工</h3>

1. 模内标签的上光

为减少模内标签贴标的故障，如果使用真空吸附模内标签方式，上光油时应该适当添加抗静电剂，并调节光油的爽滑度；使用静电吸附模内标签方式，上光油则不宜添加抗静电剂。若模内标签印刷上光后还需烫金，则应选用可烫 UV 光油。如果上光油加了添加剂，则每批上光前应先测试一下，以避免整批产品报废。

2. 模内标签的模切

对于卷状的印刷半成品，如果采取断张后模切的方式，断张时多会出现针位移动现象，直接影响整个生产流程效率和最终成品率。解决断张时针位移动的方法一：保持张力的稳定，及时消除断张的累积误差；方法二：制版时制作好梯形的针位线，然后将不同的针位线挑拣分类。

（1）模内标签的离线模切。可使用数控自动冲模机、半自动商标冲模机、半自动模切机来模切成型。

（2）模内标签的连线模切。使用柔性版印刷机在线模切时容易出现乱标现象，乱标的产生主要是由于标签带静电或标签交接不顺畅引起的，因此，当出现乱标时，成品的收集整理要注意检查是否有倒标、反标的现象。

3. 模内标签烫金工艺

在模内标签材料上面烫金可采用先烫后过油，或先过油后烫的不同烫金工艺。烫金可使用冷烫、热烫两种方式。影响热烫金效果的主要因素是电化铝、烫金温度、烫金压力、烫金速度。先要以模内标签的材料特性和电化铝的烫金适性为基础，根据烫金版的大小和烫金速度来确定烫金温度和烫金压力，先调整压力，后确定烫金温度。冷烫金主要用于柔性版印刷，使用冷烫金以获得较好的视觉效果需要较高的工艺技术，因此，建议采用先冷烫后印刷的工艺，用较厚的墨层来遮盖冷烫金的边缘毛刺。

<h2 style="text-align:center">第八节　喷墨打印纸</h2>

随着科学技术的飞速发展，集成电路、计算机、数字成像技术在近几年取得了突飞猛进的发展，彩色喷墨打印纸也随着打印机的普及和自身价格下降，逐渐走进千家万户。打印机制造商不断改进喷墨打印机质量，相应地，也要求更高质量的打印纸质量。彩色喷墨打印纸是喷墨打印机喷嘴喷出墨水的接受体，用于在其上面记录图像或文字。它的基本特性是吸墨速度快、墨滴不扩散。

喷墨打印纸品种非常多，可分为普通纸和涂布纸两类。目前，现有的普通纸很难满足高精度的打印需要，需进行技术突破和创新，在今后一段时间内，用于喷墨打印的纸将由涂布纸占主导地位。涂布的彩色喷墨打印纸打印质量很好，能满足高精度打印需要，目前涂布的彩色喷墨打印纸是在不同基材表面涂布后得到的，如金属、塑料薄片、纸、聚乙烯等淋膜纸及其他基材。根据涂布表面光泽度，可将喷墨打印纸主要分为高光相片纸、哑光彩色喷墨纸。

一、喷墨打印纸的种类

1. 普通打印纸

最简单也是最常见的打印介质非普通打印纸莫属，也就是平时专门用于打印各类文本文件的打印纸（即复印纸）。普通打印纸有时需要经过涂布，以提高它的平滑度和白度。

2. 高光喷墨打印纸

高光喷墨打印纸支持体为涂塑纸（RC）纸基，有较高分辨率（一般在720dpi），适于色彩鲜明、有照相画面效果的图像输出。利用其打印的图像清晰亮丽、光泽好，在室内陈设有良好耐光性和色牢度，一般配用高档喷墨打印机。

3. 亚光喷墨打印纸

亚光喷墨打印纸支持体为RC纸基，中等光泽，分辨率较高，适于有照相效果的图像输出，色彩鲜艳饱满，有良好耐光性。

4. 特种专用喷墨打印纸

特种专用喷墨打印纸支持体为RC纸基，含荧光剂和磁性材料，有防伪、防复制等保密功能，抗紫外线，有耐光性，适于有照相效果的画面输出及特种制作。

5. PVC喷墨打印纸

聚氯乙烯喷墨打印纸支持体为塑料薄膜和纸的复合制品，机械强度好，输出的画面质量高，吸墨性好，有良好的室内耐光性，适于有照相效果的画面输出。

6. 其他喷墨打印材料

（1）高亮光喷墨打印纸用厚纸基。高亮光喷墨打印纸用厚纸基有照片一样的光泽，其白度极高，有良好的吸墨性，特别适于照片影像输出和广告展示版制作，输出的图像层次丰富、色彩饱满。

（2）防水型材料。在普通型材料的基础上增加了卡片表面防水功能，解决了卡片长时间放置后图文色彩扩散的问题。

（3）防褪色型材料。众所周知，喷墨打印图案长时间放置后，图文容易褪色（一般6个月时间褪色为50%，紫外线较强及户外放置时，这种情况为严重），这主要是因为墨水及片基的紫外线吸附能力较差。而对于一些较为严格的证件，半年的使用期是不够的，因此出现了防褪色型材料，可以保证卡面图文5~10年不褪色。

（4）夜光型材料。夜光型材料是针对公安部门的一些特殊证件（如暂住证、身份证等）而开发的，公安人员在夜间查证时不用借助任何光线即可识别卡面图文的一种制卡材料。

二、喷墨打印纸的性能

1. 亚光彩喷纸的制造工艺及性能

目前，国内外有许多企业在生产亚光彩喷纸，是在原纸上涂布由固体粒子、胶黏剂、阳离子固色剂、增白剂等辅助剂组成的涂料，可以采用浸涂或刮涂法，后经烘干等制备而成。其工艺流程为：原纸→涂布→烘干→后处理。

常见涂料配方：

二氧化硅	100 份
聚乙烯醇	50~80 份
阳离子固色剂	20~30 份
增白剂	少许
其他助剂	少许
固形粉含量	15%~30%
涂布量	5~12g/m^2

2. 喷墨纸原纸的质量

市场上常见涂布彩喷纸原纸定量大多在 70~200g/m^2，原纸的质量对加工彩喷纸是有很大影响的。原纸是涂层的载体，它的好坏直接影响彩喷纸的质量。为了获得较好的涂布效果，要求原纸具备相应的性能：强度（抗张强度、挺度等）、白度、匀度和紧度高，纸面光洁平滑，伸缩率低，吸水性低，吸水变形小。

3. 喷墨打印纸的性能

（1）水浸色牢度。哑光彩喷纸水浸色牢度很重要，在日常使用中，难免会碰到打印好的图像浸水。为了保证图像不被水浸湿发花，必须对固体载体改性成阳离子，有利于带阴离子的墨水固定在阳离子载体上，使染料水溶性下降，不发生染料位移、洇色。使用阳离子固色剂也是保证彩喷纸打印精度的重要因素。

阳离子的固色剂品种很多，一般选用高分子阳离子聚合物，为了达到较好的耐水效果，阳离子固色剂的用量应占固型物质量的 20%~30%，具体量应根据固型物比表面及单位平面上固型物的质量而定。比表面大的，阳离子固色剂多加些，单位平面上固型物量多的，阳离子固色剂可少加些。

（2）涂层强度。涂层经烘干后，均匀地固定在纸面上，当涂层浸水后，胶黏剂会溶化或溶胀，如聚乙烯醇，由于胶黏剂在纸面上的附着力降低，很容易被抹去。因此，涂料中除加聚乙烯醇外，还需加交联剂，常见的交联剂如甲醛、甲醛树脂、乙二醛、戊二醛等，交联剂的醛基与聚乙烯醇的羟基发生交联反应，形成网状结构，提高耐水性。羟醛缩合反应较适合酸度为 pH 4.5~5.0。最好再添加一些其他耐水、耐磨、结构强度好的胶黏剂，胶黏剂品种很多，如丁苯胶乳、丙烯酸胶乳、苯丙胶乳、乙酸乙烯胶乳、水性聚氨酯等，应选用非离子或阳离子乳。

（3）白度。涂布喷墨纸的白度对提高打印鲜艳度或亮度有重要作用，纸面色彩与显示器不同，色彩是通过光反射表现的。要实现高的亮度，除减少染料洇色外，还应制造高白度的纸产品。

要实现高的白度，应注意以下几个方面问题：

① 提高原纸白度和平整度。

② 选用高白度的固型物，如二氧化硅等。

③ 选择合适的增白剂。增白剂的白度显示与其分散状态及载体有关。如何选用符合涂料阳离子体系的增白剂非常重要。

(4) 色光还原性。当墨水染料与涂层上的阳离子固色剂结合，会改变染料分子结构上磺酸基、羧酸基的供电能力，使染料分子上的共轭电子云能级发生细小变化，改变染料的色光。

另外，染料分子质量有大小，亲水性各不相等。所以，合理地选用固色剂非常重要，可以几种固色剂混合使用，有利于色光表现真实，有利于兼顾各种染料的色光平衡。

(5) 其他。除上述几点外，涂层的平整度、染料耐光性、打印精度、生产成本等方面需要努力提高。

彩色喷墨打印纸的质量提高是一个长期的发展过程，需要紧跟打印机研发步伐，需要原纸生产、化工助剂、涂布生产企业共同合作，解决各种技术问题，生产出更高质量的涂布彩喷纸。

第九节 电 子 纸

所谓"电子纸"（Electronic Paper），是一种薄而柔软的纸状物，表面看起来与普通纸张十分相似，实际上却有天壤之别。它是一种新型的可重复利用的电子显示设备，与电脑显示屏很相似，但更易于携带，厚度和质量接近纸，拥有几乎一样的柔韧性。电子纸也被称作双稳显示器（Bistable Display），由于它具有纸的柔软性，且对比度好、可视角度大、不需背景光源，因此得名"电子纸"。它能循环使用，显示内容可以根据需要不断地更新。此前，已经由美国 E-ink 公司和美国朗讯科技公司（Lucent Technologies）于 2000 年 11 月初正式发布。

一、电子纸发展简史

在 20 世纪 70 年代，日本松下公司首先发表了电泳显示技术，施乐公司当时也已开始研究，然而最初研究出的普通电泳由于存在显示寿命短、不稳定、彩色化困难等缺点，试验曾一度中断。

20 世纪末，美国 E-Ink 公司（由朗讯公司、摩托罗拉公司以及数家风险投资公司为了开发电子纸于 1997 年成立的企业）利用电泳技术发明了电子墨水，极大地促进了该技术的发展。目前，施乐、柯达、3M、东芝、摩托罗拉、佳能、爱普生、理光、IBM 等国际著名公司，都在涉足电子纸的研究。

有关电子纸和电子墨水的研究与发展，基本上可分为以下几个阶段。

① 1975 年，施乐的 PARC 研究员 N. K. Sheridon 率先提出电子纸和电子墨水的概念。

② 1976—1977 年，2000 年度诺贝尔化学奖的三位得主共同署名发表有关导电聚合物的重要论文，为实现电子纸显示提供了柔性基材。

③ 1996 年 4 月，MIT 的贝尔实验室成功制造出电子纸的原型。

④ 1997 年 4 月，E-Ink 公司成立，并全力研究把电子纸商品化。1999 年 5 月，E-Ink 推出名为 Immedia 的用于户外广告的电子纸。

⑤ 2000 年 11 月，美国 E-Ink 和朗讯科技公司正式宣布已开发成功第一张利用电子墨水和塑料晶体管制成的可卷曲的电子纸及其所用的电子墨水。

⑥ 2001 年 5 月，E-Ink 与 Toppan Printing 合作，宣布利用 Toppan 的滤镜技术，生产

彩色电子纸。

⑦ 2001 年 6 月，E-Ink 再宣布推出 "Ink-In-Motion" 技术，电子纸上可显示活动影像。同时，美国的大型百货公司 Macy 宣布，店内的广告牌采用 Smart Paper。2002 年 3 月召开的东京的国际书展上，出现了第一张彩色电子纸。

⑧ 2004 年 10 月，Solomon 科技创新 IC 技术驱动全球首只 Electronic Paper 手表荣获 2004 年度香港电子业商会创新科技奖。

⑨ 2007 年，亚马逊发布 Kindle 电子书阅读器，搭载 E-Ink 技术，极大推动了电子纸的全球普及。

⑩ 2010—2013 年，E-Ink Pearl 通过提升对比度与加快响应速度，成为第二代电子纸技术的主流方案。

⑪ 2014 年，Plastic Logic 公司推出柔性塑料基板电子纸，适合于可穿戴智能设备与工业级显示场景。

⑫ 2020 年，E-Ink Kaleido 专为电子书设计的彩色电子纸被 PocketBook Color 等电子阅读器采用。

⑬ 2023 年，E-Ink 运动显示技术问世，通过分区刷新实现简单动画效果，拓展了电子纸在交互式场景的应用边界。

二、电子纸的应用

1. 电子书阅读器

基于电子纸技术的电子书阅读器（e-paper based e-book reader）是一种很轻巧的平板式阅读器，相当于一本薄薄的平装书，能储存约 200 本电子图书。它具有质量轻，大容量，电池使用时间长，大屏幕等特点，是办公无纸化的新选择。部分电子书阅读器具备调节字体大小的功能，并且能显示 JPEG、GIF 格式的黑白图像和 Word 文件、RSS 新闻订阅。

2. 电子纸显示屏

电子纸显示屏通过反射环境光线达到可视效果，因此，看上去更像普通纸张。这种显示屏的能效非常高，因为这种显示屏一旦开启，就不再需要电流来维持文字的显示，而只有翻页时才消耗能量。

三、电子纸的显示技术

电子纸的显示原理是将物理和化学现象组合一起进行显示。目前，施乐公司的 PARC 实验室和 E-Ink 公司的电子纸技术走在世界的前列，代表着电子纸的两种技术，但都是依据了双稳态原理，它们在结构上也有一些相似之处。此外，可用于电子纸的显示技术还有电化学反应显示、柔性液晶显示、色粉显示、电润湿显示和有机发光显示等。

1. 微胶囊电泳

此技术由美国麻省理工学院和 E-Ink 公司共同研发，其基本原理是在细胞大小的透明微胶囊内，放入蓝色等深色染料液体和浅色带电微粒子，将此微胶囊用胶黏剂连接到带有透明电极的胶片上。调整电场使浅色粒子电泳，以显示由白色和青色形成的图像。在白色粒子中使用了氧化钛的微粒子，这些粒子在蓝色的绝缘性液体中带有电荷并稳定地分散着。将此微胶囊用硅树脂做黏合剂涂布到带 ITO 电极的胶片上，再以电流方式将负电荷图案施加表面，则白色粒子便移动到微胶囊的下部，于是从表面绘出蓝色图像。然后，后面施加正电荷，则白色粒子便移动到微胶囊的上部，于是表面便变成白色，图像即被消掉。将单一色调的带电粒子换成不同色光的材料，就可以形成彩色图像，全部厚度已经可以低至 0.2mm。这种方式存在的主要问题是响应速度还只能在 100ms 左右，因此，还不能很好地适应视频图像的连续播映。

2. 旋转球

美国 Xerox 公司和 3M 公司共同研发了旋转球方式的电子纸，其基本原理是利用电场控制双色球的翻转达到显示不同颜色的目的，双色球显示器的底板、面板均为透明电极（氧化铟锡 ITO）。透明电极之间为具有矩阵微孔的橡胶弹性体。橡胶弹性体的微孔中充满了油，双色球就悬浮在油中。双色球由两种不同的材料构成，其在油性介质中产生不同的界面电势，从而使双色球的两端带有不同的电荷。当给像素的电极加上不同极性的电压时，双色球就会朝不同的方向翻转，而使像素显示不同的颜色。即通过电场变化控制双色球的旋转方向，来形成黑白图像或文字，其缺点是不能彩色化。这些旋转球可以由着色的塑料通过机械的方法制备。但双色球的制备工艺复杂且难以实现完全翻转，对比度相对较低。

3. 电化学反应显示

电化学反应显示的基本原理是利用电化学反应引起的银的析出与溶解作用来显示图像。它是由透明电极、银电极以及在两电极之间封入的一层白色乳胶状的固体电解质（由聚合物、TiO_2、Ag、卤化物组成）而形成的一种类似"三明治"的结构。电化学反应使溶解在电解质中的银离子还原为银而析出在透明电极上，看起来是黑色的；反之，如果把析出的银溶解到固体电解质中，由于直接看到的是白色乳胶状，所以会显示白色。日本 Sony 公司制得了大小为约 10cm、像素为 320×240，分辨率为 100dpi，工作电压小于 5V，对比度 20∶1，响应时间 100ms，反射率高达 73% 的电子纸。该驱动方式还具有存储性，存储持续时间约 30min。目前，该显示的寿命很稳定，超过了 100 万次，但其在低温环境下的响应速度以及密封引起的特性变坏问题还有待解决。

4. 柔性液晶显示（光写入型电子纸）

光写入型电子纸是一种结合了显示器的瞬时改写性与纸张易用性的器件。这种电子纸本身没有写入功能，它是摄取投射光图像，并具有存储性和改写性的介质。摄取图像与视角无关，分辨率可达 600dpi，显示对比度为 10∶1，改写次数可达 1 万次以上。它的工作原理是把表面积相同的两枚透明电极与具有存储性的胆甾醇液晶与光导电层叠加在一起，黑色遮光板位于液晶层和光导电层之间。基本的写入方式是按有无光的照射，使光导层的电阻随之改变，从而控制加在液晶上的电压以实现显示。其厚度只有 0.3mm，并且非常柔软。由于在电子纸上不用布线，因而价格低廉且易于制作大屏幕显示。

5. 色粉显示

这种方法是日本 BridgeStone 和千叶大学开发的，其原理类似于电泳显示。在带有氧化铟锡（ITO）导电膜透明电极的两块玻璃板之间，填入黑色粉和白色粒子的黏着层，外加电压后，则黑色粉在电极间移动，显示黑色与白色图案，常用的黑色粉是炭黑等导电性色粉，白色粒子用的是容易滑动的氟化碳微粒子。在透明 ITO 电极上涂布有电荷输送层，它起到将正电荷从电极注入色粉的作用。由于输送层电荷的注入，接触下部电极的黑色粉带正电荷；同时，黑色粉在与上部电极的负电极之间所产生的库仑力作用下，朝上部电极移动。此时，黑色粉在白色粒子层中移动，并最终抵达到上部电极，将电荷输送层当作绝缘层，借助静电力作用黏附。这时，从上面看是黑色。接着若转换外加电压的极性，则黑色粉便朝下部电极移动，并附着于下部电极上的电荷输送层，这时从上面看，看到的是白色粒子，故呈白色。如此般地变换外加电压的极性，就可以显示黑或白。现在，电子纸以显示单色图文为主，彩色的电子纸还处在深入研究阶段。

6. 电润湿显示

电润湿显示是通过施加电压来控制被包围的水油表层，造成影格像素的变化。当没有电压时，(有颜色的)油在水与不透水且绝缘的电极外层间，形成一层扁平膜，就是一个有颜色的像素影格；当在电极与水之间施加电压时，水与电极外层接触面的界面张力会产生变化，结果使其原来的静止状态不再稳定，令水油移至旁边，造成一部分透明的影格。

7. 有机电致发光显示

有机电致发光（EL）器件，或称有机发光二极管（OLED），其一般结构是在一金属阴极和一透明阳极之间夹一层有机电致发光介质。这层有机发光介质层又由空穴导入层、空穴输运层、发光层和电子输运层等组成。当在电极间施加一定的电压（一般为 2~10V）时，电子就会从阴极注入电子输运层，同时，空穴由阳极注入进空穴输运层，它们在发光层重新结合而发光。

思 考 题

1. 在印刷适性方面，合成纸与普通印刷用纸有何不同？需做哪些改进？
2. 塑料薄膜与纸张在印刷适性上的主要区别是什么？
3. 为什么要在印前对塑料薄膜类承印材料进行处理？常用的处理方法有哪些？
4. 常用的复合材料有几种类型？它们在印刷适性上有哪些特点？
5. 画图表示不干胶的结构，列举几种常用的不干胶承印材料，分析它们在印刷适性上的特点。
6. 喷墨打印纸表面与普通纸相比有什么不同？为什么？
7. 比较普通的涂布纸（俗称铜版纸）、胶版纸和特殊涂层的珠光纸，它们在纸的表面平滑度、吸收性、光泽度和表面强度方面有什么不同？为什么？
8. 铝金属表面是高能表面，但个别铝箔制品的表面能测试结果却比较低，为什么？

第二篇　油　　墨

（一）课程思政要点设计

依据工业和信息化部等五部门《关于推动轻工业高质量发展的指导意见》，以及工业和信息化部《"十四五"工业绿色发展规划》等文件精神，结合中国古代"四大发明"之一的印刷术、文化强国战略、《中国制造2025》、建设创新型国家的目标以及"双碳"战略目标等要素，设计凝练3~5个课程思政要点，以供开展案例教学。

序号	案例名称	所属章节	案例教学目标	案例教学内容
1	连接料组分与辅助剂	第八章第五节~第七节	培养学生树立绿色制造理念，保护好环境，为美丽中国建设尽一份力	油墨中的挥发性有机化合物VOC仍对绿色制造构成不小的压力；要辩证地看待事物，若消极面较大，要果断地开展技术创新。辅助剂对油墨品质及应用仍有重要影响，切不可忽视
2	油墨的结构与品质	第九章第一节、第二节	培养学生建立个人与团队的协调关系，发挥各自优势	油墨是一个多相分散的有机体系，包括固体颗粒和连接料，每一个组分都有重要作用，影响着油墨的稳定性、流动性和成膜性
3	油墨的黏弹特性	第十章第三节	开阔学生思维，培养学生辩证看待事物的能力	纸张、油墨都是高分子物体，都有黏弹特性。纸张在长时间缓慢受力时会表现出黏性变形；而油墨恰恰在高速分离及回弹时会表现出弹性变形
4	油墨的渗透干燥与氧化结膜干燥	第十一章第三节、第五节	培养学生注重团结协作，敢于创新的精神	油墨渗透干燥、氧化结膜干燥都有各自的优缺点，而单张纸胶印油墨恰好把这两种干燥形式结合起来，具有快速干燥且附着性好、膜层光泽度高的优势

（二）知识目标、能力目标

1. 知识目标

① 了解油墨的基本组成及其重要理化指标，掌握油墨主要的印刷适性。

② 掌握影响油墨稳定性、流动性、转移性、干燥性、成膜性、抗水性和附着性的主要因素。

③ 进一步认识不同种类印刷工艺对油墨基本性能的要求。

2. 能力目标

① 理解油墨组成、结构、制造技术与油墨性能及印刷适性之间的关系，学会利用油墨颜色的密度评价指标及色轮图来评价油墨呈色能力。

② 了解油墨绿色化制造的关键及实施路径，分析绿色印刷与印刷过程的绿色化及智能化、印刷原辅材料制备及应用的绿色化是息息相关的。

③ 熟悉油墨各项重要性能及印刷适性的国家标准、测试原理与主要操作方法，掌握油墨性能检验数据的分析处理能力，能对实验误差产生的原因进行分析。

第八章 油墨的组成

第一节 颜料的分类与理化性能

颜料是一种呈细微粉末状的固体有色物质,可以呈现球状、片状等不规则形态。通常,颜料粒子的直径在 $10^{-7} \sim 10^{-5}$ m。颜料可以均匀地分散于介质中,但不溶于介质,且不与介质发生化学反应;颜料是有色体,它既赋予油墨颜色,同时,它的分散、聚集又直接影响油墨的流动性、化学稳定性及干燥性。

一、颜料的分类

颜料的分类有以下两种方法。

1. 按化合物特性分类

按化合物的特性可分为无机颜料和有机颜料。在有机颜料中,又可以按分子聚集状态不同分为色淀颜料、色原颜料和颜料型染料。按分子结构不同分为偶氮颜料、酞菁颜料等。

2. 按色彩特性分类

按色彩特性可分为彩色颜料(如黄、品红、青等)和非彩色颜料(如黑、白、灰)等。颜料分类及常用品种如图 8-1 所示。

颜料是具有特定色彩性能及理化性能的物质,而颜料的这些性能对油墨的行为将产生重要的影响。

二、颜料的理化性能

1. 颜料的分散度

颜料的分散度是指颜料颗粒的大小。分散度越高,颜料粒径越小。分散度是影响油墨性质的重要因素。通常,颜料分散度高,着色力、遮盖力随之提高。颜料的分散度越高,油墨的稳定性越好。

2. 着色力

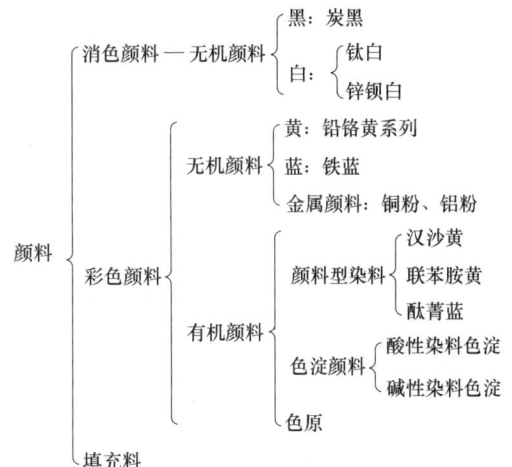

图 8-1 颜料的分类及常用品种

着色力是某种颜料与其他颜料混合后呈现该颜料自身颜色强弱的能力。颜料的着色力取决于颜料自身的光学特性及其晶型结构,并受其分散度的影响。表 8-1 给出了某种颜料的着色力与分散度的相关性。

从表中可见,颜料的着色力随分散程度的上升而提高。油墨调配时,达到同一颜色强度时,着色力强的颜料用量少。

表 8-1　　　　　　　　　　　　　颜料粒径与着色力

不同粒径(μm)颜料及其占比					着色力/%
10~20	5~10	2.5~5	1.25~2.5	<1.25	
26%	62%	12%	0	0	35
0	8%	77%	12%	3%	110
0	3%	32%	52%	13%	145
0	3%	1%	3%	93%	180

着色力以%表示，其意义为冲淡该颜料至某一水准所耗用的白色颜料量与冲淡标准颜料至同一水准所耗用的白色颜料量之比。该值越大，着色力越强。

$$着色力 = \frac{待测颜料所有标准白墨量}{标准颜料所有标准白墨量} \times 100\%$$

3. 遮盖力（透明度）

遮盖力是指颜料遮盖底层的能力。遮盖力与透明度是对颜料同一性质的相反描述。油墨是否有遮盖力取决于颜料折射率与连接料折射率之比。当比值为1时，颜料是透明的；比值大于1，颜料是不透明的，即具有遮盖力。颜料的遮盖力还取决于颜料的分散度，分散度越高，遮盖力越高。不同的印品，对颜料的遮盖力要求不同，印铁油墨要求颜料有较强的遮盖力，防止底色外露。四色叠印油墨要求颜料有较高的透明度，使叠印后的油墨通过减色效应达到所需的呈色效果。

遮盖力以 g/m^2 表示，即产生一定覆盖遮色效果所需颜料量，或以 m^2/g 表示，即每克颜料所能遮盖涂布物体表面积的大小，两者互为倒数。

4. 吸油量

颜料吸油量是对颜料与油脂结合能力的一种描述，直接影响到油墨的性能。吸油量等于将一定质量（100g）的颜料制成浆状体所需加入的最小油脂质量（g），可以用 g（油脂）/100g（颜料）或百分率来表示。一般吸油量小的颜料制成油墨后，颜料所占比率较大，这样的油墨遮盖力强，但稳定性不好，印刷时易产生堆版，也容易被乳化。所以胶印油墨通常选用吸油量较大的颜料来配制。

5. 密度

颜料的密度对油墨的力学性能及稳定性都有相当大的影响。颜料密度也可以用"视比容"来描述。视比容是指每克颜料所占的体积，用 cm^3/g 表示。颜料是细小的颗粒，每克颜料所占的体积，并非颜料的真正比容，称为视比容。颗粒大小不同的相同颜料，视比容是不同的。颜料的视比容越大，其密度越小，在连接料中不易沉淀，油墨的稳定性好。而视比容小的颜料制成的油墨墨性差，传递不良，易糊版；较稀薄的油墨易沉淀、结块等。所以，用来配制油墨的颜料，视比容越大越好。

6. 耐抗性

印刷品将使用于各种环境之中。对于一些特定环境，如高温、日晒、酸、碱、有机溶剂等，颜料必须抵抗外界作用，尽量不产生物理及化学变化，以保证原有色彩和饱和度。因此，要求颜料具有相应的抵抗能力，称为耐抗性。耐抗性的考察通常将样品置于被强化了的模拟环境中，观察变色情况，并分出等级。

其他理化指标，如颜料的 pH、含水量等，也会对油墨性能产生影响。颜料 pH 调节不当会使连接料发生变化而导致胶化；含水量的高低会明显影响颜料的分散度，进而影响吸油量。

第二节　无机颜料与有机颜料

一、无机颜料的分类与性质

无机颜料一般指由单质元素、金属氧化物、无机盐、络合物等组成的颜料。它们的共同特点是色彩鲜艳，遮盖力强，视比容小，耐抗性好，廉价。但由于彩色颜料含有 Pb、Cr 等元素，对人体和环保不利，越来越多地被有机颜料取代，只有黑色、白色和少量黄色、蓝色无机颜料用于油墨的配制。

1. 白色颜料

（1）钛白（TiO_2）。用于油墨中的钛白有金红石和锐钛矿两种，皆为四方晶型。钛白的白度很高，颗粒细小，折射率很高，具有很高的光扩散性。当它分散在介质中，能表现出很高的遮盖力。钛白具有极强的化学稳定性、耐高温性。因此，大量用于高质量的白色油墨中，特别适合于印铁及牙膏的软管油墨中。其性能指标见表 8-2。

表 8-2　　　　　　　　　　钛白颜料的性能指标

指标	二氧化钛	
	锐钛型	金红石型
外观	亮白色粉末状	
密度/(g/cm^3)	3.8~4.1	3.9~4.2
折射率	2.50~2.55	2.70~2.76
着色力(雷诺 Reynolds 值)	1200~1300	1650~1900
吸油量/(g/100g)	18~30	16~48
平均颗粒尺寸/μm	0.3	0.2~0.3

（2）锌钡白

锌钡白是硫酸钡和硫化锌的混合物，分子式为 $BaSO_4 \cdot ZnS$。锌钡白颗粒细软，平均颗粒在 0.25~0.35μm，折射率为 1.82，遮盖力仅为二氧化钛的 1/4 左右。但它的耐碱性较好，毒性小，与醇酸树脂拼混性较好。其应用范围远不如二氧化钛。

2. 黑色颜料

炭黑是碳氢化合物不完全燃烧或裂解的产物。按照来源可分为灯黑、炉黑、槽黑、热裂解黑等。

（1）炭黑的性质。炭黑的原生颗粒极为细小，且颗粒粒径越小，着色力越强。炭黑具有很高的比表面能，所以通常是以聚集体的形式出现。聚集体可以有不同的大小及形状，根据炭黑粒子聚集的多少可分为高结构炭黑及低结构炭黑。结构不同对炭黑的各项性能，如着色力、吸油量、分散度等有明显的影响。

由于炭黑是聚集体，具有较大的比表面和空隙，因此，具有很强的吸附性。另外，炭黑表面的酸碱度不同，pH较低的炭黑，吸附油墨中干燥剂的能力很强，使油墨中干燥剂的含量相对下降，产生抗干性，且酸性越强，抗干作用越强。如果用pH低的炭黑配制的UV油墨，其UV固化的速度也会减慢。黑墨很多特殊的性质与炭黑性能间的内在关系还需要进行大量的研究。炭黑的性能指标见表8-3和表8-4。

表8-3 炭黑颜料的性能指标

指标	品种				
	灯黑	槽黑	炉黑	热裂解黑	乙炔黑
密度/(g/cm³)	—	1.75	1.80	—	—
视比容/(cm³/g)	1.05~1.65	1.00~6.00	0.67~1.95	0.30~0.46	3.00~3.50
平均颗粒尺寸/nm	50~100	10~27	17~70	150~500	35~50
比表面积/(m²/g)	20~95	100~1125	20~200	6~15	60~70
pH	3~7	3~6	5~9.5	7~8	5~7
挥发物	0.4~9.0	3.5~16.0	0.3~2.8	0.1~0.5	0.4
氢含量/%	—	0.30~0.80	0.45~0.71	0.30~0.50	0.05~0.10
氧含量/%	—	2.50~11.50	0.19~1.20	0~0.12	0.10~0.15
硫含量/%	—	0~0.10	0.05~1.50	0~0.25	0.02
苯萃取物含量/%(有机组分)	0~1.40	—	0.01~0.18	0.02~1.70	0.10
灰分/%(无机组分)	0~0.16	0~0.10	0.10~1.00	0.02~0.38	0

表8-4 炭黑的性能与结构的关系

性能	低结构	高结构	性能	低结构	高结构
吸油量	低	高	黏度	低	高
分散性	难	易	颜色	深	浅
光泽性	高	低	底色	棕	蓝
润湿性	快	慢	着色力	高	低
导电性	低	高	触变性	低	高

（2）炭黑的应用。在实际应用中，炭黑有三种类型：色素炭黑、专用炭黑、溶剂型油墨用炭黑。色素炭黑用于胶印油墨，要求具有高黑度、高着色力、低结构、较低吸油量，以降低对干燥剂的吸收性；专用炭黑用于印报油墨，对这类炭黑没有特殊要求；溶剂型油墨用炭黑用于柔性凸版和凹版油墨。

3. 彩色颜料

（1）黄色——铅铬黄。铅铬黄是一系列黄色颜料的统称，是铬酸铅（$PbCrO_4$）、硫酸铅（$PbSO_4$）、（氧化铅PbO）的混合物。根据三者混合的比例不同，可以形成从浅柠檬黄到深黄的一系列颜色。这类颜料色相丰富、遮盖力强、着色力较强、耐化学溶剂性强、价廉，但是密度大，且含有有毒元素，是一种低质颜料，基本未被使用。

（2）蓝色——铁蓝。铁蓝又称普鲁士蓝、密洛里蓝，化学名称为亚铁氰化铁［$KFe \cdot Fe(CN)_6 \cdot H_2O$］。铁蓝着色力强、颗粒细小、色彩鲜艳，但不耐酸碱。在油墨中已被酞菁蓝取代。

二、有机颜料的结构特点与分类

1. 结构特点

有机颜料和染料都是不饱和的有机化合物,由萘、蒽、氮萘、氨蒽等碳环或杂环芳香族有机化合物衍生而成。它们能够有选择地吸收光谱中的某些部分,并将吸收区域从紫外线区域移到可见光部分,使化合物成为有色体。这些不饱和的原子团称为发色团,主要的发色团有乙烯基($CH_2=CH-$)、羰基($>C=O$)、硫基($-SH$)、亚胺次甲基($>C=NH$)、偶氮基($-N=N-$)、硝基($-NO_2$)、亚硝基($-N=O$)和二甲氨基[$-N(CH_3)_2$]等,除发色团外有机颜料和染料还含有助色团和有一定的分子排列方式。常见的助色团有羟基($-OH$)、氨基($-NH_2$)、磺酸基($-SO_3H$)、卤素基($-Cl$、$-Br$)和甲基($-CH_3$)等。分子排列结构如醌型结构(图8-2)中,对醌为黄色;邻醌则为红色;共轭关系也能加深化合物的颜色。

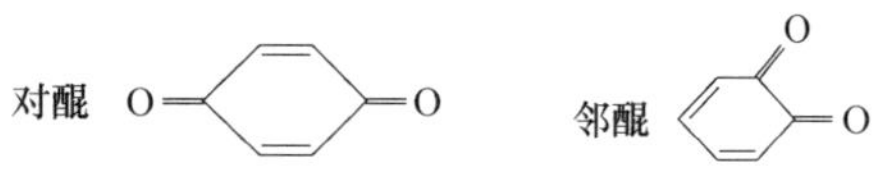

化学界有人以量子论为基础,用分子中的活性π电子来说明发色原因,但传统的发色团理论仍然适用。一般说来发色团越多,含共轭双键链越长,色料的颜色较深;如共轭双键被甲基或醚基($-O-$)等隔断,则化合物会变为无色或浅色。

图8-2 对醌、邻醌分子结构式

2. 分类

有机颜料一般可以分为色原和色淀两大类,前者是以金属盐或酸类将水溶性染料制成不溶性的有机颜料的统称;后者则是利用铝钡白等无机载体将有机染料沉淀而成的颜料。欧洲则将本身不溶解的有机有色体又分为一类,称为颜料性染料,将有机颜料分成色原、色淀及颜料型染料三大类。

三、有机颜料的应用

与无机颜料相比,有机颜料具有色相齐全、色泽鲜艳、密度小、着色力强、一般比较透明等特性,是制造红色油墨、透明黄墨不可缺少的原料,但价格较高,还有一些如还原颜料,成本高、价格贵,只能作高级颜料使用。另外,有些有机颜料(例如碱性色淀颜料)耐光性较差。下面将重点介绍一些常用的有机颜料的性质和应用范围。

1. 汉沙黄(Hansa Yellow)

汉沙黄又名耐晒黄,属于单偶氮颜料系列,以亮黄色的耐晒黄 10G 为例,分子质量 395,分子结构式见图8-3。

汉沙黄呈亮绿光黄色,颜色鲜艳,透明性好,耐光性好(达到7级),并能耐水、醇、酸、碱,但耐苯类溶剂差,着色力高于铬黄3~5倍,但不如联苯胺黄。汉沙黄在烘烤后有起霜(升华)现象,不适于制印铁油墨,现在是胶印和柔印、凹印等油墨常用的黄色颜料。

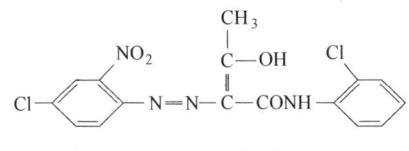

图8-3 汉沙黄分子结构式

2. 联苯胺黄(AAA)

联苯胺黄又名二芳胺黄或联苯胺黄 HG,它属于不溶性双偶氮黄色颜料系列,颜色是绿相黄，着色力比汉沙黄强 3~4 倍，密度小，透明性好，耐水、耐酸、耐碱性良好，常用于制造四色胶印套墨，印刷性能良好。缺点是耐光性较差，由于价格适中，所以在印刷油墨中使用很广，分子结构式见图 8-4。

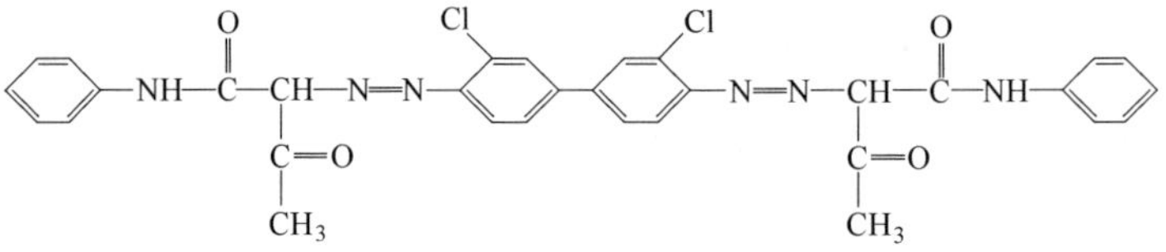

图 8-4 联苯胺黄分子结构式

3. 洋红 6B

洋红 6B 又名宝红 6B、罗宾红、颜料红 57：1。它是有较强着色力的鲜艳的蓝相红色颜料，树脂化的钙盐具有良好的物理性能，耐酸碱和耐醇性稍差，由于它色相好，耐光性强，耐热性尚好，是一种四色套墨中常用的品红色颜料，其分子结构式见图 8-5。

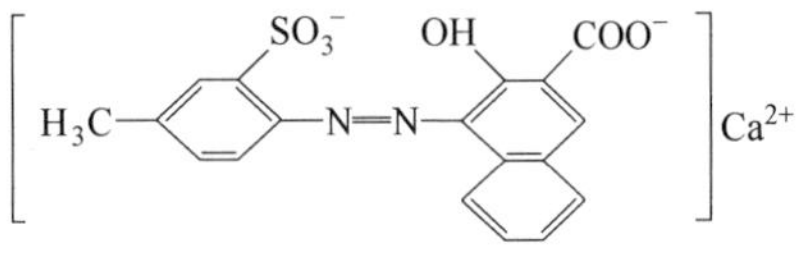

图 8-5 洋红 6B 分子结构式

4. 立索尔红（Lithol Red）

是合成较早，使用很广的一种红色酸性色淀，以钡、钙或钠离子为沉淀剂，分子结构式见图 8-6。

立索尔红色相范围广，着色力强，耐渗性一般，价格便宜，流动性好，但不耐光，常用于胶印及其他油墨的制造。

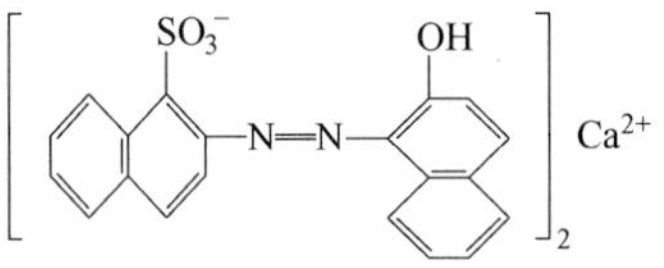

图 8-6 立索尔红分子结构式

5. 金光红 C

金光红 C 又名来克红，也是色淀性的偶氮颜料，它是带金光的标准暖红，色泽鲜艳，其分子结构式见图 8-7。

金光红 C 树脂化后透明度提高，耐渗性较好，流动性好，可以用来制造各种印刷油墨，但耐光性较差。

6. 耐晒桃红色淀

耐晒桃红色淀又名桃红色原，属于坚牢色淀，由盐基桃红用钙、钼磷酸盐沉淀而成，分子结构式见图 8-8。

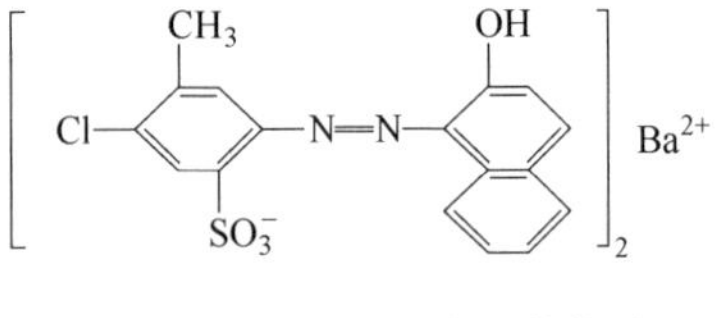

图 8-7 金光红 C 分子结构式

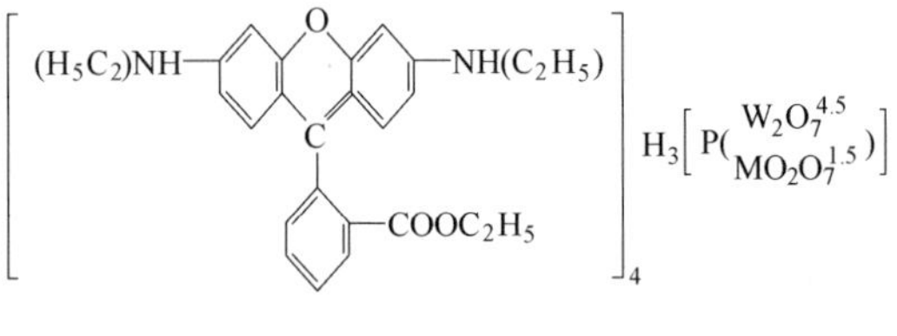

图 8-8 耐晒桃红色淀分子结构式

桃红色原为鲜艳的品红色，着色力强，耐光性尚好，用于制造四色胶印油墨，是一种高级颜料，价格较高。

7. 酸性湖蓝色淀

酸性湖蓝色淀是在氢氧化铝载体上制成的酸性色淀，以钡盐为沉淀剂，分子结构式见图 8-9。

这种色淀颜色十分鲜艳，但不耐光，又有一定的水溶解性，所以逐渐被酞菁颜料代替。

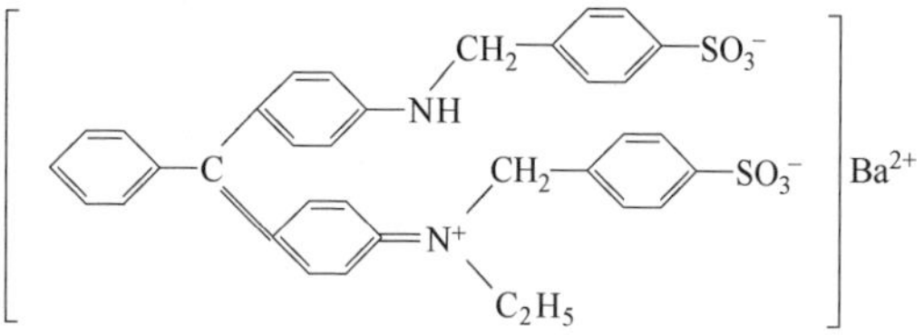

图 8-9 酸性湖蓝色淀分子结构式

8. 酞菁蓝

酞菁蓝又名铜酞菁，稳定酞菁蓝（β 型），分子结构式见图 8-10。

酞菁颜料具有鲜艳的色泽，着色力极高，化学稳定性优异，耐光性好，在 200℃高温下不变色，适用于各种印刷油墨，而且价格比其他高级颜料低，所以使用量很大，是青色颜料中的主力，它的氯化与溴代产物是优良的绿色颜料，称为酞菁绿。

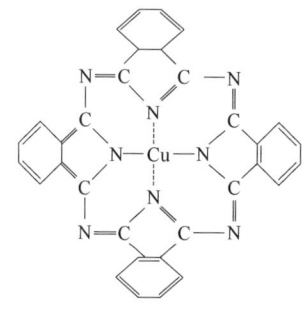

图 8-10 酞菁蓝分子结构式

9. 射光蓝浆（膏）

射光蓝浆（膏）是醇溶蓝经磺化制得的内盐色淀，加入调墨油制成深蓝色的基墨，用于调整黑色油墨中的棕黄色调，提高黑度。它的分子结构式见图 8-11。

射光蓝浆是表面有强铜光的深蓝颜料，烘干后射光消失，所以需要用挤水法制成油质基墨。它有良好的调整颜色作用，但价格较高。

10. 硫靛桃红

硫靛桃红是由还原染料氧化后制成的不溶性还原颜料，是一种各项牢度极好的高级颜料，耐光、耐热、耐各种溶剂，适于制造印刷油墨。其分子结构见图 8-12。

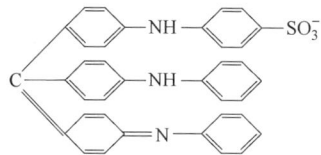

图 8-11 射光蓝浆（膏）分子结构式

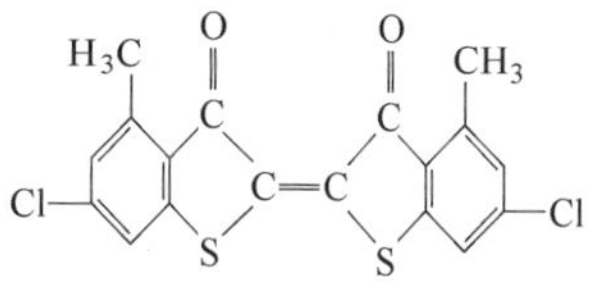

图 8-12 硫靛桃红分子结构式

由于制造较困难，成本高，所以硫靛桃红应用不广泛。

有机颜料品种很多，除了黄、品红、青等原色颜料和常用的红、绿、蓝之外，还有喹吖啶酮颜料（优良红色颜料）与二噁嗪颜料（高级紫色颜料）等专色颜料，可以根据需要选择使用，这里不再一一介绍。

第三节 特殊颜料与填充料

一、金属颜料与发光颜料

1. 金属颜料

（1）铝粉。铝粉即银料。铝粉颗粒表面有一层透明的氧化铝膜，使之比较稳定。密

度 $2.7g/cm^3$，熔点 660℃，沸点 2427℃，800℃时表面张力 $0.865N/m$。

（2）铜粉。铜粉是铜与其他金属合金的粉末，也称金粉。不同的合金有不同的色相。密度 $7\sim8g/cm^3$。超细级金粉可用于制造胶印油墨，特细级金粉适用于凹版及柔性版油墨。

2. 发光颜料

（1）夜光颜料。夜光颜料也称磷光颜料，它能在夜间发光，实际上是高纯度硫化锌晶体经过高温处理，具有特殊的晶格构造，并掺入铜、钴等激发剂制成的。如需要长期在夜间自己发光，则需要在每千克夜光颜料中加入 $2\sim16mg$ 的放射性元素。由于硫化锌粉的颗粒较粗，只能用丝网印刷方法印在表盘或纸张上。

（2）荧光颜料。有一些物质当受到不可见光的照射时，能够吸收它的能量放出可见光波，称为荧光物质。它与磷光物质不同，发光现象在射线作用停止后立即消失。目前纺织业已采取将荧光染料用树脂处理的方法，使它们成为不溶性的颜料。通常只需2%左右的荧光颜料即可制成荧光油墨。荧光颜料透明性好，但遮盖力和着色力较差。目前应用的荧光染料有盐基嫩黄、盐基桃红和盐基亮绿等，所用的树脂有酚醛树脂等。

二、填　充　料

1. 作用

填充料是一种着色力很低的白色颜料，但不用于制作白色油墨，而用于其他彩色颜料的调色添加物。用填充料可以调整油墨固体-液体比例，同时冲淡油墨颜色，也可以取代一些高成本颜料，降低油墨成本。

2. 种类

（1）碳酸钙（$CaCO_3$）。碳酸钙的来源有两个：其一是来自矿石，称天然碳酸钙，又称重质碳酸钙或研磨碳酸钙（GCC），这种碳酸钙颗粒粗硬，密度较大；其二是经化学沉淀制成，称沉淀碳酸钙，又称轻质碳酸钙（PCC），这种碳酸钙颗粒细而匀，化学纯度高，杂质少。油墨中使用的是后者。

轻质碳酸钙根据粒径大小分为四级：

① 超细级（$0.02\sim0.2\mu m$）。这类碳酸钙也称纳米级碳酸钙，有极大的聚集趋势，这是由于沉淀时颗粒间的静电造成的。

② 微细级（$0.2\sim1.0\mu m$）。有一定聚集倾向，分散性及遮盖力仍不足。

③ 普通级（$1.0\sim10\mu m$）。聚集倾向较小，有一定的分散性。

④ 粗级（$>10\mu m$）。无聚集倾向，易分散。

油墨中使用的是最高质量的超细级沉淀碳酸钙（俗称胶质碳酸钙、苛化碳酸钙）。以这种碳酸钙制成的油墨身骨好，比较柔和；稳定性良好，干性快且无副作用，具有良好的印刷性能；颗粒细小，可以保证印迹光滑、网点完整。胶质碳酸钙的性能指标见表8-5。

（2）硫酸钡（$BaSO_4$）。天然硫酸钡又称重晶石，多以柔软而无定形存在；合成硫酸钡（沉淀硫酸钡）呈斜方晶型，颗粒细软，纯度高，无味、无毒，具有一定的透明性，耐光、耐热，具有良好的化学稳定性，价格低廉，是用于油墨中的一种良好的填充料。硫酸钡在油墨中可以调节油墨的流动性能，具有一定的防脏作用。硫酸钡的性能指标参见表8-5。

（3）氢氧化铝。氢氧化铝有两种存在形式：一种是水合氧化铝，$Al_2O_3\cdot3H_2O$，晶型结构；另一种是轻氢氧化铝，$5Al_2O_3 \cdot 2SO_4 \cdot xH_2O$，无定形。氢氧化铝密度小、透明、结构软，印刷性能良好。在油墨中，氢氧化铝易与酸性连接料反应而使油墨胶化，在存放过程中吸收干燥剂而降低油墨干性。

氢氧化铝经改性可用于以树脂为连接料的油墨中，氢氧化铝也可以作为色淀颜料的载体。由于氢氧化铝透明、光亮，可以作为最后一色的罩光材料，但应加入适量干燥剂。氧化铝颜料由于密度小，特别适于同密度较大的颜料混用。氢氧化铝是撤淡剂的主要材料。氢氧化铝性能指标参见表8-5。

（4）铝钡白。铝钡白是氢氧化铝与硫酸钡的混合物，分子式为：$3BaSO_4 \cdot Al(OH)_3$，性能介于两者之间。

（5）高岭土。高岭土即水合硅酸铝，是一种天然的细粒状黏土矿物，含有微量钙、镁、钾等元素，主要用于雕刻凹版油墨。

表 8-5　　　　　　　　　　　常用填充料的性能指标

指标	品种		
	胶质碳酸钙	硫酸钡	氢氧化铝
外观	纯白色粉末	白色粉末	白色粉末
密度/(g/cm³)	2.65	4.30~4.50	2.43
吸油量/(g/100g)	58	15~20	90~115
平均颗粒尺寸/μm	0.03~0.15	0.50~2.00	0.15~0.20
pH	10.4	7.0	6.3~6.7
折射率	1.46~1.65	1.63~1.65	1.54
耐渗透性（水、溶剂、油）	强	强	强
耐光性	一般	好	差
熔点/℃	825~896	1580	300
硬度	3.0	2.5~3.5	3.0

第四节　连接料的分类与理化性能

一、连接料的用途和类型

1. 用途

油墨连接料又称凡立水（vehicle），是由高分子物质与各类溶剂混溶制成的液状物质，在油墨中作为分散介质使用。大部分连接料是一种具有一定黏度和流动度的液体，但不一定都是油质的。连接料使颜料粒子得以良好分散，是颜料粒子的载体，使之通过印刷机转移到承印物表面，因此，连接料赋予了油墨流动能力，印刷能力；同时它又是一种成膜物质，颜料要依靠连接料的干燥成膜性牢固地附着于承印物表面并使墨膜耐摩擦，有光泽，因此，连接料决定着油墨干燥性和膜层品质。由此可见，连接料是油墨的关键组成。如果说油墨的色相、透明度（或遮盖力）和耐光性主要由颜料决定的话，那么印刷油墨的流变性质、干燥性质、抗水性、光泽等，则主要由连接料的性质决定。

2. 类型

连接料的类型，按照油墨的干燥形式可以分为挥发干燥型连接料、渗透干燥型连接料、氧化结膜干燥型连接料等；按照构成连接料的介质材料不同，可分为干性油型连接料、矿物油型连接料、溶剂型连接料。每一种类型的连接料都是由多种成分构成的，每种成分的作用又各不相同。一般来说，连接料主要由植物油、矿物油、有机溶剂、天然或合成树脂及少量蜡质等构成。图8-13为连接料的主要成分。

以上这些材料的理化性能将对由其构成的连接料的性能产生影响，进而影响油墨的性能。

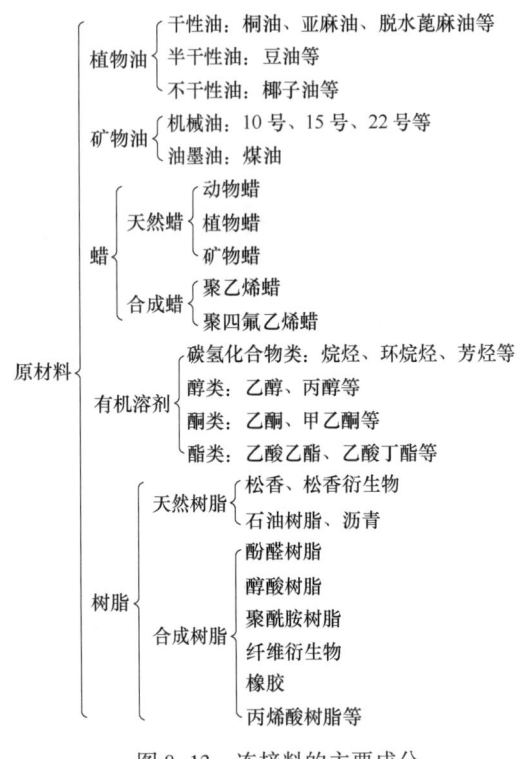

图 8-13　连接料的主要成分

二、连接料的理化性能

1. 酸值

酸值（acid number）又称酸价，对于植物油而言，它是指游离脂肪酸的含量，用中和1g油脂中的游离羧基所需的氢氧化钾的毫克数 [（KOH）mg/g（油脂）] 表示。而对于树脂而言，酸值是指分子中羧基基团的含量。通常，连接料或树脂酸值太大时，制成的油墨在胶印时易于亲水乳化，同时还会导致有些颜料制成油墨后，黏度增大，甚至胶化；如果酸值过低，则表现为对颜料润湿性差、油墨流动性能不良、光泽差等弊端。

2. 碘值

碘值（iodine number）又称碘价，它是对油脂等物质不饱和程度的描述。用每100g油脂所消耗的碘的克数 [（I_2）g/100g（油脂）] 表示，碘值越大，油脂的不饱和程度越大。油脂的不饱和程度决定了它的分子活性（表现为干性），因此碘值是对某种连接料干燥能力的间接描述。

3. 软化点

软化点（softening point）是指高分子物质（如连接料中的树脂）开始变软时的温度，即从固态变为液态的起始温度。它不仅与高分子物质的结构有关，而且还与其分子质量的大小有关。由于高分子物质是混合物，软化点不同于熔点，其相变是随温度的升高逐渐进行的，没有突变点。树脂的软化点对油墨的流动性、干燥性都有影响。通常，在结构组织相同时，软化点低的树脂其溶解性和溶剂的亲和性比软化点高的树脂好，但对溶剂的释放性较差，易导致膜层发黏。因此，对油墨制造者而言，一个硬树脂的软化点是一个有价值的参数，可以据此了解该树脂的改性程度，从而对油墨的黏性、光泽、干燥性等做出定性的估计。

4. 脂族烃溶解性

脂族烃的溶解性是指树脂（液）在正庚烷中的溶解性能。如果这种树脂（液）能加入较多的溶剂而体系并不混浊，则说明这种树脂的脂族烃溶解性好，即该树脂能容纳较多的溶剂，反之则异。一般来说，树脂的脂族烃溶解性好，则制得油墨的流动性较好，其抗水性能也较好。

除上述理化性能外，油脂的皂化值、水分等也是比较重要的指标。

第五节　连接料组分的性能与结构

一、植　物　油

对油墨工业来说，尽管现代科学技术及材料日新月异，但传统的浆状油墨仍然要使用植物油。植物油是从植物种子压榨得到的液体物质。

1. 组成与结构

植物油的基本化学组成是高级脂肪酸的甘油酯。与甘油结合的脂肪酸可以是相同的或不同的，因此植物油是一个混合物，其结构通式见图8-14。

其中，R_1、R_2、R_3 是不同或相同脂肪烃基，可以是饱和的或不饱和的，下面是几种在油墨中常用的高级脂肪酸的分子结构（图8-15）。

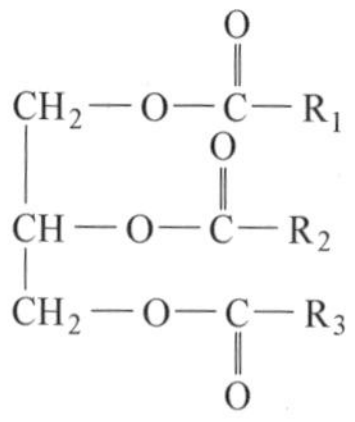

图8-14　植物油分子结构通式

硬脂酸　$CH_3(CH_2)_{16}COOH$
油　酸　$CH_3(CH_2)_7CH=CH-(CH_2)_7COOH$
亚油酸　$CH_3(CH_2)_4CH=CH-CH_2-CH=CH(CH_2)_7COOH$
亚麻油酸　$CH_3CH_2CH=CH-CH_2-CH=CH-CH_2-CH=CH(CH_2)_7COOH$
桐油酸　$CH_3(CH_2)_3CH=CH-CH=CH-CH=CH-(CH_2)_7COOH$

图8-15　5种高级脂肪酸分子结构式

双键数目的多少及相对位置决定了它们的活性即干性强弱。通常，可根据碘值的高低分为干性、半干性和不干性油。

干性油在空气中有较好的干燥性。它之所以能在空气中较快结膜干燥，是由于它的成分中含有较多的不饱和酸，能够吸收空气中的氧气，氧化聚合形成坚韧的固态薄膜。干性油的碘值一般在140（单位见碘值定义）以上，属于这一类的植物油有桐油、亚麻油、梓油等。

半干性油在空气中干燥较慢，其表面不易形成薄膜，即便成膜，也不像干性油所形成的那样坚韧。这是由于其成分中脂肪酸的双键数较少，碘值一般在100~140。属于这一类的有豆油、菜籽油等。

不干性油在空气中的氧化极慢，通常表面不能成膜干燥，碘值在100以下，属于这一类的有蓖麻油、椰子油、花生油等。

2. 油墨中常用的植物油

（1）桐油——干性油。桐油为黄色或淡黄色浓稠液体，黏度是植物油中较大的。能溶于苯、石油醚、三氯甲烷、乙醇等有机溶剂中；碘值160~175，酸值为4。桐油的分子结构中含有共轭双键，所以其干燥性能和成膜性能十分优异，但干燥过快会引起晶化起皱。在油墨中，通常不单独使用，而是与树脂或其他油脂混用，这样就充分发挥了它的长处而弥补了其不足。现在使用的高光泽油墨，连接料中都或多或少地使用了桐油。

（2）亚麻油——干性油。亚麻油亦称胡麻油，是淡黄色透明液体，碘值177~204，酸值≤4。亚麻油分子结构中含有非共轭双键，干性比桐油慢，活性比桐油小，它是油墨工业最基本的原料之一。

（3）豆油——半干性油。大豆油的脂肪酸组成（%）：棕榈酸6~8；油酸25~36；硬脂酸3~5；亚油酸52~65；花生酸0.4~0.1；亚麻酸2.0~3.0。豆油干燥较慢，碘值120~140，酸值≤3。颜色浅，且加热不易泛黄，常与亚麻油或桐油配合使用，用来制造浅色油墨，特别是制造烘干型油墨。近几年，大豆油油墨的研制和应用越来越多，用大豆油或大豆油脂肪酸酯（如大豆油脂肪酸甲醇酯）部分替代矿物油制造印报油墨、单张纸胶印油墨、热固性轮转油墨及商业表格印刷用油墨，甚至可以用大豆油部分替代UV油墨中的丙烯酸酯制造UV油墨，这样可以有效地减少VOC的排放，增加墨膜的光泽和耐摩擦性，同时纸张脱墨比较容易，对纤维的损伤小，利于再生纸的回收，无论在使用性能上、成本上和环保方面都是有利的，因此，用大豆油或改性大豆油制造油墨有着很好的应用前景。

（4）蓖麻油和脱水蓖麻油。蓖麻油是典型的不干性油，碘值80~90，酸值≤2，能溶于乙醇和乙酸中。这是由于分子中含有羟基所决定的。蓖麻油可用于制造复印油墨及作为增塑剂用于某些油墨中。蓖麻油在酸性催化剂存在下，经高温脱水，可转化为含有共轭双键的干性油。干燥性介于桐油与亚麻油之间，颜色浅，柔韧性好，可以代替桐油与半干性油配合使用，常用于印铁和食品包装油墨中。

二、矿　物　油

矿物油是石油分馏得到的一系列馏分的总称，主要组分是烷烃，不具有发生交联的能力，因此在油墨中不能作为成膜组分。油墨中常用的矿物油有以下三种。

1. 汽油

汽油是油脂、树脂的良好溶剂，以前在油墨中，常使用沸点在160~220℃的重汽油与二甲苯混合，制造照相凹版油墨。目前，凹印油墨中不再使用汽油作为连接料，而是使用不含芳烃的溶剂或水作为溶剂制备凹印油墨。汽油则主要用作清洗剂。

2. 高沸点煤油——油墨油

高沸点、窄馏程的煤油是石油裂解在270~310℃的馏分，油墨业经常将其称为油墨油。主要用于快固油墨及热固型胶印油墨的连接料中，其作用是迅速脱离膜层进入纸张纤维之间，使膜层增稠、增黏。油墨油之所以要求较窄的馏程，是油墨性质所决定的，初馏点不能过低，否则挥发过快，影响油墨在印刷机上的稳定性；终馏点不能过高，否则渗透过慢，影响油墨在纸上的固着速度。虽然油墨油在油墨中已经广泛使用，但由于油墨油属于石油类溶剂，从能源消耗和环保角度来讲是不利的，而且油墨油不能结膜，对墨膜的光泽和耐摩擦性能没有贡献，因此，经过多年研制，新型的大豆油油墨已经开始使用，它是用改性大豆油或大豆油脂肪酸酯（如大豆油脂肪酸甲醇酯）部分或全部替代油墨油来制造各类胶印油墨。

3. 机械油

这类矿物油为不挥发黏稠液体,工业上用作润滑剂,在油墨中通常与石灰松香、沥青等廉价树脂配合使用,用来制造沥青油和石灰松香油连接料,用于轮转新闻油墨。这类连接料是典型的渗透干燥型连接料,无氧化结膜,不能形成固态膜层。通常,在渗透型油墨连接料中不同标号的机械油混合使用,高标号(黏度大)用于纸张表面凝固,低标号(黏度小)用于向纸张内部浸透。同样,由于这些成分的种种弊端,已经越来越多地被大豆油或大豆油脂肪酸酯所替代。

三、有机溶剂

在油墨中,有机溶剂用于溶解树脂类成膜物质而制成溶剂型连接料。常用有机溶剂的性能指标见表 8-6。

表 8-6 常用有机溶剂的性能指标

品种	指标							
	分子式	20℃密度/(g/mL)	沸点/℃	20℃饱和蒸气压/kPa	20℃蒸发潜热/(J/g)	相对蒸发速率	溶解度参数氢键等级	闪点/℉
乙酸甲酯	CH_3COOCH_3	0.90	57.1	22.66	828.4	1180	9.6M	14
乙酸乙酯	$CH_3COOC_2H_5$	0.90	76.7	10.03	244.3	615	9.1M	23
乙酸丁酯	$CH_3COOC_4H_9$	0.88	16.0	1.11	309.6	110	8.2M	74
甲醇	CH_3OH	0.79	64.5	11.80	1108.8	340	12.7S	57
乙醇	C_2H_5OH	0.79	78.3	5.67	863.6	610	14.5S	42
异丙醇	C_3H_7OH	0.79	82.3	4.40	217.6	230	11.5S	53
正丁醇	C_4H_9OH	0.81	117.7	0.83	377.4	45	11.4S	95
苯	C_6H_6	0.88	80.1	9.96	1.8	630	9.2W	12
甲苯	$C_6H_5CH_3$	0.87	110.8	2.97	1514.6	240	8.9W	40
二甲苯	$C_6H_4(CH_3)_2$	0.87	144.0	1.16	354.4	63	8.8W	77
丙酮	CH_3COCH_3	0.79	56.1	24.80	30.1	1160	10.0M	1
甲乙酮	$CH_3COC_2H_5$	0.81	79.6	9.49	439.3	572	9.3M	19
环己酮	$C_6H_{10}O$	0.95	156.7	0.52	356.1	23	9.9M	117
己烷	C_6H_{14}	0.66	69.0	17.00	1493.7	7700	7.3W	-7

注:W—弱氢键;M—中氢键;S—强氢键。

1. 油墨对有机溶剂的基本要求

用于油墨中的有机溶剂要求具有几个特征:对树脂材料的溶解能力及释放能力;较快的蒸发速度;符合环境保护和安全的要求。

(1) 溶剂与树脂的溶解性

溶解度参数与氢键强度是描述物质溶解性的两个重要方面。物质的溶解度参数是与物质内聚能相关的常数,决定着它与其他物质的混溶能力,各类溶剂的溶解度参数不尽相同。物质的氢键强度不易测定,通常按等级分类,弱氢键(W)的氢键值中心为 0.3,中氢键（M）的氢键值中心为1.0，强氢键（S）的氢键值中心为1.7。常见溶剂的溶解度参数和氢键等级见表8-6。一般地，当溶剂和聚合物的溶解度参数和氢键值近似时，其溶解性（互溶性）是良好的。常见聚合物的溶解性近似范围见图8-16。

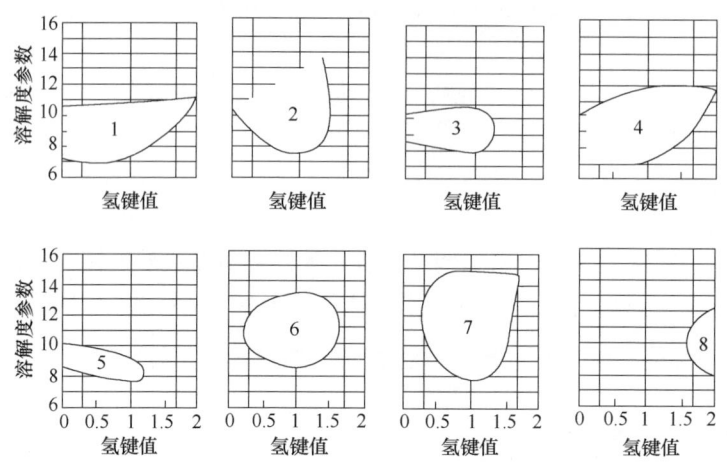

图8-16 常见聚合物的溶解性近似范围
1—酯胶 2—环氧树脂 3—氯化橡胶 4—45%豆油改性甘油醇酸树脂
5—氯磺化聚乙烯 6—聚甲基丙烯酸甲酯树脂 7—硝酸纤维 8—脲醛树脂

（2）挥发能力。溶剂的挥发问题是决定油墨能否顺利地完成印刷过程及保证印品质量的关键问题。如果油墨中溶剂挥发特性不当，将会导致印刷故障的发生。

溶剂从油墨中挥发的性能取决于溶剂本身的因素，如分子质量、蒸发潜热、饱和蒸汽压、沸点、黏附能密度等，外部因素有油墨组分、各组分含量、温度、湿度等。通常，用溶剂的相对蒸发速率（令乙酸乙酯的蒸发速率为100）来表示溶剂的挥发能力，并由此确定溶剂的挥发能力等级，具体如下：

快挥发，蒸发速率>300；中挥发，蒸发速率为130~300；慢挥发，蒸发速率为40~130；十分慢挥发，蒸发速率<40。

（3）安全及环境保护问题。许多有机溶剂的蒸汽有毒、易燃，因此，必须对溶剂的这一问题进行考察，并对一些溶剂在空气中的最大允许浓度（mg/m^3）加以限制，例如：

乙酸	1500
异丙醇	490
苯、甲苯	100
二甲苯	200
乙酸丁酯	300
脂族汽油	350

一些溶剂在工作场所允许的最高浓度（mg/m^3）如下：

甲苯	100
乙酸丁酯	400
异丙醇	500
正丁醇	500

| 甲醇 | 200 |
| 乙醇 | 1000 |

2. 油墨中常用的有机溶剂

有机溶剂有芳烃类、醇类、酮类和酯类等，主要用于制造挥发干燥的凹版油墨和柔性版油墨。

芳烃类包括苯、甲苯和二甲苯，是煤焦油和石油裂解的副产品，溶解力很强，沸点也易于调节，由该溶剂油墨印出的印刷品，其阶调和色彩的再现性好。苯型凹版油墨曾经是性能十分优良的印刷油墨，但因苯蒸气有毒，急性苯中毒能致人丧命，慢性苯中毒也不易治愈，且其对环保极为不利，因此，限制了它们的应用范围。虽然用二甲苯来代替苯配制凹版油墨的毒性要低得多，但随着社会环保意识的增强，芳烃类溶剂几乎不再使用。醇类溶剂有甲醇、乙醇、异丙醇、正丁醇等，常与芳烃类或酯类溶剂混合，配成混合溶剂，用来制造挥发干燥型溶剂型油墨，也称醇型油墨。酮类溶剂有丙酮、环己酮、甲乙酮。酯类溶剂有乙酸乙酯、乙酸丁酯、乙酸戊酯，其中乙酸乙酯、乙酸丁酯都能与烃类、亚麻油和蓖麻油混溶。这些常见溶剂的分子式、沸点、相对蒸发速率等见表 8-6。

四、树　脂

单独由干性油制成的油型连接料分子质量小、固着速度慢、光泽不好，还容易与润版液发生乳化，所以，将树脂引入油墨的连接料中，连接料的各项性能得到了重大改善。现在可以说任何一种类型的油墨都离不开树脂。

树脂是有机高分子物质，分子结构比较复杂，分子的聚集状态有固态、液态之分，固态树脂大都是无定形非晶体，无明显熔点。树脂颜色在黄、棕色之间。树脂种类繁多，可以满足各种油墨的各种性能要求。印刷油墨的光泽、抗水性、流变性、印刷性能在很大程度上取决于树脂的特性。油墨中使用的树脂主要分为天然树脂和合成树脂两大类，常用的树脂有以下几种。

1. 松香及其衍生物

（1）松香。松香是松树分泌的树脂，呈琥珀色的透明固体，主要组分是松香酸，松香酸的分子式为 $C_{19}H_{29}COOH$，结构式见图 8-17。

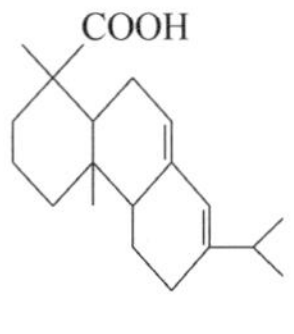

从它的结构可以看出，羧基的存在可以与醇发生酯化反应；可与金属反应生成金属盐；共轭双键的存在可以发生二聚反应和加成反应。

松香价格低廉，不溶于水，易溶于醇、酮、酯、苯类及植物油、矿物油中，但由于松香酸值过高（160~175），软化点过低（72℃），因此，易氧化且脆，一般不直接用于油墨连接料中，而是需要经过化学改性再用于油墨中。

图 8-17 松香酸分子结构式

（2）松香酯。松香酯是松香与醇类物质反应的产物，可以分为甘油松香酯、季戊四醇松香酯和季戊四醇聚合松香酯。以甘油和松香酸的反应为例，反应式见图 8-18。

甘油松香酯是一种透明固体树脂，可溶于各类有机溶剂和干性油中。酯化后，酸值大大降低，对颜料润湿性提高，但软化点较低（85℃），溶剂释放性较差。

季戊四醇松香酯为白色或微黄色粉末状结晶，结膜坚硬，光泽好，软化点较高，溶剂释放性较好，可直接用于电雕凹版油墨。

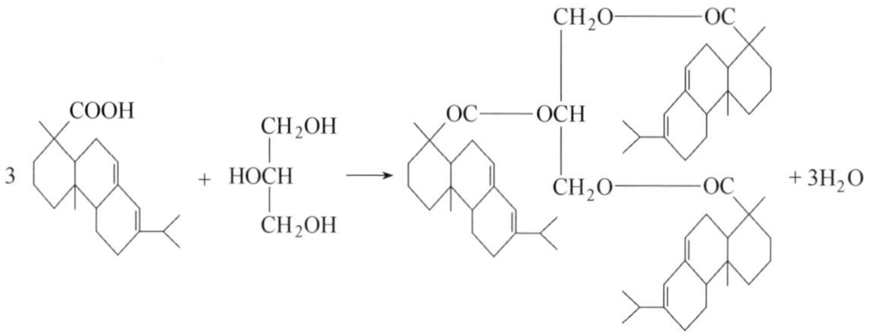

图 8-18　甘油与松香酸反应生成甘油三松香酯

季戊四醇聚合松香酯是二聚松香与季戊四醇酯化得到的。这种树脂为透明固体，软化点为170~190℃，溶剂释放快，结膜光泽高，广泛用于胶印、凸印油墨中，更适合热固型轮转胶印油墨。

（3）松香酸金属盐。松香酸值高，可以用碱金属进行中和。它是将松香加热到220~230℃熔化后，加入6%的氢氧化钙，搅拌升温至2700℃制成的树脂，软化点提高到138~145℃，酸值<90。由于价格低廉，曾长期被油墨工业所采用，缺点是性质较脆。

（4）失水苹果酸树脂（顺丁烯二酸酐松香）。这是顺丁烯二酸酐与松香酸进行反应生成的，反应式见图8-19。

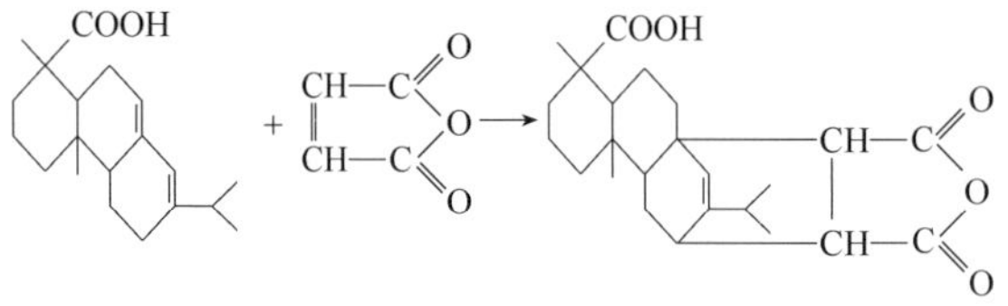

图 8-19　顺丁烯二酸酐与松香酸反应生成顺丁烯二酸酐松香

顺丁烯二酸酐松香带有较多羧基，酸值300左右，软化点约为150℃，用多元醇（大多是甘油）进行酯化，可得到油溶性树脂松香酯。这种树脂为透明固体树脂，颜色浅，具有良好的光泽及溶剂释放性，制成的油墨黏性比较低，墨性短，印刷性能较好。按性能不同，可分为如下三种规格。

① 乙二醇溶型。大量用于溶剂型和水性油墨中。用硝酸纤维和聚酰胺树脂改性后，可用于印刷玻璃纸及聚乙烯薄膜的油墨。

② 乙醇溶型。大量用于硝酸纤维和氯化橡胶凹版油墨，印刷铝箔、玻璃纸。用钠或铵处理后可呈水溶性，用于比较低档次水基柔性凸版油墨。也可用于醇基柔性凸版油墨。

③ 油溶型或碳氢溶剂溶解型。也称为调墨油苹果酸树脂，用于快干和热固型胶印及印铁油墨、罩光油等，其弱点是易吸附干燥剂而使油墨干性降低。这种油溶型或碳氢溶剂溶解型目前已经较少使用。

2. 天然沥青与石油沥青

天然沥青是一种矿产品，是有光泽的黑色硬块，不溶于水、丙酮、乙醚、稀乙醇等，但几乎能溶于正己烷、二甲苯、二硫化碳和四氯化碳等烃类溶剂和汽油、柴油等矿物油中，软化点为70~150℃。石油沥青是石油蒸馏后残余的软膏状树脂，溶解性能好，光泽小。制备油墨前，一般先将沥青溶于有机溶剂或矿物油中制成沥青油。天然沥青溶解在苯类溶剂中可制造凹版油墨；石油沥青溶于矿物油中可制造胶印轮转黑墨及黑色新闻油墨。因为沥青价格便宜，性能较好，一直以来使用相当普遍。但近些年，由于苯类溶剂使用量越来越少,同时,对印报油墨的性能要求不断提高,要求普通报纸的墨膜有良好的耐摩擦性和环保特性,因此大豆油油墨的使用越来越普遍,而石油沥青的使用日趋减少。

3. 改性酚醛树脂

酚醛树脂是酚类物质与醛类物质经缩合而得到的高分子物质(图8-20)。

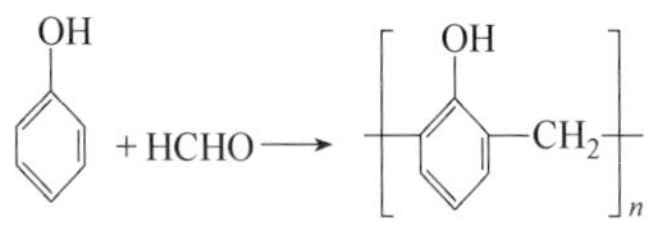

这种酚醛树脂不能直接用于油墨连接料,一般是用松香进行改性,再经甘油或季戊四醇酯化,得到甘油(或季戊四醇)松香改性酚醛树脂,反应式见图8-21。

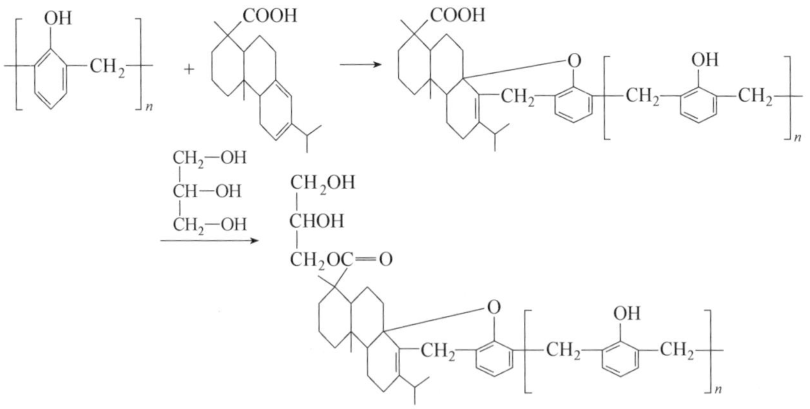

图8-20 苯酚与甲醛反应生成酚醛树脂

图8-21 经松香改性、甘油酯化后得到的甘油松香改性酚醛树脂

不同的酚类物质(如苯酚、甲酚、对苯基苯酚、对叔丁酚、对辛基酚、双酚A),酚醛不同的连接方式及酯化所用的多元醇不同是造成松香改性酚醛树脂品种差异的主要原因。

目前,我国油墨行业大量使用的是二酚基丙烷甲醛松香改性酚醛树脂、对异辛酚甲醛松香改性酚醛树脂。由于这些树脂软化点较高,结膜硬度好、光泽好、油溶性好,所以是胶印亮光快干油墨连接料的理想树脂。

4. 改性醇酸树脂

醇酸树脂是多元醇和多元酸类物质酯化得到的高分子物质。同样,醇酸树脂也不适宜直接用于油墨,需经改性处理。油墨中常用的改性剂是植物油。改性醇酸树脂一般是先由植物油醇解形成甘油单酯,再与多元酸酯化形成高分子。反应式见图8-22。

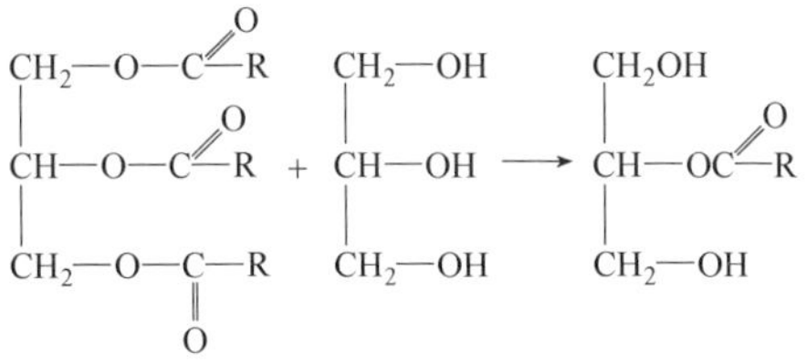

图8-22 植物油与甘油经醇解反应生成甘油单酯

与多元酸酯化的反应式见图8-23。

在改性醇酸树脂中,根据植物油在树脂中的含量高低可以分为短油醇酸树脂(含植物油40%~50%);中油醇酸树脂(含植物油45%~65%);长油醇酸树脂(含植物油65%以上)。

改性醇酸树脂对颜料润湿性,显色性都比较理想,制成的油墨流动性好、结膜光泽好、干燥性好。但由于体系中往往存在较多羟基,导致抗水性差,因而限制了它在胶印油墨中的使用。目前,一般采用提高分子质量或用异

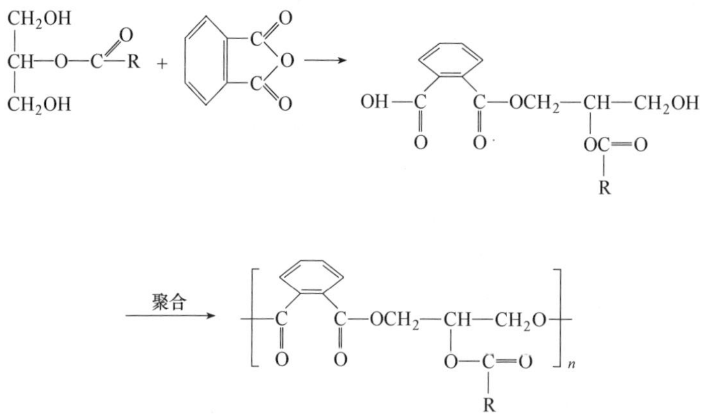

图8-23 甘油单酯与多元酸（邻苯二甲酸酐）酯化、聚合后生成改性醇酸树脂

氰酸酯化（使一部分羟基反应掉）或与固体硬树脂一起反应等方法，来提高改性醇酸树脂的抗水性。

5. 聚酰胺树脂

聚酰胺树脂是多胺与多酸类物质缩合而得到的高分子物质，用于油墨的聚酰胺树脂是二聚脂肪酸与二胺类物质的缩合产物。

例如：二聚亚油酸与二胺反应式见图8-24。

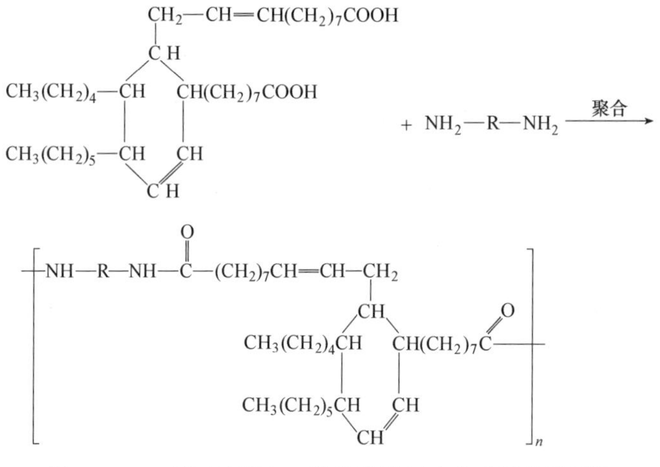

图8-24 二聚亚油酸与二胺经缩聚反应生成聚酰胺树脂

油墨中所用的聚酰胺树脂属于非反应型树脂，酸值<5，软化点为（150±5）℃，为固体树脂，主要用于溶剂型油墨，如雕刻凹版油墨、柔性凸版油墨和塑料包装油墨，因而对树脂的要求主要是与塑料薄膜的黏附性好、溶剂释放性好（干燥快）；其次是这类树脂的溶解性和低温抗凝性。目前，大多数聚酰胺树脂的溶解性较差，必须使用混合溶剂才能溶解，且贮存性不好。因此，通过对树脂的改性，提高其溶解性能和低温抗凝性是至关重要的。

6. 丙烯酸树脂

丙烯酸树脂是由丙烯酸或其衍生物聚合而成，结构式见图8-25。

随着光固化油墨和水基油墨的发展，丙烯酸树脂的应用呈上升趋势。由于丙烯酸中含有大量不饱和基团，对紫外光有比较强的反应，它与其他物质的共聚物可作为光固化油墨的树脂。

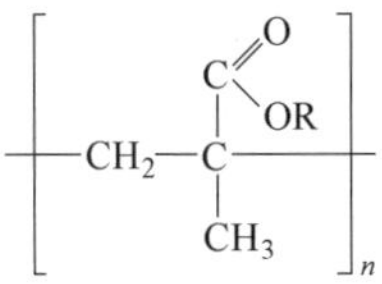

图 8-25 丙烯酸树脂分子结构式

丙烯酸共聚物的乳液，由于其含水量低于 26% 时，就会封闭（干燥）而使印刷无法进行，因而一般将其制成水"溶"性的。其中，碱溶性的丙烯酸共聚物乳液可广泛用于水基油墨。另外，丙烯酸树脂的溶解性很好，多数可溶于芳烃、酯类溶剂中，具有良好的黏附性和耐化学性，也可用来制造雕刻凹版等溶剂型油墨。由于它有比较强烈的气味，因此在某种程度上限制了它的应用。根据有关报道，可以部分使用大豆油脂肪酸酯替代丙烯酸树脂应用于 UV 油墨中。

7. 其他树脂

（1）纤维素衍生物。连接料中常用的纤维素衍生物有硝酸纤维素和乙基纤维素两种。硝酸纤维素是植物纤维硝化而成，它与松香衍生物、短油醇酸树脂、丙烯酸树脂、聚酰胺树脂等有一定的混溶性，其特点是成膜坚韧、干性好、防裂抗热；乙基纤维素是植物纤维醚化而成，它与蜡、树脂混合后，在有机溶剂中溶解性良好，其特点是成膜坚韧、耐抗性好。两者都可以用于溶剂型柔性凸版油墨和雕刻凹版油墨中。

（2）聚氨酯树脂。聚氨酯树脂是异氰酸酯与聚酯、乙二醇或蓖麻油的羟基团的反应产物，是预聚物，例如甲苯-2,4-二异氰酸酯与乙二醇的预聚物还存在未反应的异氰酸酯基团，还可以与多元醇反应而形成树脂，反应式见图 8-26。

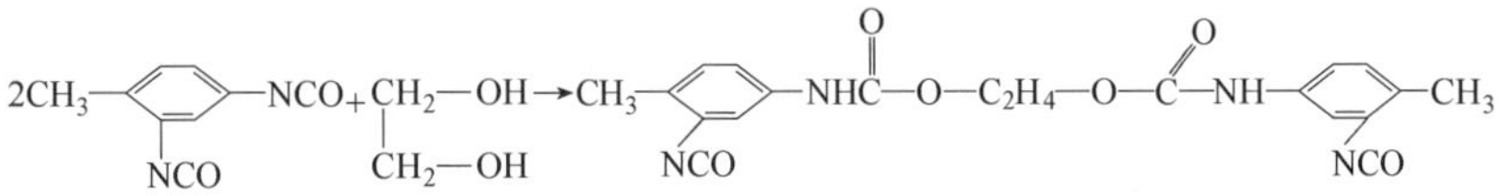

图 8-26 甲苯-2,4-二异氰酸酯与乙二醇通过预聚物聚合反应生成聚氨酯树脂

聚氨酯树脂膜层坚牢耐摩擦，对颜料润湿性好，性能优良，可用于胶印油墨中。目前，通过对各种聚氨酯树脂的改性处理，已经制备出各种醇溶性、酯溶性和水溶性聚氨酯树脂，广泛应用于各类柔性版、凹版的溶剂型和水基油墨中。

（3）环氧树脂。环氧树脂泛指含有环氧基的高分子聚合物，应用最广泛的是二酚基丙烷环氧树脂。环氧树脂的特点是对物质有良好的附着力，常与醇酸树脂、酚醛树脂混用制造印铁油墨、罐听内涂料等。

第六节　常用连接料

不同种类和性能的油墨要采用不同性能的连接料。搭配不同品种与数量的原材料，再辅之以不同的工艺过程，就形成了性能各异的连接料。印刷油墨中，连接料种类很多，有些类型在多种印刷油墨中被普遍采用，下面简要加以介绍。

一、油型连接料

1. 干性油型连接料

这类连接料是由植物油经加热后形成的，其特征是以不同品种、不同分子质量的植物油较为完全的混合，是一个单相体系。不同的品种具有不同的功能，有些可强化膜层的干燥能力，有些可提高膜层的柔韧性，有些可提高膜层的光泽等。干性油型连接料采用的主要是植物油，不同的处理方法可得到两类油型连接料。

（1）聚合油。非共轭干性油加热后，分子重排异构化而成为共轭油，分子上共轭支链和其他植物油反应形成聚合体。聚合油是植物油单分子、二聚体、三聚体的混合物。在炼制植物油中，加热温度和加热时间的掌握十分重要，一般直接加热以290℃为宜。随着时间的延长，聚合的程度加深，二聚体、三聚体逐渐增多，可分别得到6号油、5号油……0号油、号外油，它们的黏稠度逐渐加大，平均分子质量加大。反应式见图8-27。

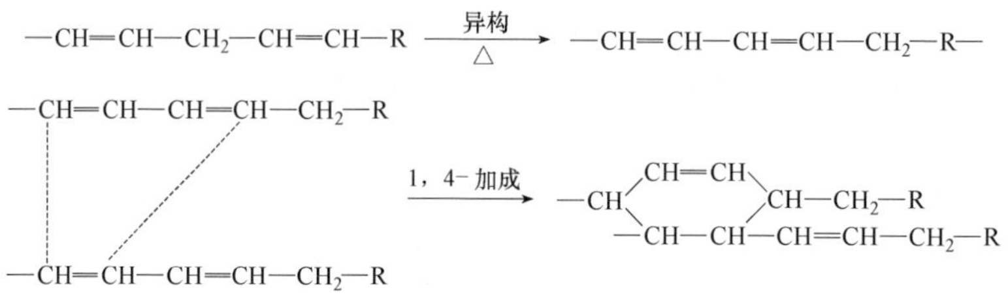

图8-27　亚油酸经异构化与加成反应生成二聚体

表8-7和表8-8给出了亚麻油在290℃加热时其特性变化和各种聚合油的性能指标。

表8-7　　　　　　　　　　亚麻油在290℃加热时特性变化

加热时间/h	酸值	折射率	黏度/Pa·s	相对密度	磷值
0	1.0	1.483	0.03	0.932	751
2	2.0	1.484	0.15	0.936	—
6	3.0	1.487	0.90	0.952	—
8	3.4	1.490	2.30	0.960	113
9	3.6	1.491	4.40	0.963	113
10	3.8	1.491	8.00	0.966	90
11	4.4	1.492	15.00	0.967	84
11.5	4.8	1.492	20.00	0.969	

表8-8　　　　　　　　　　各种聚合油的性能指标

名称	指标		
	黏度(50℃)/Pa·s	酸值	酸色
号外油	28~33	<16	13
2号油	13~14	<11	12
3号油	8~9	<10	10
4号油	3.3~3.9	<9	9
5号油	1.3~1.7	<7	9
6号油	0.4~0.6	<4	7

植物油在加热炼制过程中，脂肪酸链发生断裂，生成酸性产物。聚合油的酸值过高，使胶印油墨易发生乳化；酸值过低，又会降低它对颜料的润湿性能。一般认为，连接料适宜的酸值在 5~15。

聚合油的应用已呈下降趋势，通常 3~5 号油可作为油型油墨连接料，制成胶印油墨。但由于抗乳化性能差、干燥不理想，已越来越多地被树脂调墨油所替代；6 号油作为油墨助剂，应用比较广泛。

（2）氧化油。氧化油是植物油在氧气环境中加热氧化聚合形成的连接料。生产氧化油时，先以蒸汽加热至 70℃，然后通入空气，继续升温至 150℃，最后保温至预期黏度后即可放出。

氧化油氧化聚合机理尚无定论，聚合度不同，可得到不同标号的氧化油。表 8-9 给出了两种氧化油的性能指标。

表 8-9　　　　　　　　　　　　两种氧化油的性能指标

名称	黏度/Pa·s(50℃)	酸值	碘值	相对密度(35℃)	折射率(25℃)
1 号氧化油	2.8~3.2	1.348	137.9	0.958	1.4845
4 号氧化油	11.4~12.4	2.077	119.5	0.980	1.4868

氧化油制成的连接料干性强，对颜料润湿性好、墨性稠短、黏性低，主要用以配制印刷各种证券的雕刻凹版油墨。

2. 松香油和沥青油

松香油和沥青油是由不干性矿物油和松香、沥青构成，是比较廉价的渗透固着型连接料，其特征是不同分子质量的材料较为完全的混合。小分子组分在印刷完成后脱离大分子进行渗透，大分子组分继而更为紧密地与颜料颗粒结合。

（1）松香油。将 38% 的石灰松香和 62% 的 20 号机油装入熔化锅，升温至 100℃，待石灰松香熔化后开始搅拌升温至 160~180℃，保温 1h，当黏度达到 1.4~1.6Pa·s/50℃（落球法）即可出锅。

（2）沥青油。将 35%~40% 的石油沥青和 60%~65% 的 20 号机油装入熔化锅，升温至 160~170℃，使沥青熔化，开动搅拌，捞出浮出杂质，即可装桶。沥青油黏度应为 2.8~3.3Pa·s（20℃）。一般加入蓝色颜料以纠正黑墨的棕黄色调。

松香油和沥青油这两种连接料以前广泛用于制造新闻油墨，但是这类新闻油墨存在一些弊端，例如，墨膜的耐摩擦性能不好，在阅读时会弄脏读者的手，也存在一定的 VOCs（挥发性有机化合物），所以这些连接料已被大豆油连接料所替代。

二、树脂型连接料

1. 树脂型连接料性质

树脂型连接料是树脂、植物油、矿物油（油墨油）混制而成的产物，并且形成一个复杂的液相系统。亚麻油连接料是依靠吸收空气中的氧气后结膜干燥的，这个过程比较长，影响了油墨的快干性能；另一方面，植物油本身的成膜特性致使膜层质量不良，慢干又使连接料过多渗透，纸张表面成膜物质变少，影响了膜层的光泽。干燥剂对这种性能的改善是有限度的。

树脂不能单独用于油墨连接料。在树脂型连接料中，要将分子质量比较高的树脂溶于植物油（植物油在其中作为潜溶剂存在，起助剂作用）中，成为高黏度相，油墨油作为低黏度相，两相混溶后形成油墨连接料。这样便形成了树脂/植物油-油墨油体系，这个体系要求有良好的两相混溶性及两相快速分离性。两相混溶性是保证油墨质量、印刷稳定性及储存稳定性的必要条件；两相快速分离性是保证油墨快固着的必要条件。因此，在高质量油墨连接料中，油墨油-树脂/植物油呈临界混溶状态。

2. 各组分在油墨连接料中的功能

植物油有两个作用：其一，起树脂与油墨油的连接作用，树脂与植物油混溶后才能与油墨油混溶；其二，纯树脂成膜脆硬，植物油的存在使膜层柔软，有韧性。在满足以上两个作用前提下，植物油用量越少越好，否则影响快固着。

树脂是油墨主要成膜物质，保证了油墨膜层的质量。树脂含量越多，膜层质量越好、固着越快，因此树脂在连接料中的含量越多越好。但这对树脂-油墨油的相容能力提出了更高的要求。为解决这个问题，通常采用两种树脂，其中一种树脂对油墨油的容纳能力良好，起到类似植物油的作用，从而使溶解性差的树脂得到充分混合。

油墨油是树脂的溶剂，它的渗透决定了油墨的固着。树脂在连接料中的含量取决于油墨油的用量，但油墨油含量过高又会影响固着。油墨油的沸点过低，会导致油墨机上不稳定，太高又可能影响固着及干燥。馏程不能过宽，否则油墨油组分差异太大会导致树脂释放不均，因此要求油墨油的沸点应在 270~310℃。另外，油墨油可以降低油墨黏稠度，从而调节油墨印刷性能。

3. 连接料液相结构

在连接料高黏度液相中，树脂与植物油的结合形式有两种：溶解型及分散型。

（1）溶解型树脂连接料。这类树脂油常用于制造亮光油墨，它是将低软化点树脂与植物油在 250~280℃下炼制，保温 30min 以上，使树脂熔化后溶于植物油与油墨油中。虽然树脂印在纸张上以后仍不会渗入纸内，但释放油墨油的速度较慢，固着速度也就变慢了。它的优点是结成的墨膜光亮，性能也比较稳定。下面是两个实例。

① 松香改性二酚基丙烷树脂油配方：

季戊四醇酯化松香改性二酚基丙烷树脂	36%
桐油	18.5%
亚麻油	10%
油墨油（270~290℃馏程）	35.5%

制造工艺方法是将树脂、全部亚麻油和 1/4 量的桐油装入锅内，升温溶化后开机搅拌，继续升温至 275~280℃，保温 30min，冲入余下的 3/4 量桐油，待温度下降到 210℃时冲入油墨油，搅匀出料，过滤装桶，黏度为 16~20Pa·s/20℃。

② 松香改性对-特丁酚高温树脂油配方：

松香改性对-特丁酚树脂	34.5%
漂梓油	13.5%
桐油	11%
长油醇酸树脂	7%
油墨油（馏程 270~290℃）	34%

制造工艺方法是将松香改性对-特丁酚树脂与漂梓油、桐油一起装锅，升温溶化后开动搅拌，继续升温至（270±2）℃，保温 30min，然后降温到 230℃，搅拌加入长油（梓油改性）间苯二甲酸醇酸树脂，再加入油墨油搅匀出料，过滤装桶，黏度控制在 3~4Pa·s/35℃。这类连接料由于树脂完全溶解于油墨油，树脂与溶剂得以良好混溶，光泽大，但固着速度低，制成的油墨墨性良好，墨丝长。

（2）分散型树脂连接料。分散型连接料中的树脂不完全与油墨油混溶，即这类树脂油中的高软化点树脂没有熔化，而是以较大颗粒的塑性团状体分散在植物油中，因此被称为分散型树脂连接料。这类连接料固着快，它印在铜版纸上后，只需 10~30s 就可以初步固着，常用以制造胶印和快固着油墨或热固着油墨，其缺点是亮光不如溶解型连接料，制成的油墨墨性及存放稳定性不如溶解型的好，容易乳化。

以松香改性对-特丁酚树脂（甘油酯化）油为例，其配方：

松香改性对-特丁酚树脂	42%
桐油	13%
梓油	13%
高沸点煤油（馏程 270~290℃）	32%

制造工艺方法是将树脂、桐油、梓油一起装入锅内，升温待树脂溶化，开动搅拌机并继续升温到 230℃，保温 15min，降温到 100℃左右冲入煤油（油墨油），搅匀出料，过滤装桶。分散型树脂油的黏度为 6~7Pa·s/35℃。

分散型和溶解型两种连接料性能对比见表 8-10。

表 8-10　　分散型和溶解型连接料性能对比

性能	类型		性能	类型	
	溶解型	分散型		溶解型	分散型
黏度	小	大	印刷传递性	较好	较差
黏性	较大	较小	油墨流动性	好	差
光泽	大	小	触变性	小	大
固着干燥	慢	快	墨性(墨丝)	长	短
耐摩擦	较好	较差	防蹭脏性	较差	较好

目前，也有用改性大豆油全部或部分替代油墨油制备的大豆油单张纸和热固型轮转胶印油墨，通过对大豆油的改性，可以实现油墨的低黏着性和快固着等要求，同时油墨的光泽度高，油墨乳化率容易控制，满足环保的要求。

三、溶剂型连接料

溶剂型连接料分为以有机溶剂为基质的连接料和以水为基质的连接料。

1. 有机溶剂为基质的连接料

有机溶剂为基质的连接料是指有机溶剂与树脂完全混溶成为透明溶液所形成的连接料。其溶解过程是：首先溶剂分子渗透到树脂分子之中，由于溶剂对树脂分子的吸引力大于树脂分子本身的，而引起树脂膨胀，直至分子间完全脱离；树脂分子随溶剂分子进行扩散运动，而成为均匀的液状体。有机溶剂的存在使之形成的油墨呈现挥发干燥的特性，干燥的快慢很大程度受溶剂性能影响。溶剂与树脂的相容程度决定了油墨的印刷性能、印刷稳定性及储存稳定性。

有机溶剂型连接料主要用于薄膜类承印材料印刷的凹版油墨和柔性版油墨的制造。尤其是印制塑料薄膜类承印物时，必须选用能牢固附着于塑料表面并能很快挥发干燥的溶剂型油墨，承印材料的品种不同，所选用的树脂和挥发性溶剂也不一样。例如，在表面处理过的聚乙烯或聚丙烯薄膜上印刷，常使用聚酰胺树脂与硝酸纤维素，溶剂则采用混合溶剂，配方：

聚酰胺树脂	20%
硝酸纤维素（L型0.5s或0.25s）	3%
异丙醇	46%
甲苯	13%
乙酸乙酯	15%
聚乙烯蜡	2%

这一类连接料黏着性好，溶剂释放快，又不溶胀天然橡胶，再加入14%左右的有机颜料，即制成塑料薄膜使用的电子雕刻凹版油墨。还有一类属于醇溶性连接料，主要用于在具有吸收性的表面上印刷的柔性版油墨，树脂常选用改性苹果酸树脂和乙基纤维素，溶剂则以乙醇为主，配方：

改性苹果酸树脂	15%
乙基纤维素	5%
乙醇	50%
乙酸异丙酯	5%
烷烃溶剂	3%
聚乙烯蜡	5%

一般在常温下搅拌即可溶解，如再加入17%的有机颜料，就成为鲜艳透明的柔性版印墨，可以用于纸基承印材料的印刷，如印在纸张上再涂蜡可制成面包纸，但为了减少VOCs排放对环境和人体的损害，目前用于纸基承印材料的柔性版或凹版油墨更多地采用水基连接料。

2. 水为基质的连接料

水为基质的连接料是指以水作为基质，树脂以溶解、胶体或乳液三种状态存在所形成的连接料，也称水基连接料。由于其制成的油墨安全、无毒，以及其他特殊的优点，在很多应用中，使用水基连接料替代溶剂型连接料已成为发展趋势。树脂溶于水的条件为：树脂本身具有大量羧基（通常要求酸值大于90），加碱中和后成盐，或直接在合成时得到液体水溶性树脂。通常采用的树脂有顺丁烯二酸酐松香、碱溶性丙烯酸及其共聚物、苯乙烯顺丁烯二酸酐、水溶性聚酰胺、水溶性聚氨酯等树脂。

连接料中使用的碱对油墨性质影响很大，通常大量使用的是氨水及各种有机胺类，或是它们的混合形式。氨水挥发比较快，可较快地得到耐水的膜层，但有可能导致油墨在印刷机上不稳定；胺类可以保证油墨的机上稳定性，但由于挥发慢，长期留在墨膜内，使得成膜后抗水性差。

有些水基连接料是以水/溶剂为混合溶剂的，但溶剂含量很低，溶剂通常是极性或水溶性的，对聚合物有溶解能力，具有适宜的沸点。溶剂对调节连接料的黏度、干燥性、稳定性、分散能力、流动性等性能有很大的帮助作用。例如，用聚丙烯酸乳液配制的连接料属于乳液型乳胶，常用的是碱性可溶性树脂，它利用聚丙烯酸含有羧基的特性，与氨水或有机胺反应生成氨盐或胺盐，形成易溶于水的化合物。反应式见图 8-28。

$$\left[CH_2-\underset{|}{\overset{COOH}{CH}}\right]_n + NH_3 \cdot H_2O \longrightarrow \left[CH_2-\underset{|}{\overset{COO^-}{CH}}\right]_n + NH_4^+$$

图 8-28 聚丙烯酸与氨水反应生成氨盐

该连接料油墨印刷到纸面上以后，铵盐分解蒸发，树脂变为不溶于水并结成耐水的墨膜。

这种丙烯酸系列水性分散连接料或乳液型乳胶的配方：

苯乙烯丙烯酸乳液（固含量40%）	30%
高酸值苯乙烯丙烯酸树脂	5%
异丙醇	10%
水	35.5%
28%氨水	1.0%
醇醚（水性助溶剂）	1.0%
聚乙烯蜡	2.0%
消泡剂	0.5%

搅拌溶解后加入15%左右的颜料和填充料就是常用的柔性版水型印墨。

四、反应型连接料

紫外线干燥油墨（UV 固化）、高能量电子束干燥油墨（EB）、红外线干燥油墨（IR）等的连接料均属于反应型。这类连接料以低分子状态存在，它们具有高度不饱和性，当它们受外界能量（光、热、电子束等）激发后，发生光交联、光聚合直至固化，呈高分子状态，且固化彻底、速度快。高能电子束作用需 1/2000s；紫外线干燥需 1/100~1s，红外线干燥需 1~5s。

红外固化是以热量引发连接料中分子进行交联、聚合反应；电子束和紫外线固化是经游离基引发而发生链增长而聚合。

反应型连接料以多官能团预聚物为基质，以可以发生反应的单体作为稀释剂，这些单体预聚物经激发后发生化学反应成为固体高分子物质。紫外线固化类连接料组成中还有光引发剂，光引发剂致使预聚物发生化学反应。此外，还有调节油墨流动性、改善油墨膜层质量的助剂组分。

现以光引发剂（光敏剂）二苯甲酮在紫外光照射下产生的反应为例，说明此类连接料的固化过程。反应式见图 8-29。

游离基十分活泼，它能向含有不饱和双键的光固化树脂（如丙烯酸环氧树脂）转移活性中心，并发生连锁反应。反应式见图 8-30。

这样继续下去，分子链不断延长，黏度增加，分子质量迅速增大，最后聚合成有光泽

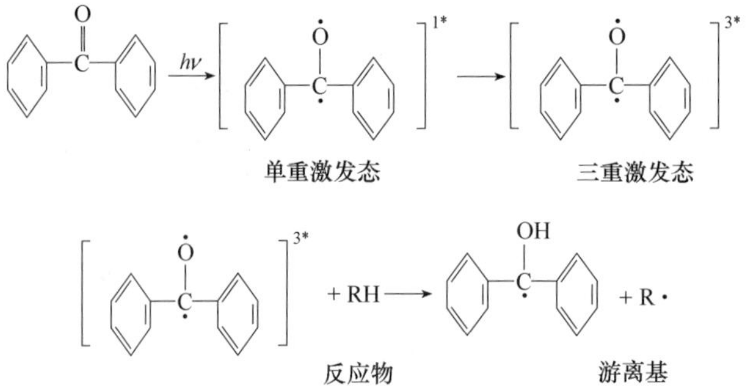

图 8-29 二苯甲酮的光引发反应

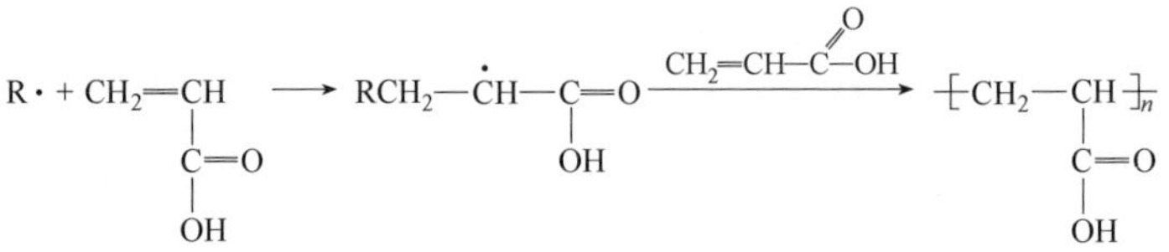

图 8-30 游离基与预聚物发生连锁反应并聚合

的固体薄膜。

可选择的光敏树脂有环氧丙烯酸酯、丙烯酸氨基甲酸酯、聚酯丙烯酸酯及丙烯酸酯化油；可选择的活性单体可以是单官能团（如丙烯酸酯），也可以是双官能团或三官能团（如双酚 A 二丙烯酸酯）；光引发剂则有二苯甲酮、米蚩酮（4,4′-二甲胺二苯甲酮）、安息香乙醚等。

光固化型连接料的特点是不含有机溶剂，丙烯酸酯单体本身就是液体。在 300～400nm 紫外线照射下，能在瞬间固化结膜，膜层耐摩擦，有光泽，有很好的耐溶剂和酸、碱性能。特别是不需要喷粉防止粘脏，省去了烘干过程。所以在包装领域印刷金银卡纸、塑料、金属和印刷品上光领域，受到了重视和欢迎，并已推广到胶印、柔性版印刷和丝网印刷中。还有将紫外线干燥油墨作为喷墨印刷油墨或用于直接制版印刷，发展前景广阔。

第七节 辅 助 剂

辅助剂是一种在油墨的制造以及印刷过程中使用的为改善油墨本身性能而附加的材料。辅助剂的种类很多，几乎每一种油墨都有其配套使用的辅助剂。辅助剂加入量很少，却能对油墨的性能产生显著影响。下面对一些使用较广泛的辅助剂进行介绍。

一、干燥性调整剂

1. 干燥促进剂

干燥促进剂俗称燥油，是一种催干剂。一切依靠氧化结膜干燥的连接料都需要加入催干剂。催干剂主要是钴、锰、铅等金属的有机酸皂类，它们的催干机理至今尚未完全弄清，一般认为有以下两方面的作用。

（1）缩短诱导期。干性油中含有的磷脂类物质，很容易先被氧化而阻碍干性油的氧化聚合，所以常称为天然抗氧剂。虽然经过精制，尚有少量残留。这些残留的杂质对干性油氧化聚合的延缓作用时间，称为干性油的诱导期。如果加入催干剂，则催干剂中的金属被还原为低价，而将磷脂类物质氧化，或结合成沉淀析出，从而缩短了干性油的诱导期。

（2）促进游离基生成。在氢过氧化物生成阶段，由于氢过氧化物很不稳定，会在钴的催化作用下迅速分解，生成游离基，而钴离子本身未变化仍能继续起催化作用，形成的活泼游离基则继续发生聚合反应。反应式见图 8-31。

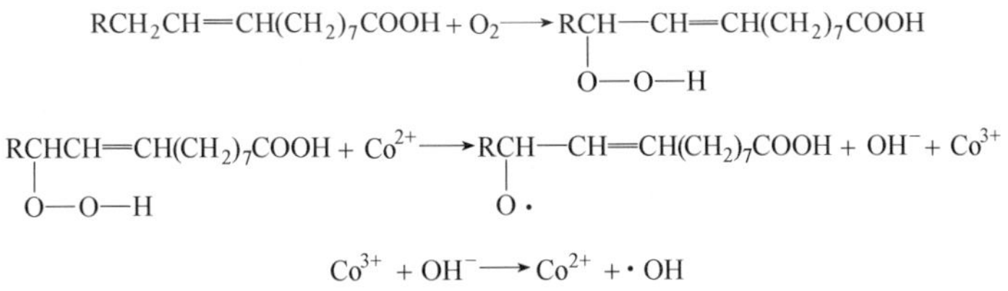

$$RCH_2CH=CH(CH_2)_7COOH + O_2 \longrightarrow RCH-CH=CH(CH_2)_7COOH$$
$$\qquad\qquad\qquad\qquad\qquad\qquad\qquad\qquad |$$
$$\qquad\qquad\qquad\qquad\qquad\qquad\qquad\ O-O-H$$

$$RCHCH=CH(CH_2)_7COOH + Co^{2+} \longrightarrow RCH-CH=CH(CH_2)_7COOH + OH^- + Co^{3+}$$
$$|\qquad\qquad\qquad\qquad\qquad\qquad\qquad\qquad\qquad |$$
$$O-O-H\qquad\qquad\qquad\qquad\qquad\qquad\qquad\ CH\cdot$$

$$Co^{3+} + OH^- \longrightarrow Co^{2+} + \cdot OH$$

图 8-31 催干剂促进干性油氧化后生成游离基

常用的干燥剂有膏状的白燥油和液状的红燥油（钴燥油）。白燥油是混合干燥剂，由铅、锰、钴的皂类制成，其特点是能使油墨从内到外均匀干燥，白燥油应在开印前将它调入印刷油墨，否则会由于加入时间过长而结膜或胶化。白燥油与印刷油墨的比例最多不能超过 15%~20%。钴燥油是一种表面催干剂，催干作用很强，先从印刷油墨表面开始结膜，用量过多，很容易在印刷机墨辊上结皮，一般按表 8-11 的比例在印刷前加入油墨中。

表 8-11　　　　　　　　　　　　　　燥油用量

油墨色别	白燥油用量/%	红燥油用量/%
黑色油墨	5~10	2~5
品红色油墨	5	2~5
青色油墨	3~4	1~3
黄色油墨	3~4	1~3

2. 防干剂

防干剂也称反干燥剂、抗氧剂。若油墨配方中采用了一些催干性很强的颜料（铁蓝、铬黄等），在轧墨时会有结膜现象，使油墨难以轧细。在存放时由于油墨表面与空气接触发生了氧化而结皮，在印刷机上也会发生结皮干固的倾向。所以在油墨中可以适当加入防干剂，以延缓干性油的氧化聚合。

防干剂都是强还原剂，如对苯二酚，邻苯二酚，β-萘酚等，它们能优先被氧化，从而延缓了干性油的氧化。这些防干剂常用作高分子聚合反应中的阻聚剂，由于它们易与游离基反应生成稳定的化合物，从而阻止了游离基的链增长。

防干剂的加入量以油墨的 1% 为准，加入过多，使油墨干燥过慢，反而会影响印刷的进行。

二、流动性调整剂

流动性调整剂是用来调整油墨流动特性的助剂，包括调整油墨的黏着性（tack 值）

和黏滞性（黏度）。常用于油墨流动性的调整剂有撤黏剂、稀释剂和增稠剂三大类。

1. 撤黏剂

撤黏剂是一种膏状物质，主要组成有铝盐、亚麻油、低黏度醇酸树脂、石蜡油。撤黏剂稠而疏松柔软，没有黏着性。撤黏剂的作用是降低油墨的黏着性，且几乎不改变其流动度。在印刷过程中，如果纸张的表面强度低、耐水性差及油墨黏着性过大等原因使纸张产生拉毛，而导致糊版、堆版等故障，可适当使用撤黏剂，用量一般为油墨量的3%~5%。

2. 稀释剂

胶印油墨的稀释剂有两类：6号调墨油和沸点为250~300℃的煤油。稀释剂的作用是在降低油墨黏着性的同时提高流动度。使用时应特别注意，6号调墨油改善了油墨的墨性，同时提高油墨膜层的光泽，但影响固着速度。煤油可以提高固着速度，但损失油墨膜层光泽。

溶剂型凹版油墨的稀释剂就是有机溶剂，如乙醇、乙酸丁酯、二甲苯、甲苯等；水基油墨可用水、乙醇、异丙醇作稀释剂。

3. 增稠剂

增稠剂也称成胶剂，其作用是使连接料的黏度增大，使之具有胶化结构和适当的触变性，防止颜料沉降，但却不增加油墨的黏着性。

印刷油墨中常用的增稠剂有季铵盐处理过的膨润土（$H_2Al_2Si_4O_{12} \cdot nH_2O$）、烟雾硅（$SiO_2$，由于最小颗粒只有15μm故得名）和温石棉 $[Mg_6(Si_4O_{10}) \cdot (OH)_4]$。加入1%就有增稠效果，并能改变油墨的流变性。

在平印油墨使用的树脂型连接料中，一般含有较多的胶质油，它是由十八酸铝（或硬脂酸铝）与亚麻油、桐油、树脂配制而成的成胶剂。

胶质油在平版油墨中的作用就是改善它的"身骨"，使它具有一定的胶化结构和触变性，使油墨网点凸立，网点扩大值小，而且使树脂和颜料留在纸张表面，油墨油等低分子质量、低黏着性的成分浸入纸内，有助于印刷油墨的固着与干燥，使墨膜光亮、平滑。

由于油墨是按照一定的工艺（温度、时间、各组分加入的顺序）科学配制成的，各组分间存在着平衡，外来组分的加入势必打破原有的平衡，使油墨品质下降。加入量过多，将导致油墨品质明显降低。例如，撤黏剂的加入量若大于5%，将使油墨内聚能降低，影响墨层和网点的光洁度、平整度，同时使印刷密度降低。因此，使用流动性调整剂要特别注意这些连锁反应。

三、色调调整剂

1. 冲淡剂

冲淡剂的使用目的是冲淡印刷油墨的颜色但不改变色相，同时保持其黏着性。

油型连接料使用的冲淡剂是白油或透明油，具体配方和制造工艺：

4号调墨油	16%
地蜡油（15%地蜡与85%4号油组成）	38%
氢氧化铝 $[Al(OH)_3]$	29%
硫酸钡（$BaSO_4$）	15%
钛白粉（TiO_2）	2%

将以上组分混合后在轧墨机上分散,成为透明浆状体即可,其印刷性能好,十分透明,但有延缓干燥的副作用。

树脂型连接料需要冲淡时,最好使用树脂型冲淡剂,可以使用下列配方:

松香改性二酚基丙烷树脂	34%
亚麻油	30.9%
桐油	15%
油墨油	11%
硬脂酸铝	5%
蜂蜡	4%
萘酸钴	0.1%

先将桐油、亚麻油的一半和硬脂酸铝装入锅内,搅拌升温到 50~60℃,加入蜂蜡升温到 210℃,停止搅拌加入树脂继续升温,到树脂完全溶解,搅拌升温到 260~265℃,立即冲入另一半亚麻仁油,待温度下降到 220℃ 以下加入油墨油,充分搅拌直至温度降到 100℃ 以下再加入萘酸钴,搅拌均匀,即为成品。

2. 提色剂

提色剂是调整油墨色相的助剂,如为了提高黑墨的黑度,可加入铁蓝或射光蓝等颜料以调整炭黑的偏棕黄色相。

四、蜡

1. 蜡的作用

蜡是油墨常用助剂,主要是改变油墨的流变性,并改善油墨的抗水性和印刷性能。各种油墨都可以采用蜡质材料来调节黏性,使油墨疏松,墨性短;增加固着能力,使印品网点完整,减少蹭脏、结块。细蜡质颗粒可以直接调入油墨中,较粗颗粒的蜡要经加工制成助剂后调入油墨中。

蜡的耐摩擦性主要取决于它的颗粒大小和硬度(熔点)。蜡粒的尺寸应小到满足生产时无不良效果和印刷时不出问题,而印到承印物上后能浮在墨膜上以增加耐摩擦性为度。因为这样能使印刷品在压力作用下摩擦生热时,油墨膜层上的蜡颗粒就会滚动而提高其耐摩擦性。蜡用量过多时会产生一些副作用,如影响油墨流动性、转移性、光泽等。

2. 蜡的分类

蜡的成分包括高级饱和脂肪酸的混合物或高级醇及其酯化产物。蜡一般以来源进行分类,如图 8-32 所示。

蜡 { 动物蜡:虫蜡、蜂蜡
　　植物蜡:卡诺巴蜡等
　　矿物蜡:石蜡等
　　合成蜡:聚乙烯蜡、聚四氟乙烯蜡等 }

图 8-32 蜡的分类

虫蜡、蜂蜡常用于油墨连接料中,可改善油墨适印性能,并可克服油墨玻璃化作用。卡诺巴蜡可以与多种蜡相混,可溶于矿物油中,对颜料有良好的润湿性,固着比较快,若用于油墨中,会使油墨有很好的平滑性而无损光泽,广泛用于亮光油墨、上光油中。石蜡是无色或白色,有晶状结构的物质;微晶石蜡是石蜡的提纯物,晶形比石蜡小,它与油及溶剂的拼混性良好,常用于各类油墨中。聚乙烯蜡、聚四氟乙烯蜡也大量地用在各种油墨中,可以有效地防止蹭脏。若在聚乙烯蜡的分子中引入极性基因,还可用于水性油墨。

五、其他辅助剂

1. 分散剂

油墨中的分散剂一般是表面活性剂，其作用是将颜料很好地分散在各种类型的连接料中，用量虽少，但效果显著。在油型连接料中，油酸本身就是一种表面活性剂；在水型连接料中，则使用烷基或芳基磺酸钠等阴离子表面活性剂，它们可以帮助颜料充分地分散在连接料中，防止颜料颗粒凝聚和沉降。随后的第九章将继续介绍表面活性剂的润湿与分散作用。

2. 消泡剂和防针孔剂

电子凹版油墨和柔性版油墨都比较稀，而且因为含有皂类更容易起泡，当用泵输送或搅拌时，有空气混入时会出现大量气泡，水性墨更为严重。蓖麻油是一种常用的天然消泡剂，水性凹印墨则使用醇类（如聚烷基乙二醇）、磷酸酯类和硅酮油。二甲基硅酮油（二甲基聚硅氧烷）的表面张力只有 20mN/m，醇型连接料则以 2-乙基己醇消泡剂较好。一般消泡剂应当在制造油墨时加入，使之均匀分散。

印刷在塑料薄膜或防水玻璃纸上的墨膜，经常可以看到极小的凹陷口，称为针孔，这是挥发型油墨常见的故障。在制造凹版与柔性版油墨时，适当加入多羟基树脂或硅酮油，对克服针孔是有帮助的。二甲基聚硅氧烷的分子结构式见图 8-33。

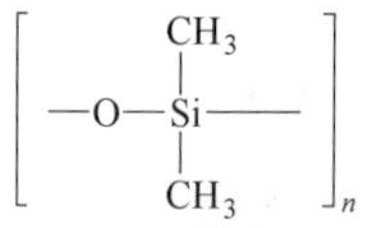

$$\left[-O-\underset{\underset{CH_3}{|}}{\overset{\overset{CH_3}{|}}{Si}}- \right]_n$$

图 8-33 二甲基聚硅氧烷分子结构式

3. 反胶化剂

印刷油墨如储存时间过长或者颜料酸值过高，与连接料中的游离脂肪酸反应成皂，或连接料本身聚合度过高都会出现胶化现象。加入 5% 的萘酸金属盐可以解胶，使印刷油墨恢复流变性能。但解胶后必须立即使用，否则有可能重新胶化。

辅助剂中还有水型连接料使用的防霉剂；含聚氧乙烯树脂的连接料中加入钡皂，可以起稳定作用；香草胺是可以使某些连接料脱去臭味的除臭剂。辅助剂很多，不一一列举。

思 考 题

1. 油墨的组成及各组分的作用分别是什么？
2. 分析有机颜料和无机颜料在各项理化性质上的特点。
3. 有机颜料的结构特点是什么？如何分类？常用的有机颜料中，哪些属于颜料型染料？哪些属于色原和色淀型颜料？
4. 颜料的分散度、着色力和遮盖力的定义分别是什么？它们之间有何联系？如何提高颜料的着色力？
5. 填充料的作用是什么？有哪些种类？
6. 连接料的作用是什么？其主要成分有哪些？
7. 解释酸值、碘值和软化点的定义，并分析其大小对油墨性能的影响。
8. 植物油的化学组成是什么？它有怎样的分类？矿物油的主要组分又是什么？油墨中常用的矿物油有哪些？各有什么性能和用途？

9. 油墨对有机溶剂的基本要求是什么？常用的有机溶剂有哪些？
10. 常用的连接料有哪几种？各自的主要组分是什么？并阐述各组分的作用。各种连接料分别与何种类型的油墨相对应？
11. 辅助剂的种类有哪些？各有何作用？

第九章　油墨的结构与制造

第一节　概　　述

一、决定油墨品质的因素

决定油墨品质的因素有两个。

1. 原材料的选择

原材料是油墨的基本构成单元。原材料的选取、配合（油墨配方）及原材料质量，是决定油墨品质的根本原因。

2. 原材料的结合

原材料的结合即指油墨的结构。对于具有适印性的油墨，特别是高品质的油墨，绝不是由油墨原材料简单混合或堆集的物质，而是由其构成物按照某种规则组合的有序系统。在这个有序的系统里，最佳的油量配方构成的油墨其各组分的优势得以发挥并且被放大。否则，各组分的优势将被埋没，油墨品质无法保证。

由此可见，获得良好结构的基本手段是油墨的制造工艺。制取高质量油墨必须保证两点，最佳的原材料配置及最佳的油墨结构。前者通过选择配方得以实现，后者通过控制生产工艺得以实现。

二、油墨的结构

油墨是一个多相分散体系。在该体系中，颜料颗粒（固相）分散于连接料（液相）中是其基本结构。另外，液相有时是一种介质材料分散于另一种介质材料中，构成一个新的分散体；颜料粒子间也存在着相互作用。因此，在油墨系统中存在着下述几种关系及相应的平衡：

① 介质材料间的相互作用，即液-液关系。
② 颜料颗粒间的相互作用，即固-固关系。
③ 介质材料与颜料颗粒间的相互作用，即固-液关系。

其中液-液关系决定了油墨连接料的品质，进而决定了油墨的品质和品种；固-固关系、固-液关系则决定了油墨分散体系的稳定性，进而对油墨的品质产生重要影响。

第二节　油墨的固-液结构及稳定性

在油墨体系中，颜料颗粒分散于连接料中，成为悬浮体。颜料分散的程度及与连接料结合的状态将对油墨的色彩性能、流变性能及储存稳定性产生很大影响。

一、颜料的表面特性

油墨中使用的颜料颗粒是分子的聚集体,众多的颜料颗粒形成了宏观上可见的粉末状颜料。由于颗粒细小,组成的体系具有极高的比表面。这样的体系存在着相当可观的表面自由能。从热力学角度来看,系统是不稳定的,颗粒具有彼此聚集的趋势。此外,系统中存在的杂质有使颗粒相互黏结的作用,从而使颗粒以聚集体的形式出现。颜料的原生颗粒通常称为"一次颗粒",一次颗粒的聚集体称为"二次颗粒"。颜料在油墨中以二次颗粒的状态出现。

与液体相近,处于固体表面的分子与固体内部的分子受力状态不同,这种力的不对称性使固体表面产生不饱和剩余力,这个力使固体表面处于高能态,表现为固体表面的吸引力,称之为颗粒表面力。除此之外,还存在着固体表面分子与介质间的范德华力和氢键力,这两种力的大小主要与颗粒表面极性相关,表面极性越大,表面力越强。

二、颜料与连接料的结合

颜料的浸湿过程,即颜料颗粒浸入连接料液体的过程,气-固界面被固-液界面所取代,这个过程将伴随着能量的变化,而变化的幅度与固-液的亲和性有关,即浸湿过程的自由能变化为:

$$-\Delta G = \gamma_{GS} - \gamma_{SL} = W_i \tag{9-1}$$

W_i 称为浸湿功,它反映液体在固体表面上取代气体的能力。

从式(9-1)可以看出,具有高能表面(γ_{GS} 大)的固体颗粒显然有利于在介质中的分散。一般地,高能表面与液体接触后,体系表面能将有较大的降低,应被液体所润湿。在已定的分散系统中,要想改善分散状态,唯一的手段是降低固-液界面的界面能 γ_{SL}。

值得指出的是,实际浸润过程比理论分析要复杂。这是由于裸露在大气中的颜料表面都存在着一层水膜,它能顽强地阻碍和延缓颜料在连接料中的浸湿。对于极性较强的颜料,水分含量是影响颜料分散特性的主要因素。表9-1和表9-2是一些颜料的含水量。

表9-1　　几种颜料的含水量

颜料名称	含水量/%	颜料名称	含水量/%
二氧化钛(锐钛型)	0.1~0.3	铬黄(中黄)	0.5
二氧化钛(含0.1%Al_2O_3)	0.4	群青	1.4
二氧化钛-硫酸钡(复合颜料)	0.2	铁蓝	4.0
铬黄(浅黄)	0.8	汉沙黄	0.1

表9-2　　炭黑的含水量

油墨的品种	在不同的相对湿度下含水量/%					
	12%~15%	36%	58%	74%	80%	95%
新闻油墨	1.0	1.0	2.0	3.0	3.0	9.0
涂料纸油墨	3.5	7.0	7.0	8.0	8.0	12.0

三、分散体系的稳定性

分散体系中，固-液两相的亲和性是由系统的能量状态决定的。界面的能量高，系统处于不稳定状态，固-液两相亲和不良，具有固液分离产生沉聚的趋势，以降低系统的能量。因此，连接料和颜料的亲和与否取决于它们的界面能 γ_{SL}。一般说来，亲水性颜料具有较强的表面极性力，亲油性的颜料表面极性力很弱。亲水性连接料具有较强的分子极性，亲油性连接料的分子极性很弱甚至无极性。因此，不同颜料与不同连接料之间相互作用不同，亲和状态也不同。

（1）亲水性颜料与亲水性连接料之间具有很强的极性力而相互作用。这种作用的结果使连接料的分子取向排列从而紧密地与颜料相结合，附着在颜料表面。这种排列将使颜料颗粒表面张力降至很低水准，界面能量大幅度降低，系统处于低能状态，颜料、连接料处于亲和状态，油墨稳定。

（2）亲油性颜料与亲油性连接料共同具有较低的表面性，极性力很弱。当它们相互作用形成界面后，虽没有大幅度能量降低，但由于固液双方都无过剩的表面极性力存在，因此它们的界面处于较低的能量状态，连接料与颜料处于亲和状态，油墨稳定。

（3）亲油性颜料与亲水性连接料或亲水性颜料与亲油性连接料形成界面，因不会释放足够能量，在界面处连接料或颜料将存在较大的过剩极性力，使界面处于较高的能量状态，表现为颜料与连接料不亲和，油墨不稳定。在这种情形下，可用表面活性剂来改变固-液的润湿性质，提高油墨中颜料和连接料的亲和性。

四、表面活性剂的润湿作用

从分子结构看，表面活性剂有两种基团：一种是易于在油中溶解，在水中难溶的亲油憎水基团（非极性基），是以长链烃基为代表的原子团；另一种是易在水中溶解、在油中难溶的亲水憎油基团（极性基），是以羟基、羧基、磺酸酯、醚基等为代表的原子团。根据其是否离解和离解后所形成的活性部分是阴离子或阳离子，可将表面活性剂分为阴离子表面活性剂、阳离子表面活性剂、两性离子表面活性剂和非离子表面活性剂，如图9-1所示。

表面活性剂对于提高油墨颜料和连接料的亲和性，具有两个方面的作用。

1. 表面活性剂在颗粒表面的吸附

例如，油型连接料中油酸作为表面活性剂对颜料粒子的定位吸附。油酸分子为：$CH_3(CH_2)_7CH=CH-(CH_2)_7COOH$，其一端是很长的非极性烃链，另一端则是极性基—羧基，如图9-2所示。当它们遇到连接料中的颜料颗粒时，油酸分子会以极性基吸附于颜料颗粒表面，形成定向排列的吸附层，而包围在颜料颗粒周围的非极性烃链，与油型连接料中的分子结合，形成相当厚的保护外壳，能大大降低界面自由能，防止印刷油墨这种悬浮体系因分散相的聚集沉降而出现沉淀析出情况，如图9-3所示。

在水型连接料中可加入离子型表面活性剂。这种可离子化的表面活性剂以正或负离子的形式吸附在颜料表面上，其相对应的电荷扩散于介质中，就会发生电荷排斥。这些带电粒子的扩散层包围着颜料颗粒，并排斥着周围的带同样电荷的颜料，形成了颜料颗粒外围的双电层，防止了颗粒的接近，降低了絮凝的倾向，如图9-4所示。

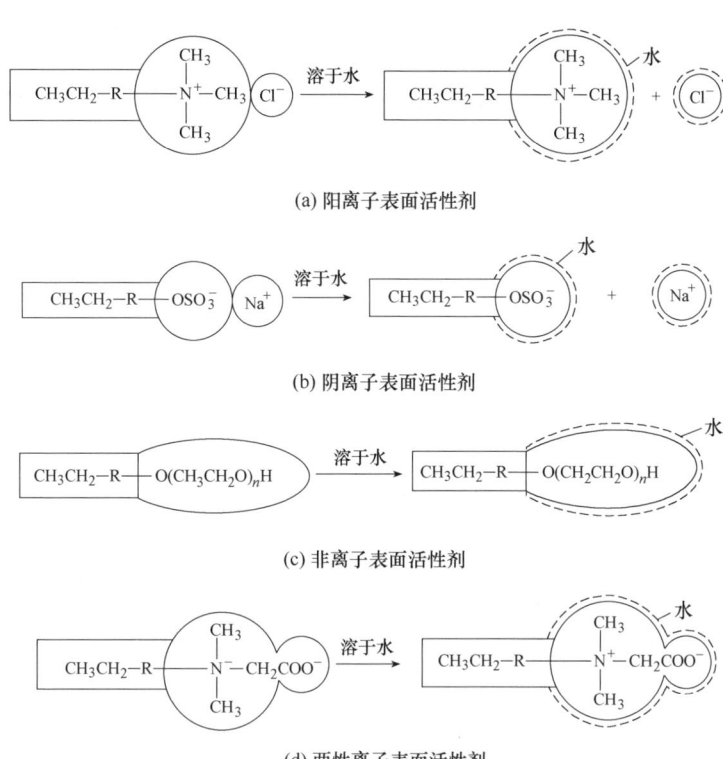

图 9-1 表面活性剂的种类

$$CH_3-(CH_2)_7-CH=CH-(CH_2)_7-C\overset{O}{\underset{OH}{\diagdown}}$$ 或以 ⊸ 表示

图 9-2 表面活性剂（油酸）的分子形状

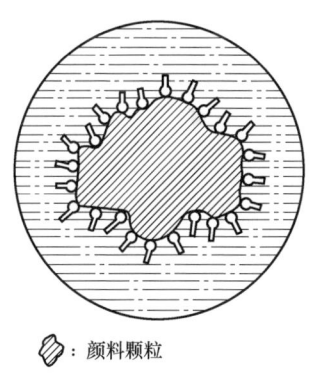
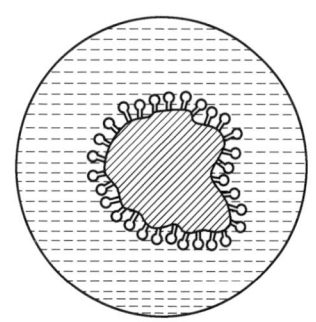

◇：颜料颗粒

图 9-3 油型连接料中的定位吸附现象　　图 9-4 水型连接料中的定位吸附现象

有机溶剂型油墨加入非离子表面活性剂后，颜料颗粒表面吸附了表面活性剂并形成定向缓冲层。例如，当极性颜料分散在非极性的连接料中时，表面活性剂的极性部分就作为一个单分子层吸附在颜料表面上，而非极性部分则向外伸入连接料中，这样就可以防止颜

145

料颗粒之间的接触,这个过程就是界面张力降低的过程。

2. 提高连接料的润湿能力

亲水性连接料不能与亲油性颜料亲和,这是由于连接料分子极性高,其表面张力比颗粒临界表面张力高。为改善体系的亲和性,在连接料中加入表面活性剂,降低其表面张力,使它小于固体的临界表面张力,同时也降低了系统的界面能。

第三节 油墨的制造工艺

印刷油墨的制造工艺,通常可以分为连接料制备、颜料分散和调整包装三大工序。由于印刷油墨根据黏度的高低分为黏度较高的浆状油墨和黏度很低的液状油墨,因此,所采用的工艺和设备都不相同。

关于连接料的制备,在第八章第六节中已有介绍,这里不再赘述。

一、浆状油墨的制备

1. 浆状印刷油墨的分散工艺

常见的胶印油墨、钞券印刷的雕刻凹版油墨、丝网油墨和印铁油墨都属于浆状油墨,它们由色料（包括颜料、染料）、填充料和连接料、溶剂、辅助剂制成。在制造过程中,需要将色料、填充料等固体成分尽可能均匀地分散在液体的连接料和溶剂之中,完成湿润、粉碎和分散三项加工。使用的设备并不复杂,主要有各种搅拌机、三辊轧墨机（研磨机）、捏合机和装桶机等,图 9-5 是浆状油墨的制造工艺流程。

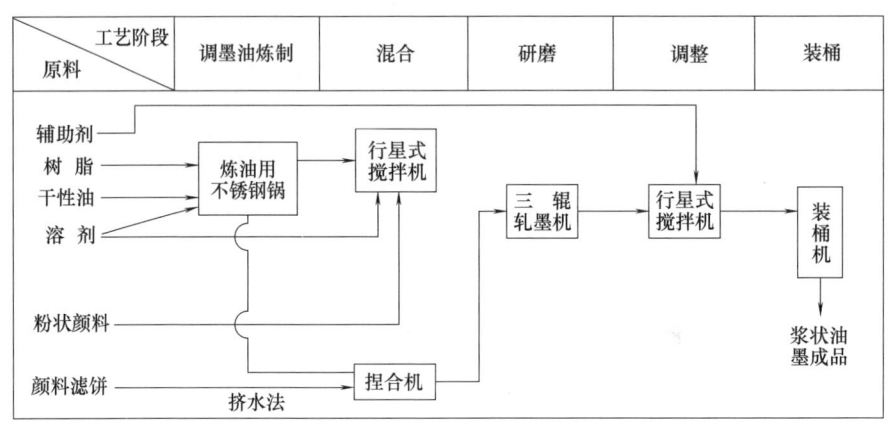

图 9-5　浆状油墨制造工艺流程

2. 搅拌设备

浆状油墨在炼制好调墨油之后,首先要将颜料和填充料、连接料放入搅拌机中完成湿润与初步分散加工。搅拌机又名调墨机、搅和机,其结构如图 9-6 所示。依靠转动的搅棒将调墨桶中的固体与液体成分搅和在一起,完成湿润与初步分散加工。操作时,一般先将转速开到较慢的一档,以防止固体成分过度飞扬。过一段时间后,固体成分已被连接料初步湿润,这时可换成较快的速度,使墨料搅拌得更加均匀。在国外,除常用的行星式搅拌机外,还有效率更高的蝶形桨搅拌机与高速叶轮搅拌机。

3. 三辊轧墨机和分散作用机理

从搅拌机中取出的墨料仅是固体表面初步被连接料润湿，在分散度和颗粒细度等方面远没有达到要求，而这些进一步的加工是依靠制造油墨的主要设备——三辊轧墨机来完成的。一般的浆状印刷油墨要经过 3~5 次的反复碾轧，才能将大颗粒的颜料聚集体破碎成直径为 10~15μm 以下的小颗粒，并且用连接料和树脂替换掉颜料颗粒表面吸附的水分或空气，使颜料小颗粒均匀地分散在连接料中。轧墨机的工作原理如图 9-7 所示。

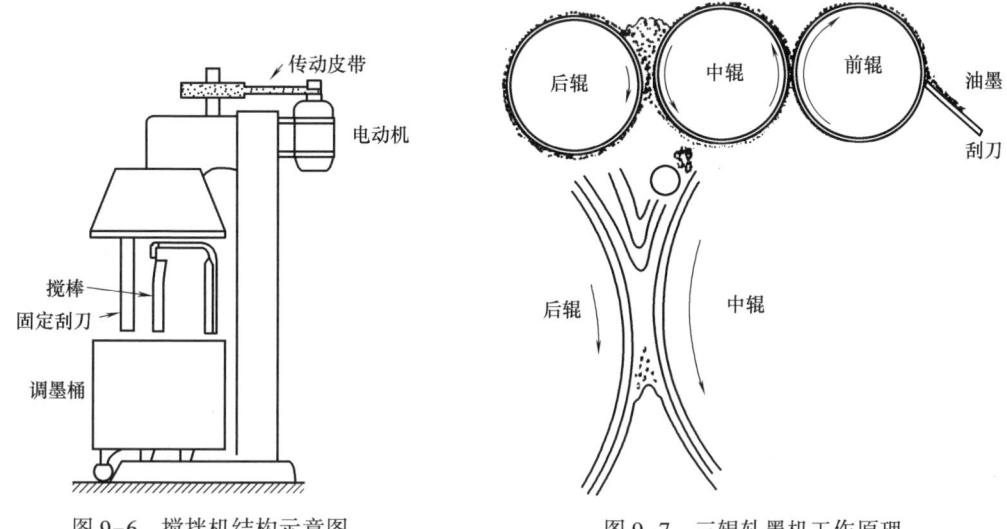

图 9-6　搅拌机结构示意图　　　　图 9-7　三辊轧墨机工作原理

三辊轧墨机的 3 个钢质辊是空心的，以便用冷却水带走轧墨生成的热量。辊表面经过淬火处理，以增加其硬度。3 个辊的转速不同，出墨处的前辊速度最快，后辊最慢，转速比一般为 1∶3∶9（也有 1∶4∶11 的），最快的前辊转速在 400r/min 左右。3 个辊一般是水平排列，但比较新式的改为斜列，前辊位置略高，便于人工操作。轧墨机辊间的距离可以调节。

在进行轧墨操作时，可将从调墨桶中已初步润湿的墨料放在后辊与中辊之间左右两块挡板内，由于两个辊速度不同，墨料被带入夹缝中间，较粗的颗粒通不过狭窄的夹缝，从中间回到墨料顶部，流向两边，再次进入夹缝区域。这种周而复始的循环产生了较强的混合与剪切作用，最强烈的剪切发生在通过夹缝时，较细的墨料流向中间辊与前辊之间的夹缝，在那里受到更大的剪切力，一部分较细的墨移到前辊，被刮刀刮下流入刀簸箕里面。

一次轧墨不可能达到所要求的细度和分散度，所以一般的胶印墨要反复轧研 3~5 次才能达到 <15μm 的细度要求。对于酞菁蓝一类坚硬的颜料，有时需要轧 7 次以上。虽然颜料颗粒本身很细，但聚集体却相当粗，一般采取每一次（道）轧墨逐步缩小夹缝的方法来增加辊间的压力，保持下墨量正常。

4. 挤水法与捏合机

过去，颜料在混合前先要烘干粉碎，此过程会耗费大量能量，而且颜料到处飞扬。现在对于亲油性较好的有机颜料，常采取比较先进的挤水法，该方法是将未烘干的颜料滤饼（又称湿浆）与含油的连接料一起放入捏合机，该捏合机是与和面机相近的机械设备，但其外壳密闭，联结在真空泵上，可分批捏合挤水，水汽被抽出后冷凝除去。以固体含量20%的立索尔宝红颜料滤饼为例，1500kg中含颜料300kg，分批加入450kg连接料，最后含水量仅为1%左右，就可以送到三辊轧墨机上去了，剩余的水在轧墨时会蒸发掉。

挤水法（flushing process）不仅节省能源，改善工人的操作环境，而且制成的油墨透明度、细度与着色力都有所提高。对于亲油性不好的无机颜料，要加入少量表面活性剂才能加快挤水过程。大多数的胶印墨都可以采用挤水法加工，其中射光蓝浆是最早在我国取得成功的例子。

捏合机除了用于挤水法外，胶印墨中使用的胶质油也可以在捏合机中生产，但外面的夹层要通入热油，以提高捏合的温度。白色颜料和炭黑，如果采用捏合机代替行星式搅拌机，能够达到较好的分散效果，油墨厂将其称为干粉捏合。

5. 调整与装桶

在三辊轧墨机上轧研时，墨料不能过稀，否则将严重影响生产效率，有一些辅助剂（如催干剂等）也不可过早加入。所以在轧墨以后，还需要将部分溶剂、调墨油和催干剂等放入行星式搅拌机，与已轧细的墨料混合均匀，达到规定的黏度后放入装桶机内进行分装。新式的自动装桶机可保证质量精确。

二、液状油墨的制备

1. 液状印刷油墨的制造工艺

电子雕刻塑料凹版印刷油墨、柔性版油墨和轮转胶印油墨等都是液状油墨，黏度很小，因此制造时采用密闭的球磨机或砂磨机，不必在搅拌机中预先混合，直接将颜料、填充料、调墨油和溶剂一起投入球磨机或砂磨机即可，其工艺流程见图9-8。

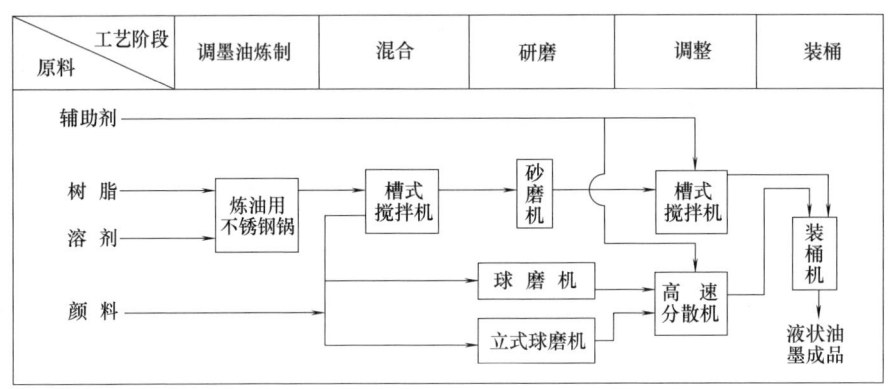

图9-8 液状印刷油墨的制造工艺流程示意图

由于设备简单，工艺流程较短，所以液体油墨制造费用比浆状油墨低廉，技术难度相对较低。

2. 卧式球磨机与立式球磨机

卧式球磨机出现较早，由一个水平放置的钢质筒与钢球或石球组成，由电动机带动每分钟旋转20~30转，如图9-9所示。球的直径为2.54~5.08cm，占桶内1/3~1/4空间，装入颜料和连接料、溶剂等也只能半满。旋转时磨球冲击颜料，产生剪切力和摩擦力，达到研磨与充分混合的目的。

卧式球磨机用于批量生产时，每一次装料和出料比较费事，但由于密闭在圆筒内的溶剂不会挥发，十分安全，操作简便，管理成本较低，所以至今仍在使用。立式球磨机原理相似，但转速较快，为100~600r/min，磨球较小，直径3~10mm，能连续出料，常用于生产轮转胶印油墨。

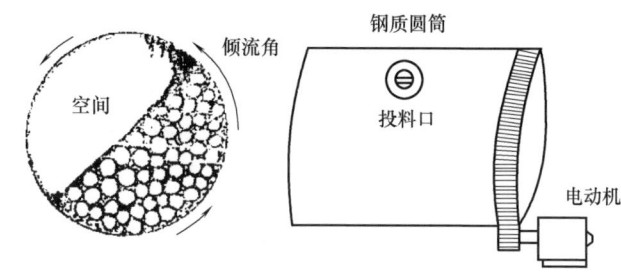

图9-9 卧式球磨机示意图

3. 砂磨机

砂磨机是一种能够连续生产的高效率研磨设备，其构造见图9-10，用于生产低黏度的电子雕刻凹版油墨和柔性版油墨。立式砂磨机由直立并带有夹套的圆桶和旋转的叶轮组成，早期使用0.6~3.0mm粒径的天然砂子作研磨介质，现在已改为玻璃球或氧化锆球，也有使用瓷球的，直径为1.5~2.0mm或2.0~2.2mm。砂磨机主轴转速150~300r/min，叶轮的圆周速度达480~900r/min，墨料在每一层叶轮间受到高速甩出的小球撞击和剪切，可以较快地分散并研细。挥发型油墨的出料温度允许在20~70℃，温度再高就要在外套筒中通水冷却。

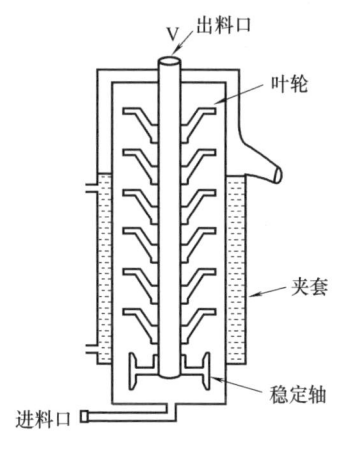

图9-10 立式砂磨机示意图

使用砂磨机和连续生产的立式球磨机时，颜料、填充料、连接料与溶剂应当在行星式搅拌机中预先湿润分散，再从下端泵入机内。立式球磨机的物流量为200~500kg/h，一台容量为500L的立式球磨机比一台三辊轧墨机的产量高3~4倍，砂磨机的产量更高，但只适合于生产黏度在1Pa·s以下的液体油墨。如需要生产黏度为10Pa·s左右的轮转胶印墨，除了采用三辊轧墨机分散后再稀释的工艺方法外，还有比较先进的转速为50~200r/min的搅拌机（一般行星式搅拌机转速在60r/min左右）和高速分散机（转速可达500~2000r/min），这些机械设备和立式球磨机一样，可以生产用量很大的卷筒纸轮转胶印油墨。

思 考 题

1. 颜料被润湿的条件是怎样的？颜料在连接料中的分散与什么因素有关？
2. 分析不同亲和性颜料和连接料之间的相互作用和亲和状态。
3. 表面活性剂的分子结构如何，它有哪些分类？什么是表面活性剂的定位吸附？
4. 表面活性剂为什么能提高油墨颜料与连接料的亲和性？
5. 三辊轧墨机的分散作用机理是什么？
6. 浆状油墨和液状油墨在制造工艺上有何不同？

第十章 油墨的流变特性

第一节 概　　述

　　油墨的流变特性是对油墨在印刷机上及承印物表面行为的一种全方位的、深入的描述，它揭示了油墨在印刷过程中的行为及其原因。

　　流变学是研究具有固-液双重形态物质力学行为的学科。油墨具有固体、液体两种特征，在印刷过程中，会出现种种变形及相应的流动和断裂行为。油墨流变学即是对油墨的变形流动、断裂过程进行研究，以期控制油墨的行为，预测油墨的印刷质量。

　　油墨在印刷过程中的流变特性与油墨的印刷适性密切相关。油墨的印刷适性可以分为运行适性和质量适性。运行适性是要求油墨具有适应印刷机的要求，使印刷得以顺利完成；而质量适性是关注如何使油墨获得最佳的印刷效果。

　　油墨在印刷过程中要经历从墨槽到墨斗、从墨斗到墨辊、从墨辊到印版（橡皮布）、从印版到承印物以及在承印物表面固着等一系列过程。在整个印刷过程中，油墨主要有两种行为：一是油墨在剪切应力作用下作黏性流动，这时油墨呈液体行为，即表现为黏滞性流动特征；二是在非常短暂的近乎冲击力的作用下，油墨产生拉伸变形及断裂，这时油墨的弹性效应不可忽视，表现为固体的弹性特征。油墨呈现的这种固-液双重行为，即黏弹性特征，对于油墨的稳定性、传递性、转移性和固着性等印刷适性有着重要作用。下面将对这些方面分别讨论。

第二节 油墨的黏滞性

　　流体的黏滞性是流体在流动中表现出来的内摩擦特性。用于量度流体黏滞性的物理量，称为流体的黏度。流体的黏度与很多因素有关，如流体的剪切应力和切变速度、流体的温度、作用力的作用时间，以及流体的组成、结构等。

　　为了使问题简化，在本节讨论油墨的黏滞变形时，暂且先不考虑其弹性效应，因为油墨的弹性效应在一定条件下处于相对次要地位。

一、油墨的黏度与黏滞流动

1. 黏度和屈服值

（1）油墨流动及黏度。在流动的液体中，如果流动的速度不是很快，则宏观上流体质点间不发生掺混，呈现层流状态。如果外力作用使得流体各层流速不同时，则在两层接触面流动速度不同的液层之间有作用力和反作用力存在，这种反作用力称为流体的内摩擦力，也称为流体流动的阻力，一般流体都具有这种性质，表现为流体的黏滞性，度量流体黏滞性的物理量称为黏度。

由剪切力引起的流动称为剪切流动。图 10-1 所示是剪切流动的模型。黏性流体充塞在两个平行平板之间，一板固定，另一板在力 F 作用下以匀速 u 平移，则板间流体的运动就是剪切流动。

剪切应力（shear stress）τ 表示单位面积上的正切力。流体受剪切应力 τ 作用产生变形，并有变形的速度梯度 D，速度梯度是描述不同液层间变形速度差别的量：$D = \Delta v/\Delta y$

对于某一流体微团则有：

$$D = \frac{\mathrm{d}v}{\mathrm{d}y} = \frac{\partial}{\partial y}\left(\frac{\partial x}{\partial t}\right) = \frac{\partial}{\partial t}\left(\frac{\partial x}{\partial y}\right) \quad (10\text{-}1)$$

$\partial x/\partial y$ 为变形率（γ），则：

$$D = \frac{\mathrm{d}\gamma}{\mathrm{d}t} = \dot{\gamma} \quad (10\text{-}2)$$

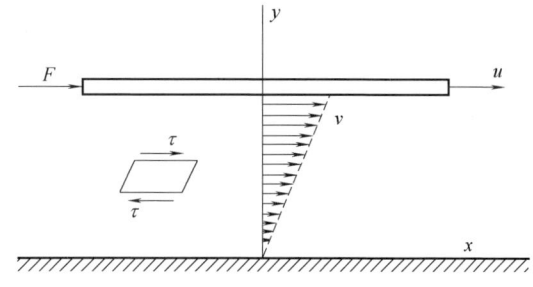

图 10-1　剪切流动图

F—外力　u—平板的移动速度　τ—剪切应力　v—流体的速度　x—流体的位移变形　y—液层的高度

因此，速度梯度（velocity gradient）即为变形速率，或称剪切速率。

牛顿定律表明，对理想的黏性流体，剪切应力 τ 与流动的速度梯度 D 成正比：

$$\tau = \eta_N D = \eta_N \frac{\mathrm{d}v}{\mathrm{d}h} \quad (10\text{-}3)$$

式中，η_N 是剪切应力 τ 与相邻两层垂直于流体流动方向的速度梯度 D 的比例系数，称为流体的黏性系数或牛顿黏度。η_N 体现了流体在剪切力作用下产生变形的难易程度，是描述流体流动特征的重要特征参数。η_N 是不依赖于剪切速率的常量。

η_N 的国际单位制（SI）单位为 Pa·s（帕·秒：$N \cdot s/m^2$）；它的厘米克秒制单位为 P（泊：$dyne \cdot s/cm^2$），现已逐渐被国际单位制替代，其换算关系为：

$$1\text{Pa} \cdot \text{s} = 10\text{dyne} \cdot \text{s}/\text{cm}^2 = 10\text{P}$$
$$1\text{Pa} \cdot \text{s} = 10^3 \text{mPa} \cdot \text{s}$$
$$1\text{P} = 10^2 \text{cP}$$

由于牛顿黏度 η_N 具有动力学量纲，所以将其称为流体的动力黏度，也称绝对黏度。此外，在讨论流体的运动时，还经常引入 η_N/ρ（ρ 是流体的质量密度），由于 η_N/ρ 也具有动力学量纲，所以将 η_N/ρ 称为运动黏度，用 ν 表示。

$$\nu = \frac{\eta_N}{\rho} \quad (10\text{-}4)$$

运动黏度的国际制单位为 m^2/s；厘米克秒制单位为 cm^2/s（斯托克斯）。

在温度为 20℃，压力为 0.1Pa 的条件下，水的运动黏度 $= 1 \times 10^{-6} m^2/s$。

运动黏度和动力黏度可以根据流体的密度相互换算。

在生产控制上，还经常使用相对黏度和条件黏度。相对黏度是流体的绝对黏度与同条件下标准液体（例如水）的绝对黏度之比；条件黏度是指一定量流体，在一定温度下从规定直径的小孔中全部流出所需的时间，以"s"表示。

在油墨的检测中，习惯上把 η_N 的倒数 $\dfrac{1}{\eta_N}$ 称作油墨的流动度，用 f 表示。对于屈服值很小的油墨,在切变速率不是太大的情况下,可以近似看作是牛顿流体,f就可以用来表征这样的油墨流动情况。

大多数油墨属于非牛顿流体。非牛顿流体的τ-D关系较为复杂,黏度系数η也不是一个常数,通常用表观黏度η_a来表示。同一种油墨在不同的条件下其表观黏度是不一样的,即流动变形特征是不同的。因此,必须确定不同因素对表观黏度值的影响,才能确定油墨的表观黏度。油墨的表观黏度与油墨自身的结构特征有关,与剪切应力τ和速度梯度D有关,还与应力作用持续的时间t和环境温度T有关。

还应指出,以上针对剪切流动而定义的黏度,都是对稳态层流而言。所谓稳态层流,是指相邻流体层做相对运动时,没有流体质点宏观上的掺混。只有在层流状态下,流体的黏滞性对流体的流变行为起主导作用,流体的弹性效应才能忽略不计,速度梯度D才有意义。

(2)屈服值。屈服值是指使流体(油墨)产生流动所需要的最小剪切应力,记为τ_0。即当剪切应力$\tau \leqslant \tau_0$时,$D=0$,油墨不产生变形;当剪切应力$\tau > \tau_0$时,油墨才发生变形而流动。屈服值τ_0的单位是N/m^2。通常,要求油墨具有较小的屈服值,否则将对油墨从墨斗中的输送产生不良的影响。

2. 流变曲线

由于在一定的剪切应力作用下,流体的剪切速率D是一个可测的物理量,所以可以用剪切应力τ和剪切速率D作为描述流体黏滞变形的变量。如果以剪切速率D为横坐标,以剪切应力τ为纵坐标,在直角坐标系中绘制τ-D关系曲线,即为流体的流变曲线。

试验表明,黏性流体的剪切流动,可以分为五种主要的流动形式。油墨作为黏性流体,在印刷过程中所表现的流变行为大多在这五种流型之中,图10-2给出了这五种流型典型的流变曲线:曲线a表示的是牛顿型流动,它表明只要有剪切应力τ,不管它多么小,在τ的作用下,流体的剪切速率D便瞬间产生,并且始终与τ成正比;曲线b和c同曲线a一样通过原点,同样表明,只要有剪切应力τ,不管它多么小,在τ的作用下,D便瞬间产生。但在剪切速率产生之后,随着剪切应力的增加,曲线b所代表的流型的剪切速率增加得越来越快;而曲线c所代表的流型的剪切速率却增加得越来越慢。前者称为假塑性流动,后者称为胀流型流动。与此相应地,把符合假塑性流动规律的流体模型称为假塑性流体,而把符合胀流型流动规律的流体模型称为胀流型流体。

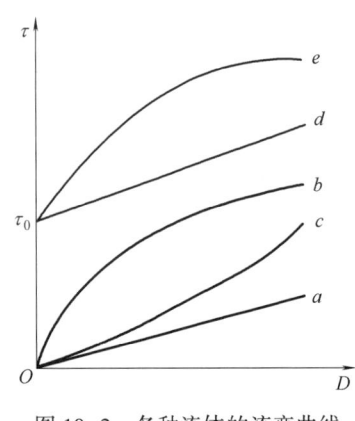

图10-2 各种流体的流变曲线

曲线d代表宾哈姆流体的宾哈姆流动(Bingham Flow);曲线e代表塑性流体的塑性流动。它们的共同特点是:当作用在流体上的剪切应力小于或等于某个确定的应力屈服值时,流体并不发生流动,这时的剪切速率为0;而当剪切应力大于这个确定的应力时,流体才发生流动,这是塑性流体的典型特征。印刷用油墨(特别是浆状油墨)大多数属于塑性流体。曲线d和曲线e的不同之处在于,当流动发生后,宾哈姆流动的剪切速率随剪切应力成比例地增加,而塑性流体的剪切速率却增加得越来越快。

假塑性流体、胀流型流体、宾哈姆流体、塑性流体统称为非牛顿流体。印刷过程中的油墨，在很多情况下可视为非理想的宾哈姆流体，如胶印油墨；但有时要看作胀流型流体，如证券印刷所用的雕刻凹版油墨；有时还要看作假塑性流体，如某些电子雕刻塑料凹印油墨。下面主要分析假塑性流体和宾哈姆流体流变曲线及特性。

（1）假塑性流体。从图10-3假塑性流体的流变曲线可以看出，当流体受到剪切作用时，τ-D曲线偏离而倾向D轴，即随剪切速率增加，黏度下降。

当剪切速率很低时，假塑性流体表现出牛顿流体的性质，即剪切应力τ与剪切速率D成线性关系，这一阶段流体的黏度可以用τ-D流变曲线的初始斜率来表示，称为零切变黏度。

$$\eta_0 = \frac{\mathrm{d}\tau}{\mathrm{d}D}\bigg|_{D=0} \tag{10-5}$$

当剪切速率（或切变速率）较高，τ-D关系为非线性时，则对应于某一剪切速率的黏度可以用表观黏度η_a或微分黏度η_d来表示。

表观黏度是连接原点O和给定的剪切速率在τ-D曲线上对应点P所做的割线OP的斜率：

$$\eta_a = \frac{\tau}{D} \tag{10-6}$$

微分黏度是过P点所做的τ-D曲线的切线的斜率：

$$\eta_d = \frac{\mathrm{d}\tau}{\mathrm{d}D}\bigg|_{D=D'} \tag{10-7}$$

从图10-3中可以看出，$\eta_0 = \mathrm{tg}\alpha_1$；$\eta_a = \mathrm{tg}\alpha_2$；$\eta_d = \mathrm{tg}\alpha_3$。

假塑性流体的表观黏度和微分黏度随剪切速率的升高而降低的现象称为切稀现象，这是由于分散体在

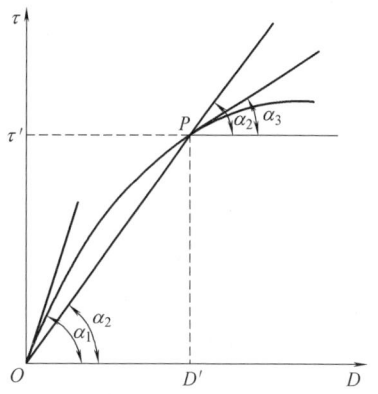

图10-3 假塑性流体的流变曲线

静置状态下受其颗粒间作用力的影响具有保持不规则排列的趋势。因此，其具有较大的抵抗变形的能力，表现出较高的黏度值。流体在剪切力的作用下，分散体的颗粒将沿剪切力的方向定向排列，而高分子溶液中的链状分子则从彼此缠绕中分开、拉伸，解缠绕，也呈现定向排列，这种定向排列使得它们之间的流动阻力相应地降低，黏度因而减小。剪切速率越大，这种定向排列越彻底，黏度就越小，直到所有粒子都得到定向排列，黏度也就不变了。

假塑性流体的流变方程为：

$$\tau = kD^n \quad (n<1) \tag{10-8}$$

这样的流动称为幂律流动。式中的k称为流动系数，n称为流动指数，是表征油墨在剪切作用下黏度下降的幅度。油墨的行为，表现为表观黏度受到k值与n值的制约，因此k值与n值是油墨的特性参数，并且在一定条件下为常数。

假塑性流体的表观黏度为：

$$\eta_a = \frac{\tau}{D} = kD^{n-1} \tag{10-9}$$

从式（10-9）可以看出，油墨的表观黏度取决于特性参数，同时受其所受剪切应力

τ 与剪切速度 D 的影响。因此油墨的表观黏度不是一个常数,而只是油墨在某种状态下所表现出的行为。表观黏度值只有在注明了剪切应力、剪切速率的状态时才有意义。

(2)宾哈姆流体。如图 10-4 所示,理想的宾哈姆流动的 τ-D 关系是线性的(如图 10-2 中的曲线 d)。这种流体的特点是流体在 τ 小于或等于某个确定的 τ_B 时,并不发生流动;而当 $\tau>\tau_B$ 时,就像牛顿流体那样流动。τ_B 是宾哈姆流体的屈服值。剪切应力超过屈服值才发生流动的现象称为塑性现象。只有分散粒子的浓度达到可以使粒子彼此接触的程度,体系才有塑性现象发生。分散体系的可塑性质,可以认为是由于体系中存在不对称的网状结构引起的。当外部施加的应力不足以破坏流体内部的网状结构时,流体不发生变形;而当外部剪切作用力大到足以破坏网状结构时,网状结构被破坏,表现为黏度随之下降。网状结构被破坏后,又可能重新结合。当网状结构的被拆散速度超过重新结合的速度时,黏度才成为常数。宾哈姆流体流变方程为:

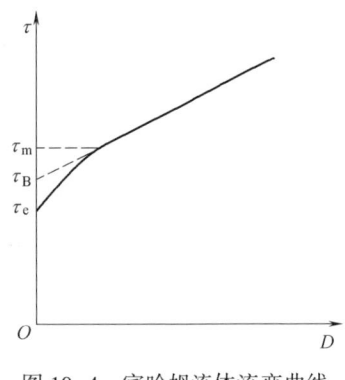

图 10-4 宾哈姆流体流变曲线

$$\begin{cases} D=0 & \tau \leqslant \tau_B \\ \tau=\eta_p D+\tau_B & \tau>\tau_B \end{cases} \tag{10-10}$$

η_p 称为宾哈姆流体的塑性黏度,τ_B 是宾哈姆流体的屈服值。但实际上的流动并不像宾哈姆流动那样简单,而是如图 10-4 所示的 τ-D 曲线那样。图上 τ_e、τ_B、τ_m 具有不同的物理意义:当 $\tau \leqslant \tau_e$ 时,流体不发生流动;当 $\tau>\tau_e$ 时,流体才有流动。从图上看开始有一段极短的直线,随后是一段较短的曲线,在这段曲线上,流体的表观黏度 η_a 越来越小,表征体系的网状结构被逐渐破坏,直到 $\tau=\tau_m$ 为止;此后 τ-D 关系成为线性,黏度成为常数,即塑性黏度 η_p;而 τ_B 则是这段直线外延得到的。τ_e 是开始流动的剪切应力,流体只有部分发生变形,还有部分流体并未发生变形,而是仍按原来的结构形式一起整体移动,形成"塞流"。随着剪切应力的增加,流体变形的部分增加,"塞流"部分减少;当 $\tau=\tau_m$,流体全部变形,"塞流"部分消失,流动形式与牛顿流动相同。τ_B 介于 τ_e 和 τ_m 之间,只有用于计算塑性黏度时才有理论意义。事实上,τ_e 和 τ_m 是很难测得的,所以要用 τ_B,计算塑性黏度。

$$\eta_p = \frac{\tau-\tau_B}{D} \tag{10-11}$$

油墨的分散相是颜料,颜料粒子分散度高,对油墨流动性的影响较复杂。影响油墨流动性的其他因素还包括颜料在油墨中的体积比、颜料粒子的大小和形状。颜料的形状有球形、棒形、片形等。

表面活性剂的存在对油墨的流动性也有很大影响。表面活性剂赋予颜料粒子保护性外壳,同时也增大了颜料粒子的体积。由于表面活性剂溶于油墨的连接料中,从而改变了连接料本身的黏度。影响油墨黏度和流动性的因素很多,从理论上说明还有一定困难,可以指出的一些经验规律是:如果颜料等固体粒子的浓度以百分比计,则 η_p 以指数规律随固体浓度的增加而升高。如以 $\lg\eta_p$ 对粒子百分比体积($V\%$)作图,得到的是近于直线的关系;τ_B 与粒子百分比体积 $V\%$ 的关系也大致如此。如果固体粒子的浓度不变,则粒子越小，η_p 越大。

二、油墨黏度和屈服值的测定

油墨流动的流变方程中关联着力学变量（剪切应力 τ 和剪切速率 D）和油墨的物理特性参数（黏度 η、屈服值 τ、k 值、n 值等）。所有这些物理特性参数都是用试验来测定的。对于油墨来说，黏度和屈服值的试验测定尤为重要，两者都是在黏度计上测定的。黏度计是一种主要用来测定液体稳态黏度的仪器，它们的种类较多，可以根据油墨黏度大小及测试要求选择使用。

1. 毛细管式黏度计

毛细管式黏度计用于测定比较稀薄的溶剂和矿物油的黏度，根据在一定温度下、一定容积的流体通过毛细管所需的时间来确定流体的黏度。由于毛细管黏度计中流体的流动时间与运动黏度成正比，所以毛细管黏度计又称为运动黏度计。图 10-5 是一种有代表性的毛细管黏度计，即凯能-芬斯克黏度计。

以蒸馏水为例，在 20℃时蒸馏水从黏度计的 X 刻度流至 Y 刻度所需时间为 500s，已知它的运动黏度为 0.01 斯托克斯，可以求出该仪器的常数值 k：

$$k = \frac{\nu}{t} = 0.01(斯托克斯/500s) = 0.00002(斯托克斯/s)$$

如果在同样的条件下乙酸乙酯需要 420s，则可以求出乙酸乙酯的运动黏度：

$$\nu = k \cdot t = 0.00002 \times 420 = 0.0084(斯托克斯)$$

2. 小孔式黏度计

小孔式黏度计与毛细管式黏度计一样，都属于流出型黏度计，这种仪器的简单结构如图 10-6 所示。在涂料行业广泛使用的是美国的 4 号福特杯（No.4 Ford Cup），所以在我国统称为涂-4 杯，它是一种以测定流体从黏度杯中全部流出的时间（s）来作为该流体条件黏度的一种黏度计。涂-4 杯一般只适合于测定黏度在 150s 以下的流体，如水的黏度约为 10s，汽油型照相凹版墨的黏度为 15~25s。对于触变性大的油墨，不能使用涂-4 杯测定其黏度。

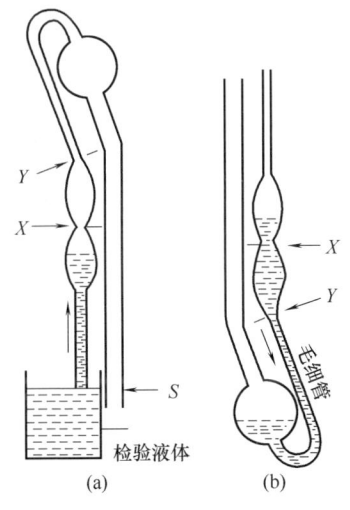

图 10-5 凯能-芬斯克型毛细管黏度计

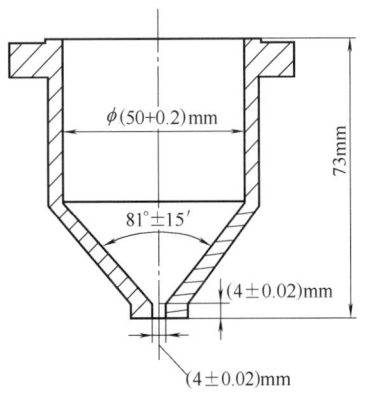

图 10-6 涂-4 杯黏度计示意图

涂-4杯黏度计的优点是结构简单、操作简便、易于擦洗、耐用，能在印刷车间现场测试，但该仪器孔径大、长度短，导致流体流动的稳定性差，因此不适于较精密的科学研究。

3. 旋转黏度计

旋转黏度计是基于在黏滞液体中转子转动会产生扭矩的原理测量液体黏滞程度的一种仪器，其结构及原理如图10-7所示。黏度计的主要部件为两个同轴圆筒，其中一个圆筒静止不动，另一个圆筒以一定速度旋转，内外筒间的环形缝隙中充填着被测流体。如果黏度计采用内筒静止、外筒旋转的形式，外筒以角速度 ω 旋转，使液体受到剪切作用并传到内筒上，使内筒产生转矩 M，这个转矩可通过指针的偏转角度直接读出。所以，可以由外筒旋转的角速度 ω 来计算剪切速率 D，由内筒产生的转矩 M 来计算剪切应力 τ，但 τ 和 D 这两个流体变量与流体在缝隙中所处的位置有关。由于旋转黏度计可以通过改变转速 ω 来改变被测流体的剪切速率 D，所以更适合用来测定非牛顿流体。

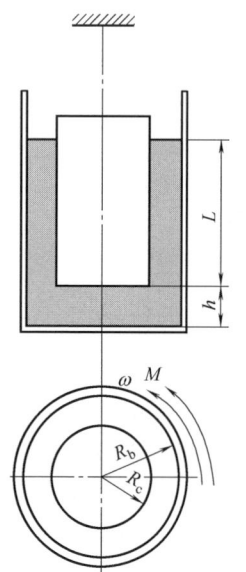

图10-7 旋转黏度计

设内筒半径为 R_c，外筒半径为 R_b，两筒间流体的高度为 L，在半径 R 处，外层流体对内层流体的剪切应力为 τ，则剪切应力 τ 对转轴的转矩为：

$$M = 2\pi RL\tau \cdot R \qquad (10\text{-}12)$$

则剪切应力：

$$\tau = \frac{M}{2\pi R^2 L} \qquad (10\text{-}13)$$

如果被测流体是宾哈姆流体，在内筒和外筒间隙的被测流体中，各层间的力矩都等于 M，所以外筒内表面 R_b 处的剪切应力 τ_b 最小，内筒外表面 R_c 处的剪切应力 τ_c 最大：

$$\tau_b = \tau_{\min} = \frac{M}{2\pi L R_b^2} \qquad (10\text{-}14)$$

$$\tau_c = \tau_{\max} = \frac{M}{2\pi L R_c^2} \qquad (10\text{-}15)$$

假设被测宾哈姆流体的屈服值为 τ_B，则根据 τ_b、τ_c、τ_B 之间的关系，可以把旋转黏度计中流体的流动分为三种情形：

① 如果 $\tau_c < \tau_B$，即 $M < 2\pi L R_c^2 \tau_B$，则各层流体间的剪切应力都小于流体的屈服值，全部流体都不发生流动。

② 如果 $\tau_b > \tau_B$，即 $M > 2\pi L R_b^2 \tau_B$，则各层流体间的剪切应力都大于流体的屈服值，全部流体都像牛顿流体那样流动。

③ 如果 $\tau_c > \tau_B > \tau_b$，即 $2\pi L R_c^2 \tau_B < M < 2\pi L R_b^2 \tau_B$，则内、外筒间的流体可以分为两部分：靠近外筒内侧的一部分流体和外筒一起做整体运动，形成塞流区；靠近内筒外侧的一部分流体，各层之间都有相对运动，形成层流区。

如果以 ω 为横坐标，M 为纵坐标，则 M-ω 关系曲线如图10-8所示。这条曲线和非理想的宾哈姆流体的流变曲线（τ-D 关系）形状相似，可以分为3个区段，当 $M < 2\pi L R_c^2 \tau_B$ 时，$\omega = 0$，M-ω 关系为直线，即图中的 OA 段；当 $2\pi L R_c^2 \tau_B < M < 2\pi L R_b^2 \tau_B$ 时，M-ω 关系为一条曲线，即图中 AB 段；当 $M > 2\pi L R_b^2 \tau_B$ 时，M-ω 关系再次为直线，即图中的 BC 段。图中 M_B 是直线外延后与 M 轴的交点，当 $\omega = 0$ 时，$M = M_B$。

利用雷诺-里弗林（Reiner-Riwlin）公式（推导略），只要测得一组（M，ω）值后，就可以求出宾哈姆流体 τ_B 和 η_p 这两个重要参量了。

$$M_B = 4\pi L \tau_B \cdot \frac{\ln \frac{R_b}{R_c}}{\frac{1}{R_c^2} - \frac{1}{R_b^2}} \quad (10\text{-}16)$$

$$\eta_p = K \cdot \frac{M - M_B}{\omega} \quad (10\text{-}17)$$

式中　K——仪器常数。

4. 旋转锥板黏度计

这种黏度计主要由置于同一轴线上的圆锥和圆板构成，其结构如图 10-9 所示。锥板黏度计的圆板固定，圆锥以角速度 ω 旋转，锥板间隙装填待测流体，被测流体在锥板的间隙中受到剪切作用，锥板间的夹角很小，一般圆锥角 $\theta \leq 3°$，以使流体中的剪切速率均一，可以近似地认为 $\mathrm{tg}\theta = \theta$，通过圆锥的旋转角速度 ω 来计算剪切速率 D，通过测定扭矩 M 来计算剪切应力 τ。

图 10-8　宾哈姆流体的 M-ω 关系

取流体中距轴心为 r 处的一点，该点线速度 $v = r\omega$，此点液体厚度 h 为 $r\mathrm{tg}\theta = r\theta$，所以在此点的剪切速率 D 为：

$$D = \frac{r\omega}{r\theta} = \frac{\omega}{\theta} \quad (10\text{-}18)$$

由式（10-18）可以看出，剪切速率 D 与流体所处半径位置无关，即流体中半径方向任何一点的剪切速率都

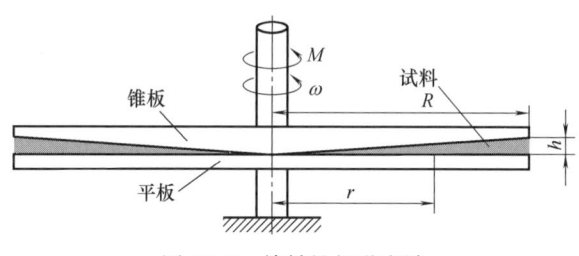

图 10-9　旋转锥板黏度计

是相等的。剪切应力 τ 对于转轴的转矩，即圆锥所受的转矩为：

$$M = \int_0^R \tau(2\pi r \mathrm{d}r) \cdot r = \frac{2}{3}\pi R^3 \tau \quad (10\text{-}19)$$

即剪切应力为：

$$\tau = \frac{3M}{2\pi R^3} \quad (10\text{-}20)$$

由该公式可以看出，剪切应力 τ 也与流体所处半径位置无关，这样就避免了由于剪切应力作用不一致（如旋转圆筒黏度计）所带来的麻烦。转速 ω 由电机控制，转矩 M 通过装在圆锥转轴上的弹簧用电测方法确定。有了 D 值和 τ 值，就可以用来计算 η_N、η_p 和 τ_B。

对于牛顿流体，牛顿黏度为：

$$\eta_N = \frac{\tau}{D} = \frac{3M}{2\pi R^3} \cdot \frac{\theta}{\omega} \quad (10\text{-}21)$$

对于宾哈姆流体，可以在稍高的转速下测出两组数据 ω_1、M_1 和 ω_2、M_2，按下式计算出塑性黏度：

$$\eta_p = \frac{3(M_1 - M_2)}{2\pi R^3} \cdot \frac{\theta}{\omega_1 - \omega_2} \quad (10\text{-}22)$$

然后再按下式计算屈服值 τ_B：

$$\tau_B = \tau - \eta_p D = \frac{3M}{2\pi R^3} - \eta_p \cdot \frac{\omega}{\theta} \tag{10-23}$$

对于假塑性流体，表观黏度为：

$$\eta_a = \frac{\tau}{D} = \frac{3M}{2\pi R^3} \cdot \frac{\theta}{\omega} \tag{10-24}$$

在这里，表观黏度 η_a 是随 ω 变化而变化的。改变 ω，测出对应的 M，在 τ-D 坐标系中找到对应的点，连成曲线后就是假塑性流体的流变曲线。因此旋转锥板黏度计很适于非牛顿流体的测定，黏度测量的范围很大。

5. 拉雷（Laray）黏度计

拉雷黏度计又称落棒黏度计，其结构和工作原理如图 10-10 所示。落棒黏度计是由同轴圆棒和套在棒外的短圆管组成。圆管的长度为 L，圆棒的半径为 r，圆管内半径为 b，圆棒的质量为 p，圆棒上附加一个可以改变质量的重物，质量为 W。被测流体充填在圆棒和圆管的缝隙之间，假设经过时间 Δt，圆棒在被测流体中下降 Δl，这时与圆棒表面接触的流体所受的剪切应力为：

$$\tau = \frac{(p+W)g}{2\pi r L} \tag{10-25}$$

其剪切速率为：

$$D = \frac{\Delta l}{(b-r)\Delta t} \tag{10-26}$$

因此，被测流体的表观黏度为：

$$\eta_a = \frac{(p+W) \cdot g \cdot (b-r)}{2\pi r L \cdot \Delta l} \cdot \Delta t \tag{10-27}$$

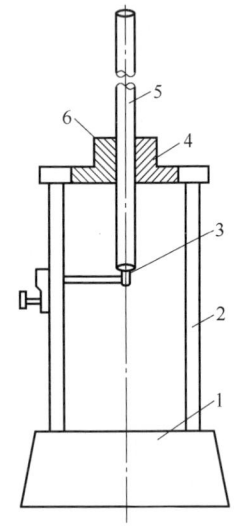

图 10-10 落棒黏度计
1—底座 2—支架 3—止动板
4—短圆棒 5—落棒 6—被测物料

用于油墨测定的落棒黏度计的圆棒有两种，分为合金棒和玻璃棒。合金棒常用的质量是 130g，玻璃棒质量是 32.5g，长度都在 30cm 左右，半径是 0.6cm；圆棒的附加质量可以选择，有 100, 200, 300, 400, 500g 等，圆管的内径通常只能比圆棒的直径大 40~60μm，所以对于圆管、圆棒的加工精密及其装配和使用中的对称性，要求都十分严格。落棒黏度计只适用于较为黏稠的宾哈姆型流体。

在黏度计的支架上有红外测试头，能自动记录 10cm 的距离，测定时加载一定附加质量的圆棒在油墨中下降 10cm 距离所需的时间为 Δt，只要测定若干对（$p+W$）和 Δt 的数据，就可以按照公式求出 τ、D 及做出油墨的流变曲线了。除了用公式计算之外，还可以利用仪器所提供的附表直接将测量的数据标在图中，通过一定的方法直接得到屈服值和塑性黏度。

6. 平行板黏度计

平行板黏度计是一种简易黏度计，用它可以测定印刷油墨的丝头长短、软硬程度、屈服值、表观黏度和塑性黏度。这种仪器有上下两块平行板，其结构如图 10-11 所示。将 0.5cm³ 的被测油墨放在下平行板中间的凹下处，测定时将活塞上推，顶部与下板持平，卡棒正好走到活塞的凹槽位置，弹簧将卡棒顶入活塞方向，上平行板失去支撑，沿支柱下落，通过上板对试样的压力而产生相应的剪切应力 τ，同时促使油墨流动而产生剪切速率 D。此时，启动秒表，读出 10，20，……，60，100，120s 时油墨铺展的直径（下平行板圆孔周围刻有同心圆的毫米数，可以从透明的上平行板清晰地读出）。然后以铺展时间 t 的对数值 $\lg t$ 为横坐标，以铺展直径 d 为纵坐标作图，可以近似得到一条直线（图10-12）。直线的斜率为 SL：

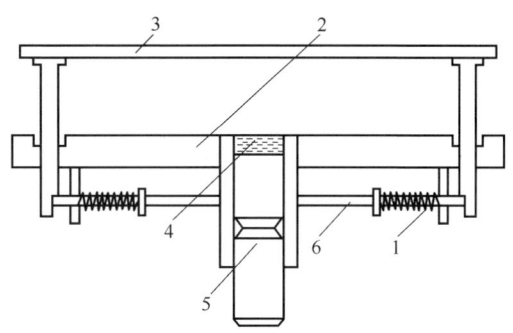

图 10-11　平行板黏度计
1—弹簧　2—下板　3—上板　4—试料　5—活塞　6—卡棒

$$SL = \frac{d_2 - d_1}{\lg t_2 - \lg t_1} = \operatorname{tg}\theta \tag{10-28}$$

当 $t_1 = 10\text{s}$，$t_2 = 100\text{s}$，则：

$$SL = \frac{d_{100} - d_{10}}{\lg 100 - \lg 10} = d_{100} - d_{10} \tag{10-29}$$

即只需将100s油墨的铺展直径减去10s的铺展直径即可。

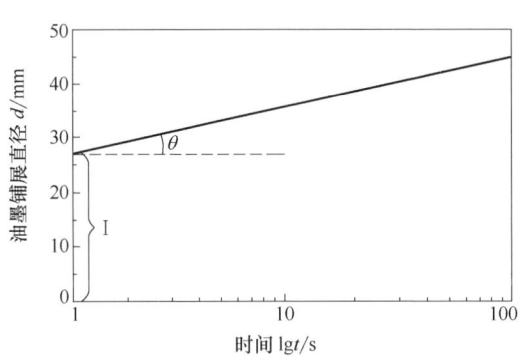

图 10-12　油墨铺展直径和时间的关系

直线的截距为 I：

$$I = d_{10} - SL \times \lg 10 = d_{10} - SL \tag{10-30}$$

用平行板黏度计测出的直线的斜率 SL 代表油墨的拉丝性（即丝头长短），油墨斜率大，丝头就长；截距 I 代表油墨的软硬程度，截距越小，油墨越硬。油墨的软硬可以和油墨的"身骨"相联系，稀的油墨身骨差一些，稠的油墨身骨好一些。将油墨在平行板黏度计 60s 时的铺展直径称为流动值。对一般的胶印墨而言，流动值在 15～17mm，截距在 18～25mm，19～22mm 比较理想；斜率为 5～8mm（25℃）。

用平行板黏度计也可以求出油墨的屈服值、表观黏度和塑性黏度。油墨在铺展的过程中，平板与油墨间的剪切应力 τ 与黏度计上板的自重 P 和墨柱在给定时间 t 的铺展半径 r 有关；而相应的油墨的剪切速率 D 则与墨样在给定时间 t 的铺展半径 r 以及 r 对时间的变化率 $\dfrac{\mathrm{d}r}{\mathrm{d}t}(SL)$ 有关。τ、D 可以用来计算油墨的表观黏度 η_a。

τ 和 D 可近似地用下式表示：

$$\tau = \frac{2PV}{\pi^2 r^5} \tag{10-31}$$

$$D = \frac{6\pi r^2}{V} \cdot \frac{\mathrm{d}r}{\mathrm{d}t} = \frac{6\pi r^2}{V} \cdot \frac{0.4343 SL}{t} \tag{10-32}$$

因而：
$$\eta_a = \frac{\tau}{D} = \frac{2PV}{\pi^2 r^5} \cdot \frac{V}{6\pi r^2} \cdot \frac{0.4343 SL}{t} = \frac{0.7675 PV^2 t}{\pi^3 r^7 \cdot SL} \tag{10-33}$$

测定时，通常取
$$P = 1.127\text{N}, \quad V = 0.5 \times 10^{-6}\text{m}^3, \quad \pi = 3.14。$$

则有：
$$\eta_a = 6.985 \times \frac{t}{r^7 \cdot SL} \times 10^{-15} \tag{10-34}$$

必须注意的是，式（10-34）中的 r、SL 取国际制单位 m。在墨柱的铺展过程中，初期剪切应力很大，试样全部为层流，此时 $\tau_{\min} > \tau_B$，流变特性为 $\tau = \eta_p D + \tau_B$；随着扩展持续，剪切应力逐渐减小，试样部分层流，部分塞流；随扩展持续，剪切应力更小，直至 $\tau_{\max} < \tau_B$，此时，试样整体塞流，停止流动，$D = 0$，且扩展半径达到最大 $r_{\max}$（$t = t_\infty$），此时试样所受的剪切力即为屈服值 τ_B，进而进一步求出塑性黏度 η_p。

$$\tau_B = \frac{2PV}{\pi^2 r_{\max}^5} \tag{10-35}$$

$$\eta_p = \frac{\tau - \tau_B}{D} \tag{10-36}$$

因此，计算塑性黏度所采用的数据，必须保证墨样流动中没有塞流区出现，即墨样全部屈服。

三、油墨的触变性

1. 触变性的表现及定义

假塑性流体的表观黏度对剪切应力和剪切速率具有依赖性，随剪切应力的增大而减小，但当剪切应力保持恒定时，剪切速率也保持恒定，表观黏度是个常数，不随应力作用的时间而发生变化，这类流体称为非依时性流体。与其相反，有些流体如胶印油墨，在温度不变的情况下，如果剪切速率保持恒定，剪切应力和表观黏度会随时间的延长而减小，或者说它们的流变性受剪切应力作用时间的制约，这种流体称为依时性流体。依时性流体的行为称为触变性。

流体的触变性表现为其表观黏度不仅随剪切速率变化，同时在恒定的剪切速率作用下，随时间的持续而下降，并且逐渐稳定在一个较原来黏度水平低的恒定值。剪切作用停止后，表观黏度又随静置时间的持续而上升，经一段时间黏度又恢复到原来较高的恒定值。应当注意到，触变性是在温度保持恒定的条件下出现的，并不是由于搅动使油墨温度升高而黏度下降，而是由于油墨内部结构的原因而产生的一种现象。

油墨具有的触变性对印刷工艺有很重要的意义。在给墨过程中，如果油墨的触变性较大，那么在发生触变之前黏度可能很大，这是在墨斗中形成"堵墨"现象的原因之一。有的印刷机墨斗装有搅拌装置，用以使油墨发生触变现象，降低油墨的表观黏度，使油墨顺畅地从墨斗中传递出去，进入分配行程。在分配行程中，油墨在许多高速旋转的墨辊间延展和传递，把油墨充分地均匀化，再转移到印版上去。如果油墨的触变性适当，不易"堵墨"，在分配行程中，因触变作用油墨表观黏度下降，有助于其均匀化和转移传递。油墨从印版上转移到承印物上的过程称为转移行程。进入转移行程，油墨转移到承印物上以后,外界的机械作用没有了,表观黏度重又回升,这保证了油墨不向四周流溢,使得网点清晰,印品的墨色鲜明而浓重。由此看来,某些印刷过程是利用了油墨的触变性才得以顺利实现的。

2. 触变性产生的机理

对于悬浮体,产生触变性的原因在于其内部结构,即颗粒与颗粒间的相互作用力及颗粒与介质、介质与介质间力的作用。

关于油墨触变现象产生的机理,看法还不一致。一般认为,按照胶体化学的观点,油墨是由作为分散相的颜料分散在连续介质的连接料中所形成的分散体系。颜料颗粒表面带有电荷,而油型、树脂型油墨中的连接料都含有一定数量的极性介质,在表面活性剂加入后,连接料的极性还会增加,所以油墨中颜料粒子能够吸附具有相反电荷的分子和极性基,在界面附近形成有规则的排列,建立起一个所谓"扩散双电层",如图10-13所示。由于粒子界面附近扩散双电层作用,使得油墨粒子间存在斥力和引力,在静止状态下,斥力和引力相平衡,印刷油墨内部会形成比较稳定的"架子"结构,使颗粒间产生力的约束,大量的颗粒以同样方式形成一个空间网状结构,整个体系具有一种类似凝胶的比较稠厚的状态,表现为具有较高的表观黏度。当外部力量作用于系统时,这种"双电层"和"架子"结构遭到破坏,带电荷的粒子在体系中自由活动,"架子"被拆散,所以流体变稀,呈溶胶状态,表现为表观黏度下降。外部力量作用时间越长,粒子双电层被破坏得越厉害,"架子"结构被拆散得越彻底。外部作用力撤除后,粒子双电层重又开始恢复,油墨的"架子"结构也会重新建立起来,经过一段时间后,流体又恢复至原来的凝胶状态,表现为表观黏度重新恢复至较高的水平。在这里,粒子的双电层并不单指体系中的分散相,也包括体系中的介质。

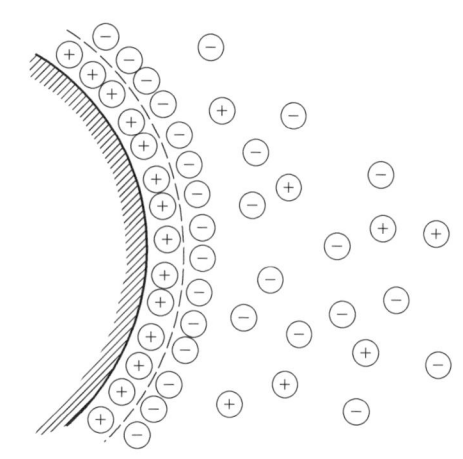

图 10-13 双电层效应

不含颜料的连接料,也会出现轻微的触变现象,这是由于连接料中的高分子原来是互相缠绕的,使流动单元的位移变得困难,液体呈现较高的表观黏度。应力作用使这种缠绕被扯散,使流动单元的位移更容易进行,流体呈现出较低的表观黏度。应力作用消失后,高分子逐渐恢复缠绕状态,表观黏度又恢复到原有状态。

分散体系触变性产生的机理,尚没有一套准确完整的理论,对于油墨触变性理论更是如此。一般来说,影响油墨触变性的主要因素是颜料的性质、颜料粒子的形状、颜料粒子在油墨中所占的体积比、颜料粒子与连接料之间的亲和润湿效果等。实验表明,针状和片状颜料粒子制成的油墨,要比球状颜料粒子制成的油墨触变性大些;颜料粒子在油墨中所占的体积比越大,油墨的触变性也越大;颜料和连接料之间的润湿性强,则制成的油墨触变性会小一些。

流体触变性的存在改变了它的流变曲线的形状,产生了所谓的"滞后现象",这是触变性流体的一个重要特征。

3. 油墨流变曲线的滞后现象

如果用旋转黏度计测量油墨类触变体系，使外筒转速从 0 连续地增加到 ω_0，再从 ω_0 连续地下降至 0，并测定相应的转矩 M，然后将 ω 和 M 换算为相应的剪切应力 τ 和剪切速率 D，画出流变曲线，如图 10-14 所示。这条曲线的特点是：对应于 ω 从 0 到 ω_0 的上行线是一条凸向 τ 轴的曲线，对应于 ω 从 ω_0 到 0 的下行线大致是一条直线，理想条件下，流变曲线的起点和终点重合，形成一个封闭曲线。在这条流变曲线上，对应于同一个剪切速率 D，下行线上的剪切应力 τ_1 小于上行线上的剪切应力 τ_2，或者说对应于同一个剪切速率，上行线的表观黏度要大于下行线的表观黏度。这种现象称为触变性流体的滞后现象，这条流变曲线的封闭回路称为滞后圈。

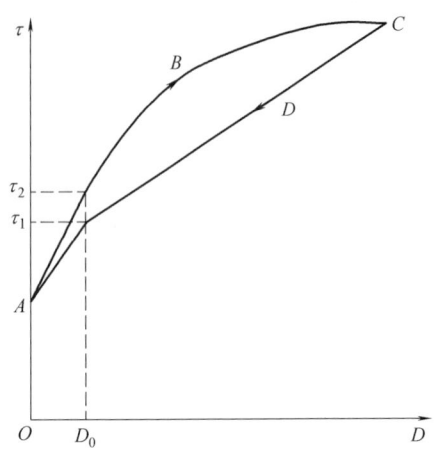

图 10-14 触变性流体的流变曲线

在流变曲线的上行线上，剪切应力连续增加，流体结构不断被拆散，表观黏度因而逐渐减小，流变曲线就凸向 τ 轴；当曲线到达顶点时，结构已被拆散到一定程度。在下行线上，外部作用力不断减小时，已被拆散的结构来不及恢复，剪切应力不再拆散结构，而只是推动粒子运动，所以表观黏度近于常数，也就使流变曲线近似为直线。油墨结构恢复的速度是比较慢的，这是造成滞后圈的原因。如果油墨结构恢复很快，当剪切速率下降时，立即就建立起平衡，则滞后圈消失。

在恒定的剪切速率作用下，触变性体系表现出明显的时间效应。对于同一体系，当用不同的时间使剪切速率从 0 上升到 D_0，再从 D_0 降到 0，体系将得到不同的滞后圈，如图 10-15 所示。从图中可以看出，当剪切速率从 0 上升到 D_0 所用的时间很短，即 $\dot{D}$ 很大时，体系的结构在较短的时间内被拆散得较少，因而表观黏度较大；当 $\dot{D}$ 较小时，体系的结构在较长时间内被拆散得也较多，因而表观黏度较小；当时间长到足以使体系的结构全部被拆散，流体的表观黏度就变为最低了。这就说明用不同的时间来完成使 $\dot{D}$ 从 0 到 D_0，结果是不一样的。因此不同大小形状的滞后圈反映了触变性体系的时间效应。

4. 触变性的测量方法

（1）流变曲线滞后圈面积法

使用可变速的旋转黏度计测得油墨的流变曲线，可以得出由上行线和下行线构成的滞后圈。作滞后圈是对油墨触变性大小的一种描述方法，这个圈所包围的面积

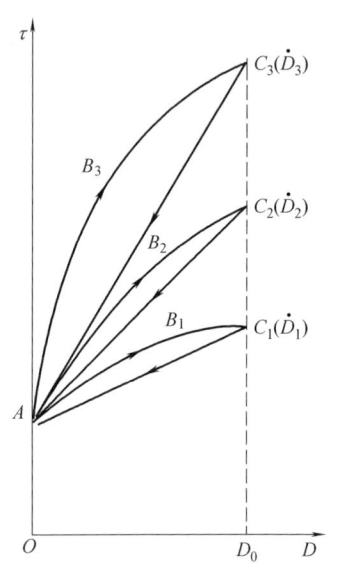

图 10-15 $\dot{D}$ 对触变性的影响

D_0—任选的最高剪切速率

$\dot{D}$—剪切速率对时间的变化率

（$\dot{D}_3 > \dot{D}_2 > \dot{D}_1$）

越大,表示被测油墨的触变性越大。在测试时应注意的是,在递增或递减转速时,所用的时间间隔要相等;另外,要选择好最大转速,因为最大转速不同,所作出的滞后圈的面积就不同。同时,应在恒温条件下进行测定。

流变曲线滞后圈面积法是表达流体触变性大小最常用而通俗的方法。在实际应用中,一般将滞后圈(或称触变环)的面积进行粗略估计与比较,以确定不同油墨触变性的大小。

(2) 触变性破解系数

使用可变速的旋转黏度计以两个不同的角速度 ω_1 和 ω_2,测得相应的塑性黏度 η_1 和 η_2,代入由格林触变方程推导出来的公式(推导略),求出触变性破解系数:

$$H = \frac{2(\eta_1 - \eta_2)}{\ln(\omega_2/\omega_1)^2} \tag{10-37}$$

式中 H——触变性破解系数;
ω_1——低速角速度;
ω_2——高速角速度;
η_1——低速时的塑性黏度;
η_2——高速时的塑性黏度。

从图 10-16 可以看出触变性破解系数的物理意义。当角度从 0 上升到 ω_1,再从 ω_1 下降到 0,得到一个滞后圈 AB_1A,相应的塑性黏度为 η_1;重复这个过程,但改变 ω_1 为 ω_2,则得到另一个滞后圈 AB_2A,相应的塑性黏度为 η_2。从图中可明显看到,滞后圈面积 $AB_1A < AB_2A$,且 $\eta_1 > \eta_2$。这意味着,当 ω 较小时,体系只有部分结构被拆散,η_1 较大;当 ω 较大时,体系的结构进一步破坏,因而 η_2 较小。所以触变性破解系数 H 表示当角速度 ω 有一个增量时,流变曲线滞后圈面积所发生的变化,因此 H 值就可以量度油墨触变性大小。H 值越大,表示被测油墨的触变性越大。

(3) 时间触变系数。实验表明,当剪切速率 D 一定时,塑性黏度 η_p 与测试时间 t 和 $\ln t$ 的关系如图 10-17 所示。可以看出,当剪切速率 D 一定时,塑性黏度 η_p 随测试时间 t 的延长而降低,而当 t 足够大时,η_p 为一个常数。

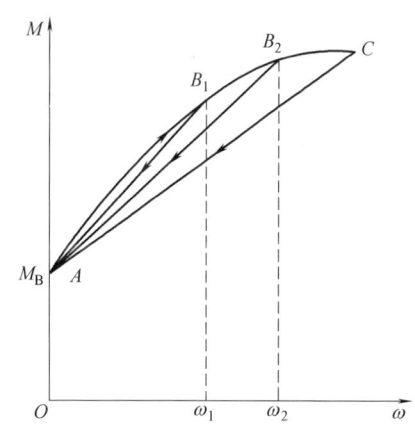

图 10-16 触变性破解系数的物理意义

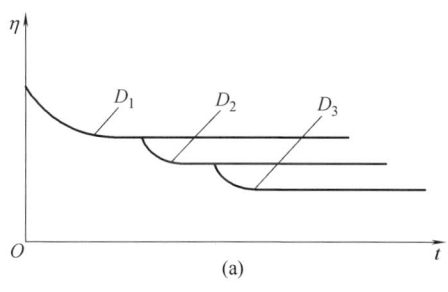
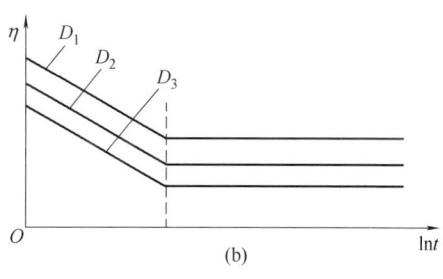

图 10-17 黏度与时间的关系 ($D_3 > D_2 > D_1$)

如果测得对应于 t_1、t_2 时刻的塑性黏度为 η_1 和 η_2，则可以求出时间触变系数。

$$B = \frac{\eta_1 - \eta_2}{\ln(t_2/t_1)} \tag{10-38}$$

B 为时间触变系数，其物理意义表示单位时间对数增量下油墨触变程度的变化。B 值越大，表示被测油墨的触变性越大。

（4）触变指数（也称静置时间—剪切应力峰值图法）。在旋转黏度计上测定触变性流体的黏度时，黏度计的指针在达到最大值后随即会迅速下降到一个稳定值（最小读数），这是由于触变性流体被剪切后结构受到破坏的缘故。通常将测定时达到的最大值称为峰值，这个峰值与流体的触变性大小有关，峰值越高，流体的触变性越大。由于触变性的恢复与时间有关，所以峰值的高低也与流体的静置时间有关，静置时间越长，峰值越高。

作图方法是：将被测油墨在旋转黏度计上以选择好的剪切速率进行测定，仪器开始旋转后，首先得到一个最大值，这个最大值即为最大的剪切应力值，记为 τ 峰；然后让仪器一直旋转，以破坏油墨的触变性，直至达到一个稳定的最小值。然后关闭仪器，使流体静置一段时间 Δt，再重复上述实验，又将得到一个 τ 峰值。重复这个过程，但静置时间 Δt 不同，随 Δt 的延长就可以得到一系列越来越高的 τ 峰值。当 Δt 大到足以使流体的结构全部恢复时，再重复上述实验，流体所能表现出的触变性达到极限，τ 峰也就趋于某个极值了。

将得到的若干组（τ 峰，Δt）值，分别以 $\sqrt{\Delta t}$ 为横坐标，以 $\sqrt{\tau}$ 峰为纵坐标作图，就可以得到如图 10-18 所示的各种曲线。曲线有明显的直线部分，直线部分的斜率（图中 $<\theta$ 的正切值）称为触变指数，用以表示被测流体触变性的大小。斜率越大，则表示这个流体的触变性越大。

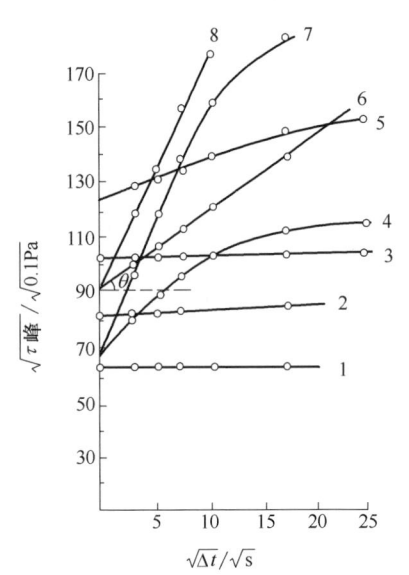

图 10-18　代表性颜料制作的胶印油墨的触变性能
1—铬黄　2—耐晒色淀蓝　3—铬黄/钼铬黄
4—永久红/克来红　5—钼铬黄/永久红
6—BON 红　7—酞菁蓝　8—联苯胺黄

四、油墨的黏温特性

油墨的黏温特性是指油墨的黏滞变形特性随温度变化而产生变化的性质。油墨在印刷机的传递过程中将受到很大的应力作用而产生永久变形，由此消耗的能量产生热量而使油墨温度升高。另外，油墨要在不同的地区和季节使用，即油墨将被置于不同的温度环境中。因此，印刷过程对油墨的黏温特性提出一定的要求：即温度变化时，油墨的黏滞变形所产生的变化应尽量小，即油墨对温度应具有相对稳定性。

1. 油墨黏温特性方程

油墨的表观黏度是温度的函数，记为：$\eta_a = f(T)$

当 $\mathrm{d}D = 0$ 或 $\mathrm{d}\tau = 0$ 时，油墨的表观黏度与温度的关系分别为：

$$\begin{cases} \eta_a = A e^{\frac{E_D}{T}} & (10\text{-}39\text{a}) \\ \eta_a = A e^{\frac{E_\tau}{T}} & (10\text{-}39\text{b}) \end{cases}$$

式中 E_D、E_τ——$dD=0$ 或 $d\tau=0$ 时的温度指数；

A——常数；

T——绝对温度，K。

为简化起见，只讨论 $dD=0$ 的情形。

对式（10-39a）微分：

$$d\eta_a = -A \frac{E_D}{T^2} e^{\frac{E_D}{T}} dT \qquad (10\text{-}40)$$

当温度从 T_1 变为 T_2，相应地，表观黏度从 η_{a1} 变为 η_{a2}，由此确定积分上、下限并积分：

$$\ln \frac{\eta_{a1}}{\eta_{a2}} = \frac{E_D(T_2 - T_1)}{T_2 T_1} \quad (dD=0) \qquad (10\text{-}41)$$

式（10-41）即为黏温特性方程，它描述了当温度产生 ΔT 的变化时，油墨表观黏度 η_a 发生的变化。

2. 黏温特性参数

从黏温特性方程可以看出，各种油墨的表观黏度对温度变化的规律是一致的，但在不同的温度区域，其变化幅度是不同的，这取决于黏温特性参数。

将式（10-39a）两边取对数，有：

$$\ln \eta_a = \ln A + \frac{E_D}{T} \quad (dD=0) \qquad (10\text{-}42)$$

以 $\ln \eta_a$ 为纵坐标，$\frac{1}{T}$ 为横坐标作图，得到图 10-19 所示曲线。由图可见，在 $dD=0$ 时，油墨表观黏度的对数与温度倒数关系可以分为两个阶段，以 $\frac{1}{T_c}$ 为界分为高温区域和低温区域，且各为一条直线，只是两者的斜率不同，即表观黏度随温度变化的幅度不同。这里温度指数 E_D 和转折温度 T_c 均为黏温特性参数。

（1）温度指数 E_D。油墨的 $\ln \eta_a$-$\frac{1}{T}$ 直线的斜率 E_D 即为油墨的温度指数。它是油墨表观黏度随温度变化幅度的标志，是描述油墨相对于温度变化所呈现的黏滞变形特性参数。油墨的温度指数 E_D 越大，表示油墨的表观黏度受温度的影响越大。通常这样的油墨在使用中对温度的变化比较敏感，其行为对温度稳定性差，造成油墨对温度适应性差，在较差的操作环境中容易产生故障。

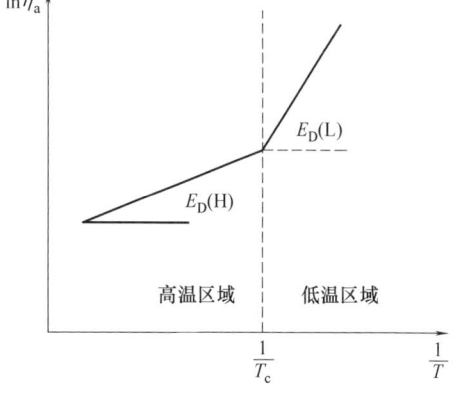

图 10-19 黏温特性曲线

(2)转折温度 T_c。油墨的黏温特性曲线是在某一温度下发生转折而成为两条直线，这说明在固定的剪切速率下，在不同的温度区域，同一种油墨的表观黏度随温度变化的幅度是不同的。发生转折的温度称为转折温度 T_c。在较低温度区域，油墨温度指数 $E_D(L)$ 值较大，即油墨表观黏度随温度而变化的幅度较大；在较高温度区域，温度指数 $E_D(L)$ 值相对较小，即油墨表观黏度随温度而变化的幅度较小。因此，油墨在低温操作条件下使用时，温度稳定性差，容易发生故障。

通常油墨的转折温度在 25~40℃。显然，T_c 值较小是有利的。T_c 值小，较高温区域增大，油墨处于较为稳定的黏温曲线上，即 $E_D(H)$。另外，应特别注意，当利用黏温特性方程计算油墨表观黏度变化时，当温度从 T_1 提高至 T_2 时，如果 ΔT 跨越 T_c，则应分段代入黏温特性方程去计算。分别取不同的 $E_D(L)$ 和 $E_D(H)$ 值，即：

$$T_1 \xrightarrow{E_D(L)} T_c \xrightarrow{E_D(H)} T_2$$
$$\eta_{a1} \longrightarrow \eta_{ac} \longrightarrow \eta_{a2}$$

第三节 油墨的黏弹特性

仅仅讨论油墨的黏滞变形不能全面揭示油墨在印刷机上的行为。前面所述的各种流变参数如黏度、屈服值、触变性等，仅仅说明了油墨在静应力下的行为。而在印刷机上，油墨受动应力的作用，将会做出不同的反应。在静应力作用下，油墨不发生弹性反应，而在动应力作用下，油墨要同时产生黏性和弹性反应，而且随印刷速度的提高，油墨的弹性反应更为明显。油墨的分离过程是一个黏弹过程，油墨的黏弹性不仅与前面所说的黏滞因素有关，而且与黏着能、黏着能密度等弹性因素有关。

一、油墨的黏弹性模型

油墨在剪切应力作用下的黏弹性模型是描述弹性特征的胡克模型与描述黏性特征的牛顿模型的串联加和，即麦克斯威尔（Maxwell）黏弹性模型，如图 10-20 所示。

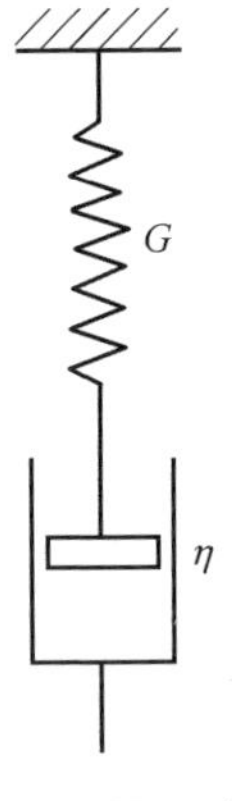

对于单纯弹性变形，切向应变 γ 与剪切应力 τ 的关系为：

$$\tau = G\gamma \tag{10-43}$$

式中 G——物体剪切弹性模量；
γ——相对剪切变形。

如果应力随时间变化，则上式可以写成：

$$\frac{d\gamma}{dt} = \frac{1}{G} \cdot \frac{d\tau}{dt} \tag{10-44}$$

对于单纯黏滞变形，剪切应力与剪切速率的关系为：

图 10-20 Maxwell 模型

$$D = \frac{d\gamma}{dt} = \frac{\tau}{\eta} \tag{10-45}$$

当剪切应力作用在相当于 Maxwell 模型的物体时，表现出来的黏弹性变形应为式（10-44）、式（10-45）之和，即：

$$\frac{d\gamma}{dt} = \frac{1}{G} \cdot \frac{d\tau}{dt} + \frac{\tau}{\eta}$$

亦即：

$$\frac{d\tau}{dt} = G \cdot \frac{d\gamma}{dt} - \frac{G}{\eta} \cdot \tau \tag{10-46}$$

令 $\lambda = \dfrac{\eta}{G}$，代入式（10-46）得：

$$\frac{d\tau}{dt} = G \cdot \frac{d\gamma}{dt} - \frac{\tau}{\lambda} \tag{10-47}$$

式（10-47）为 Maxwell 方程。

方程的解是：

$$\tau = \tau_0 e^{-\frac{t}{\lambda}} = \tau_0 e^{-\frac{G}{\eta_N}t} \tag{10-48}$$

式中 　G——剪切弹性模量；

　　　η_N——牛顿流体的黏度；

　　　$\lambda = \dfrac{\eta_N}{G}$——松弛时间，与材料的黏滞性和弹性有关；

　　　τ_0——初始应力。

可以看出，当剪切应力的作用时间等于松弛时间（$t=\lambda$）时，模型残余应力 τ 恰好等于初始应力的 $1/e$，这时可视为应力完全松弛，模型内能完全消散。因此 λ 值可以表示黏弹性模型内能储存能力的大小。另外，由于模型的黏性部分和弹性部分对时间的响应不同，因此应力作用的频率不同，将使模型产生不同的黏弹性行为。

当应力作用频率极高，应力以极短的时间施加于模型，此时 $\dfrac{d\tau}{dt}$ 很大，Maxwell 方程可近似为：

$$\frac{d\tau}{dt} = G \cdot \frac{d\gamma}{dt}$$

$$\tau = G \cdot \gamma$$

由此可见，黏弹性模型在急剧变化的应力作用下，表现为弹性。

当应力缓慢施加于黏弹性模型，应力作用时间足够长，此时 $\dfrac{d\tau}{dt} \approx 0$，Maxwell 方程可近似为：

$$\tau = \eta \cdot \frac{d\gamma}{dt} = \eta \cdot D$$

此时可视为单纯黏性变形。虽然此时也有弹性变形产生，但由于有足够的时间，弹性部件的势能将被释放，而黏性部件进一步发生变形。这就是模型在缓慢应力作用下应变完全由黏性而产生的原因。

由此可见，与应力作用时间相比较，松弛时间越长，材料的弹性越显著，力学行为越接近于固体；松弛时间越短，材料的黏性越显著，力学行为越接近于液体。而当材料的松弛时间一定时，应力的作用时间越短，则材料的弹性越明显，越像固体；应力的作用时间越长，则材料的黏性越明显，越像液体。所以材料的松弛时间与所受的应力作用时间之间的关系，对于分析材料的流变性质十分重要。

通常印刷油墨的松弛时间是很短的，都在万分之几秒的数量级上，所以在应力作用时间不是极短的情况下,油墨的黏性显著,流变行为就像通常意义下的液体。可是当剪切应力的作用时间 t 小到与 λ 有相同的数量级时,油墨的弹性就十分显著,甚至占主导地位。严格来讲,油墨在传递、断裂过程中是同时具有黏性和弹性的,但在不同的条件下所表现出来的黏性和弹性可能大不相同。油墨的黏着性和拉丝性就是在印刷过程中同时具有黏性和弹性所表现出来的流变特性。

二、油墨的黏着性和拉丝性

在印刷过程中,油墨在墨辊与墨辊间、墨辊与印版间,以及印版(橡皮布)与承印物之间,依靠压力频繁地进行分离和转移。图 10-21 是曝光 1/106s 拍出的墨膜在墨辊间分离和转移的情形。可见,油墨是在强制受压的情况下进入两个墨辊之间,并由于压力作用相互间产生黏附力而成为一个整体。随着墨膜进入出口负压部位而被拉伸,在油墨内部形成细微空洞。随着拉伸的持续,空洞逐渐扩大,墨膜被拉成丝状,最后墨丝被拉变形直至断裂。由于印刷机运转的速度很高,墨膜断裂和转移的时间极为短暂,频率很高,在印刷过程中油墨的弹性效应具有很重要的地位,不容忽视,所以这个过程中油墨的行为是基于黏弹性基础上的。

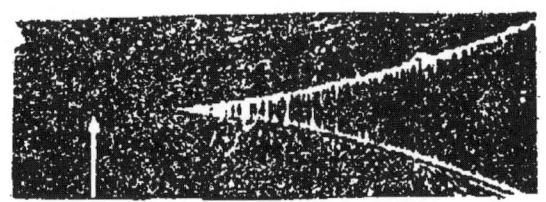

图 10-21 墨膜的分离

使墨膜分裂并转移到相应物面(墨辊表面、印版表面或承印物表面)上的力是附着力,这个力的作用时间非常短暂,而且是周期性的,可视为周期性的冲击力。墨膜本身在这个动态过程中所表现出来的阻止墨膜破裂的能力称为油墨的黏着性,度量其大小的物理量称为 tack 值。油墨的黏着性实质上是油墨内聚力(油墨分子间连接力)在附着力作用下的一种表现。而油墨形成丝状的能力,称为油墨的拉丝性。

油墨在动应力作用下,急剧变形导致墨膜断裂的过程可以看成是固体破坏过程,即弹性破坏过程。这种弹性破坏过程和由于静应力而产生的黏性破坏过程是不同的。墨膜以黏性为特征断裂时,拉丝比较长;墨膜以弹性为特征断裂时,拉丝比较短。可以说,在油墨成丝的过程中,油墨的黏性起主要作用,油墨的弹性起辅助作用;而在油墨断裂的过程中,油墨的弹性起主要作用,黏性起辅助作用。

当墨膜被拉成丝而断裂后,拉伸应力消失,势必在某种应力的作用下恢复到被拉伸之前的状态,这种恢复同样分为弹性恢复和黏性恢复。黏性恢复过程中,膜层无内部应力,依靠重力作用产生恢复,其结果是膜层表面不平整,边缘扩散,网点不光洁且有增大,是一种很不理想的恢复。弹性恢复是依靠膜层内能作用产生恢复,由于膜层内部积蓄较强的内部应力,墨丝被弹性拉力拉回而收缩。弹性恢复使墨膜被强力拉平,表面平整且不扩散,网点挺立,是一种理想的恢复。影响恢复行为的因素同样是膜层断裂的速度和油墨本身的 λ 值。当墨膜断裂速度很高时,即应力作用时间 $t<\lambda$,膜层呈弹性断裂,这种断裂使膜层断丝得以蓄积大量内能,这种内能将使墨丝以弹性行为回弹。

油墨的黏着性和拉丝性是决定油墨分离和转移性能好坏的重要因素,而印刷的过程也就是油墨不断转移的过程。因此油墨的黏着性和拉丝性对印刷过程有着直接的影响。例如，当使用的印刷油墨黏着性比较大而承印纸张的表面强度又比较低时，就会导致纸、墨间的附着力不足以抗拒墨膜分裂，而反倒使纸张的表层被剥离，随同墨膜一起转移到印版或橡皮布上，这就是所谓的"拉毛""剥皮"现象。如果采用的油墨黏着性过小，墨丝回弹无力，则又会引起印品网点增大铺展现象，印刷图文不清晰。再比如，在多色湿压湿叠色印刷中，如果后面一色油墨的黏着性（tack 值）比前面一色油墨的黏着性强，就可能在印后面一色时把前面一色油墨膜层粘走，造成油墨转移率下降，印品色相失真。所以在多色连续叠印中，后一色油墨的黏着性一般应比前一色油墨的黏着性要弱。另外，印刷油墨的拉丝性也要适当。墨丝过短，油墨不能附着到墨辊上；墨丝过长，又容易引起飞墨。凡此种种，都说明了油墨的黏着性和拉丝性对印刷工艺的重要意义。

三、油墨黏着性和拉丝性的测定

尽管油墨的黏着性和拉丝性在油墨的分离和转移过程中具有重要意义，但对其产生的机理、定量分析及实验测定等研究，并没有十分满意的结果。这是因为油墨的分离和转移是在极高的速度或极短的时间内完成的，且油墨膜层很薄，不易获得和控制。在这种条件下确切求解油墨的黏弹性响应是非常困难的，目前广泛使用的测定方法都是一些经验方法。

1. 油墨黏着性的测定

（1）黏着能和黏着能密度。黏着能可以说是墨膜分离时的黏着总能量。油墨黏着力在油墨破裂转移过程中所做的功，就是油墨本身潜在能量转化的结果。以上两者在数量上是相等的，油墨的这部分潜在的能量称为油墨黏着能，记作 E，而把单位体积油墨所具有的黏着能称为黏着能密度，记作 e：

$$e = \frac{E}{V} \tag{10-49}$$

V 是被测油墨的体积，e 可以通过实验计算出来。

油墨黏着能可用沃耶特（Voet）滚动黏着能测试仪进行测试。沃耶特滚动黏着能仪如图 10-22 所示。

质量为 p 的墨辊从装置的左侧滚下，途经一块涂有一定厚度墨层的平板（平板上墨膜的面积为 A，厚度为 δ，体积 $V = A\delta$），越过坡谷，冲上右边的斜坡。假设测得的墨辊的高度变化是 Δh，则墨辊势能的损失是：

$$\Delta v = p \cdot \Delta h$$

这里忽略轨道摩擦等因素造成的能量损失。另外，当墨辊滚过平板上的墨膜时，墨膜被分离和转移，因而油墨的黏着能 E 要下降，黏着能的损失 ΔE，在数值上等于墨辊势能损失 Δv，所以油墨黏着能密度的损失量是：

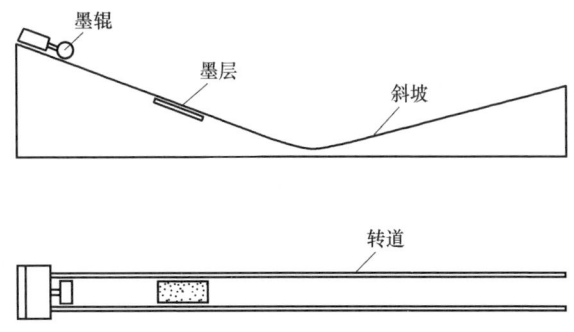

图 10-22 沃耶特滚动黏着能仪示意图

$$\Delta e = \frac{\Delta E}{V} = \frac{\Delta v}{V} = p \cdot \frac{\Delta h}{A \cdot \delta} \tag{10-50}$$

由于墨膜的破裂是在近乎冲击的作用下完成的，弹性效应极为显著。可以想象，墨膜的破裂过程像弹性固体的圆棒被拉伸破坏一样，油墨在辊间的破裂过程如图 10-23 所示。

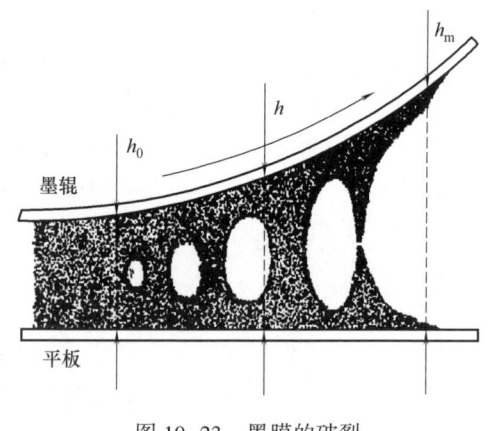

图 10-23　墨膜的破裂

在墨辊和平板的间隙最窄处，单位体积的墨柱长为 h_0，由于附着力的作用，墨柱逐渐被拉长至 h，直至 $h=h_m$ 处，墨柱断裂，因而墨柱的拉伸应变和拉伸应力分别为：

$$\varepsilon = \frac{h-h_0}{h_0}$$

$$\sigma = E \cdot \varepsilon$$

拉伸过程中，从开始到断裂，应力 σ 对墨柱做的功是：

$$W = \frac{V}{h_0}\int_{h_0}^{h_m}\delta\mathrm{d}h = \frac{V}{h_0}\int_0^{\varepsilon_m}Eh_0\varepsilon\mathrm{d}\varepsilon = V \cdot \frac{1}{2}E\varepsilon_m^2 \tag{10-51}$$

式中　E——拉伸弹性模量；

ε_m——最大拉伸应变，$\varepsilon_m = \frac{h_m-h_0}{h_0}$；

V——墨柱体积。

这个功 W 就等于油墨黏着能的损失 ΔE，所以有：

$$\Delta e = \frac{\Delta E}{V} = \frac{W}{V} = \frac{1}{2}E \cdot \varepsilon_m^2 \tag{10-52}$$

$$\sigma_m = E \cdot \varepsilon_m = 2 \cdot \frac{\Delta e}{\varepsilon_m} \tag{10-53}$$

实验表明，油墨的 ε_m 常在 3~10；而 Δe 常在 10^6~10^8（N/m²）；E 一般在 10^5~10^7（N/m²）；σ_m 在 10^6~10^8（N/m²）。通常，测量油墨弹性模量的方法是采用振动的方法，实验条件和油墨转移的条件很接近，变化不定的应力作用使油墨的弹性效应得以体现。实验结果表明，对于矿物油和亚麻油连接料，计算结果与实测结果比较吻合，表 10-1 给出了两种流体的剪切黏性模量和剪切弹性模量的数值。注意，油墨是不可压缩的材料，拉伸弹性模量 E 与剪切弹性模量 G 的关系为 $E=3G$。

表 10-1　　　　　　　　　　流体黏弹性数据（η_p，G）

测试指标	矿物油	熟亚麻油
黏度(黏性模量)(25℃,Pa·s)	6.3	6.5
黏着能密度(N/m²×10^{-8})	11.67	1.75
计算的弹性模量值(N/m²×10^{-7})	4~16	5~18
实测的弹性模量值(N/m²×10^{-7})	7.85	15.8

（2）油墨表（油墨黏性仪）。油墨黏着性的测定大部分是在油墨表上进行的。油墨表的结构和原理如图 10-24 所示。

第十章 油墨的流变特性

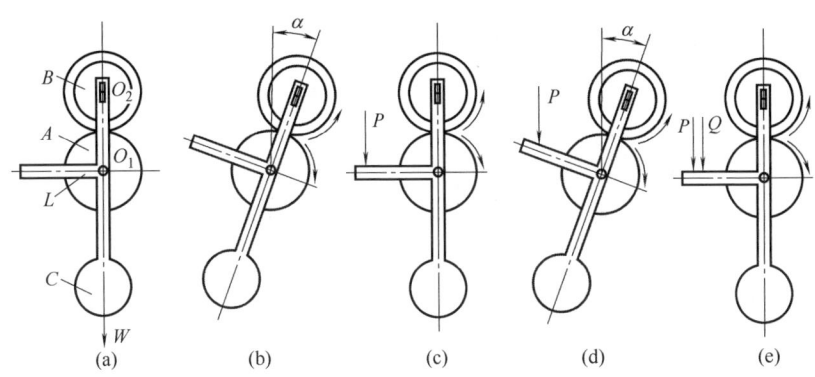

图 10-24 油墨表的结构与工作原理

油墨表的主要部件有 3 个：A 是金属辊，中间是空的，可以通入循环水以调节温度，A 辊绕 O_1 轴旋转，是主动转辊，转速可以调节；B 是合成橡胶辊，绕 O_2 轴旋转，O_2 轴又能在小范围内调节，所以 B 辊可以靠自重压在 A 辊上；C 是支架，O_2 轴装在支架的上端，支架的中部有个平衡杠杆 L，支架下部有个配重 W，整个支架能绕 O_1 轴转动。

图 10-24 中，(a) 是仪器静止时的状态；(b) 是两辊间无墨状态下仪器空转时的情形，此时两辊的摩擦力形成了对支架的转矩，使支架转过了一个角度；(c) 是在支架的杠杆上的某个位置加上一个适当的配重 P，使仪器重又回到静平衡位置的情形；(d) 是两辊间装上油墨状态下仪器运转时的情形，此时在墨膜破裂过程中出现的黏着力形成了对支架的附加转矩，所以又使支架转过了一个角度；(e) 是在杠杆距 O_1 轴为 L 长的位置上又加上一个重力 Q，形成恢复力矩 QL，使仪器再次回到静平衡位置的情形。

从以上所述油墨表的各种情形可以看出，恢复力矩 QL 是和墨膜黏着力附加转矩相平衡的，因而恢复力矩 QL 的大小反映了油墨的黏着性。而且，油墨表有很好的模拟性，即油墨表的结构和工作原理和实际印刷过程很相似。所以用油墨表测得的 QL 值对于衡量油墨的黏着性有较大的参考价值。不过，在油墨表上测得的数据和墨辊的压力、表面状态、墨层的厚度、测试的温度等有很大关系。按照 GB/T 18723—2002 要求，测量时，温度控制在 (31 ± 1)℃，油墨墨量 1.32cm³，O_1 轴转速 400r/min。由于墨膜黏着力附加转矩和油墨黏着性间的数量关系并不明确，因此这些数据仅能作为油墨黏着性对比的依据。因为用油墨表测得的结果仅具有比较的意义，所以仪器给出的表示油墨黏着性的数值（tack 值）是个量纲为 1 的数值。一般地，在标准测试条件下，单张纸胶印油墨的 tack 值在 9~12，胶印轮转油墨的 tack 值在 5~8。

还应指出，胶印树脂油墨连接料里含有高沸点窄馏程的煤油溶剂，在墨辊高速运转下会有部分挥发，造成油墨的黏着性增加。这种黏着性的变化可以用黏着性增值来表示。黏着性增值规定为：油墨表运转 15min 和 1min 两种情况下测得的油墨的黏着性的差值。黏着性增值越小，油墨的黏着性越稳定。黏着性增值为 1 左右比较理想。

2. 油墨拉丝性的测定

目前还没有可以用来直接测定油墨拉丝性的理想方法，直观的方法是用丝头的长短来衡量油墨的拉丝性。所谓油墨丝头长短是指油墨被拉伸成丝到墨丝断开为止，墨丝伸展的长度。这仅仅是个粗略的、形象的描述，计算和测定都有困难。

对油墨的拉丝性，实际中普遍采用的是一种间接的测定和表示的方法。这种方法是从平行板黏度计测定油墨黏度中得到和引申的，在本章第二节中曾经提到该方法。平行板黏度计上油墨的铺展直径 d 和油墨铺展时间的对数 $\lg t$ 近似地成线性关系：

$$d = SL \cdot \lg t + I \tag{10-54}$$

习惯上，把式（10-54）称为油墨的特征方程，把方程中的 SL 和 I 分别称为油墨的斜率和截距。在用平行板黏度计测定不同的油墨时，如果取相同的测定时间 t，则油墨的斜率 SL 大时，说明油墨的铺展速度 $\dfrac{dr}{dt}$ 也大。铺展速度大，则在某种程度上表示油墨的拉丝性好，所以可用 SL 的大小间接地表示油墨拉丝性的好坏。SL 的计算也请参考本章第二节。

用 SL 表示油墨的拉丝性是个简便实用的近似方法，国内外印刷行业普遍采用这种方法。对于胶印油墨，如在 25℃ 条件下测定，SL 值在 5~8mm 是可用的，SL 值在 5~6mm 更好，下限不宜低于 4mm。

以上讨论了油墨的流变特性，介绍了油墨的黏度、屈服值、触变性、黏着性及拉丝性等，同时介绍了相应的测定及计算方法。所有这些内容对于讨论印刷过程中油墨的印刷适性都是十分重要的。除了以上讨论的流变特性外，在印刷工艺中，还经常用油墨的流动性来表示油墨的其他流变特性。

四、油墨的流动性

油墨流动性没有确切定义，目前在油墨制造和使用的领域中，对油墨流动性的理解，通常包括以下三个方面的内容。

1. 流动性

油墨从一个容器很容易地倾注到另一个容器并流静的性能，这就是平常所说的一般流体的流动性。影响油墨流动性的主要因素是油墨的黏滞性、屈服值和触变性。对于接近牛顿流体的较为稀薄的油墨，如水基柔性版油墨、水基凹版油墨、溶剂型凹版油墨等，流动性用牛顿黏度 η_N 来表示就可以了，通常是用流动性 $f = \dfrac{1}{\eta_N}$ 来表示。对于可以看作是塑性流体的稍稠的油墨，如印报用轮转油墨等，情况比较复杂，流动性要测定几个指标一起来表示。例如，屈服值小的油墨，当黏度一定时，就比较稀薄，丝头也比较长，流动性较好。此外，还与触变性有关。这样油墨的流动性就要测定 τ_B、η_P、油墨的斜率，并和油墨的触变性破解系数等一起来表示。有时也用一种综合的评价方法，以"流度"来表示油墨的这种流动性。流度是这样界定的：用一个特制的铜棒蘸取油墨并搅拌一定时间，拉成墨丝后滴在一块玻璃板上，再使玻璃板垂直立起，10min 后量取油墨沿玻璃板下流的长度，这个长度就是流度。对于较为稠厚的胶印油墨，不能用流度来表示它们的流动性，必须分别测定几个指标。

2. 流平性

油墨在容器内或者在涂层上使墨膜表面流平的性能，通常称为油墨的流平性。流平现象是在油墨自身重力和分子作用力的作用下发生的现象，是油墨在低剪切应力和低切变速率下发生的流变特性，所以油墨的流平性是一种特定条件下的流动性。流平性不佳的油墨可能使印品表面出现波纹或呈橘皮状，流平性过强的油墨又可能在印刷过程中不时产生流挂现象，即涂好的墨层在干燥之前只要不是水平放置便会不住地向某个方向流动。流挂现象会使印品上留下流动的痕迹或者造成墨层的厚薄不匀。如果油墨近于牛顿流体，在低黏度范围，油墨的流平性总是好的，但有时会发生流挂现象。如果油墨近于塑性流体，由于有屈服值，油墨自身的重力和分子作用力未必能克服屈服值而使油墨流动，所以流平性总不理想。如果油墨具有触变性，在发生触变现象后的短时间内（一般是指300s内），如果不是很快地回到原来的状态，那么油墨是可以流平的，也不至于发生流挂现象。

3. 下墨性

下墨性是油墨在印刷机墨斗里能不断下墨的性能。流动性好的油墨，在墨辊稍许转动时，墨斗中的油墨即可整体地转动；流动性差一些的油墨，在同样的情况下，就只有靠近墨辊附近的油墨运动；流动性太差的油墨，墨辊和油墨就像分开的一样，不能顺利下墨。出现不下墨的现象，与油墨的黏度、屈服值、触变性、丝头长短有关。从经验来说，油墨的黏度高、屈服值大、触变性大、丝头短都是导致不下墨的原因，其中又以触变性的影响更为显著。下墨容易的油墨，其触变指数在 1.6 左右。如果触变指数超过 3.2，在油墨使用中，下墨便有困难了。显然，如果油墨的流平性好，就容易下墨，因为油墨在墨斗和墨辊间流动的情形和油墨发生流平时的流动条件是很相似的。

用油墨的流动性描述油墨的流变特性，与用油墨的黏度、屈服值、触变性、丝头长度等描述油墨的流动特性，在本质上是相同的，不过有时使用流动性来描述会更方便些。与流动性有关的，还有两个实用的指标，一个称为流动度，另一个称为流动，都是习惯上的叫法。在两块质量为50g，直径为67~70mm 的圆形玻璃板间放入 0.1cm^3 的油墨，在上面加上一个 200g 的砝码，放入恒温 35℃ 的恒温箱中，经 15min 后取去砝码，量油墨的扩展直径，这个直径就是"流动度"。在平行板黏度计上测出 1min 时油墨的扩展直径，这个直径就是"流动"。流动度和流动的一些参考数据列在表 10-2 中。

表 10-2　　　　　　　　　　　一些油墨的流动度和流动

油墨品种	流动度（25℃）/mm	流动（25℃，半径）/mm
单张纸胶印墨	28~36	15~17
卷筒纸胶印墨	28~36	15~17
书刊墨	27~32	14~16
证券雕刻凹版墨	20 左右	11 左右

思 考 题

1. 黏度、屈服值的定义是什么？简述黏度测量的原理。
2. 画出牛顿流体、假塑性流体、涨流性流体、塑性流体、宾哈姆流体的流变曲线，具体分析它们的特点。
3. 画出油墨的特性曲线（d-$\lg t$ 关系曲线），说明斜率和截距的表达含义。阐述如何利用平行板黏度计求出油墨的屈服值、表观黏度和塑性黏度。
4. 什么是油墨的触变性？分析触变性产生的机理。油墨的触变性对印刷工艺有何意义？

5. 画出触变滞后曲线，简述三种触变性测量的方法。

6. 塑性流体的典型特征是什么，触变性流体的典型特征又是什么？

7. 写出黏温特性方程，画出黏温特性曲线，分析温度指数高低的意义。

8. 写出 Maxwell 方程，分析 $\lambda-t$ 的相对大小对油墨流变行为的影响。

9. 什么是油墨的黏着性与拉丝性，分析黏着性高低和丝头长短对油墨的叠印、转移和飞墨所产生的影响。

10. 简述福特杯或蔡恩杯黏度计、旋转黏度计、平行板黏度计，拉雷黏度计的黏度测量原理，各适合什么流体的测量？

11. 锥板黏度计能表达流体的哪些流变特征？

12. 黏性仪的测量原理是什么？黏性的单位是什么，如何理解黏性增值的大小？

第十一章 油墨的干燥性质

第一节 概 述

油墨从印刷机墨斗经墨辊转移到承印物表面后，其行为可以用油墨的干燥性质来描述。对传统的印刷方式而言，在印刷的瞬间，印版或橡皮布上的油墨被分为两部分：一部分残留在印版或橡皮布上，另一部分附着在承印物上。油墨的附着现象很复杂，它既取决于油墨对承印物的润湿能力，又取决于油墨与承印物分子之间的作用力。

油墨转移到承印物表面形成液态的膜层，膜层经一系列物理或化学变化转变成固态或准固态膜层的过程称为干燥过程。不同类型的油墨干燥过程及机理是截然不同的。通常可以分为物理干燥、化学干燥、光化学干燥三类。干燥过程可分为两个阶段：第一阶段，油墨由液态变为半固态，不能再流动转移，这是油墨的"固着"阶段，是油墨的初期干燥，用"初干性"表示；第二阶段，半固态油墨中的连接料发生物理、化学反应，完全干固结膜，是油墨的彻底干燥阶段，用"彻干性"表示。

油墨的干燥速度与油墨的干燥方式有关，油墨的干燥方式则取决于油墨连接料的组分。有些油墨采用单一的干燥方式，如之前比较经典的以不干性矿物油为连接料的新闻油墨属于渗透干燥型；以有机溶剂为连接料的塑料油墨属于挥发干燥型；但大多数油墨由于连接料中的成分往往不是单一的，因而油墨的固着干燥是以某种干燥形式为主，同时伴随着其他干燥形式来完成的。特别是近些年，各种新型油墨层出不穷，其干燥过程更多的是几种形式相结合来完成的。

不同的印刷方式、承印物、印刷机械，对油墨的固着干燥有不同的要求。例如，单张纸胶印机进行多色高速印刷时，要求油墨在瞬间固着，因此，多使用快固着胶印树脂油墨，利用高沸点煤油渗透并迅速固着，再利用氧化聚合反应使油墨完全干固结膜。卷筒纸胶印机（也称轮转胶印机）的印刷速度约为单张纸胶印机印刷速度的三倍以上，且绝大多数机器还附装有折页机，印好的书页立即被折叠，因此要求油墨有更高的快干性。若用涂料纸印刷彩色印品，必须使用热固型胶印油墨，利用高沸点煤油的热挥发及树脂受热发生热固化反应，迅速结膜干燥。近年来出现用豆油或豆油酸的甲醇酯部分甚至全部替代矿物油的大豆油胶印油墨，其中的矿物油成分很少。

油墨的附着与干燥是判断印刷油墨能否在承印物上形成印迹并达到较为理想复制效果的重要因素。

第二节 油墨的附着

油墨与承印物的附着，要从油墨与承印物的润湿和油墨皮膜与承印物间的"二次结合"两方面来讨论。

一、润　湿

润湿是指固体表面的气体被液体所取代，衡量润湿程度的参数是接触角。接触角是指在固、液、气三相交界处，从固-液界面经过液体内部到气-液界面的夹角，用 θ 表示，

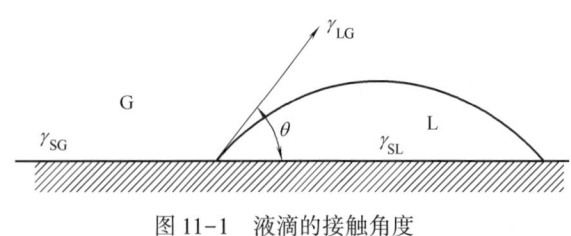

图 11-1　液滴的接触角度

如图 11-1 所示。用接触角表示润湿性时，一般是将 90°角定为润湿与否的界限，$\theta>90°$ 为不润湿，$\theta<90°$ 为润湿；θ 角越大，润湿越差，反之则润湿越好；$\theta=180°$ 为完全不润湿，$\theta=0°$ 为完全润湿。

若以 γ_{SG} 表示气-固界面自由能（或固体的临界表面张力，简称固体的表面张力），以 γ_{LG} 表示气-液界面自由能（或液体的表面张力），以 γ_{SL} 表示液-固界面自由能（或界面张力），则平衡接触角 θ 与 γ_{SG}，γ_{LG}，γ_{SL} 的关系可用杨氏（T. Young）方程来表示：

$$\gamma_{SG}-\gamma_{SL}=\gamma_{LG}\cdot\cos\theta \tag{11-1}$$

杨氏润湿方程是气、液、固三相交界处3个界面张力平衡的结果，从方程可以看出：

① $\gamma_{SG}-\gamma_{SL}<0$ 时，$\cos\theta<0$，则 $\theta>90°$，固体不能被液体润湿。这是因为此时 $\gamma_{SG}<\gamma_{SL}$，气-固界面被液-固界面取代时，将引起界面能的增加，这是个非自发的过程。

② $\gamma_{SG}-\gamma_{SL}>0$ 时，$\cos\theta>0$，则 $\theta<90°$，固体能被液体润湿。这是因为此时 $\gamma_{SG}>\gamma_{SL}$，气-固界面被液-固界面取代时，界面能要降低，这个过程是自发的。随着 γ_{SG} 的增加，θ 会越来越小。当 $\theta=0°$ 时，固体表面被液体完全润湿。

③ 用同一种液体来润湿两种表面自由能不同的固体表面时，高能表面比低能表面容易被润湿。

在数值上，γ_{SL} 总是介于 γ_{SG} 和 γ_{LG} 之间，即 $\gamma_{LG}>\gamma_{SL}>\gamma_{SG}$，或 $\gamma_{SG}<\gamma_{SL}<\gamma_{LG}$；而按杨氏润湿方程，固体表面被液体润湿的条件是 $\gamma_{SG}>\gamma_{LS}$，所以有 $\gamma_{SG}>\gamma_{LG}$。即是说，要使液体润湿固体，液体的表面张力必须小于固体的临界表面张力。

纸张是由纤维物质和非纤维物质组成的薄膜。纸张中的非纤维物质包括填料、胶料、染色剂等，大多是金属氧化物或无机盐。非纤维物质的加入使纸张表面成为高能表面，表面张力都在 0.1N/m 以上。一般油墨的表面张力为 0.03~0.036N/m，所以纸张是容易被油墨润湿的。

由有机物或高聚物组成的固体（如塑料薄膜），其表面是低能表面，表面能的大小和一般液体相差不多，能否被润湿取决于固体和液体表面张力的大小。用表面张力为（36~42）$\times10^{-3}$N/m 的聚酰胺树脂溶剂油墨印刷时，承印物的表面张力不同，润湿情况不一样，油墨的附着性能也就不相同，如表 11-1 所示。

从润湿的角度考虑，要使油墨很好地附着在承印物的表面上，可以设法降低油墨的表面张力，使它低于承印物的表面张力；也可以设法提高承印物的表面张力，使它高于油墨的表面张力。在使用的油墨确定的情况下，对于聚乙烯之类的低能表面承印物，印刷前可以进行表面处理，提高其表面能，以改善油墨的附着性能。

表 11-1　　　　　　　　　　　　不同承印物的油墨附着性能

承印物	表面张力/(10^{-3}N/m)	附着性能	承印物	表面张力/(10^{-3}N/m)	附着性能
聚氟乙烯	28	不良	涤纶	43	良
聚丙烯	29	不良	玻璃纸	45	良
聚乙烯	31	不良	尼龙 66	46	良
聚氯乙烯	39	良			

二、二次结合力

油墨与承印物的两相分子间，若具有较强的异性极性时，会产生牵引力，该牵引力称为二次结合力；油墨与承印物因二次结合力而产生的附着现象，称为二次结合。一般来说，二次结合力是由分子间的配向效应、分散效应和诱导效应引起的。配向效应是由于极性分子内电荷不平衡，分子双极子的正负异端相互牵引所形成结合的效应，如图 11-2 所示，结合能为 0~8.5J/mol。氢键结合也属于配向效应，结合能为 16~42J/mol。分散效应是由于非极性分子在电子淆乱运动中产生瞬间双极子，使得分子间产生牵引力而形成结合的效应，结合能为 0.85~8.5J/mol。诱导效应是由于极性分子的永久双极子诱导其他邻近分子的双极子，使分子间产生永久的牵引力所形成的结合，结合能为 0~2J/mol。这 3 种效应的综合结果，便是在分子之间产生了二次结合力。

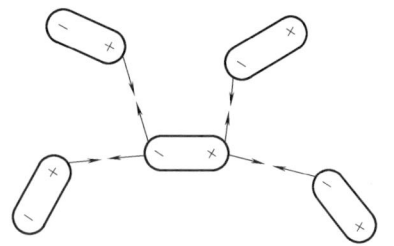

图 11-2　配向效应

在油墨的分子结构中，有极性部分，也有非极性部分。例如，以亚麻油为连接料的油墨，极性部分包括游离脂肪酸的羧基、脂肪酸甘油酯中的酯键等；非极性部分主要是剩余的碳链部分。纸张的分子结构也是如此，有极性和非极性两部分。油墨分子结构中的极性部分和纸张分子结构中的极性部分能够发生配向效应；油墨分子结构中的非极性部分和纸张分子结构中的非极性部分能够发生分散效应。油墨和纸张分子间的配向效应和分散效应是产生油墨和纸张间二次结合力的主要原因。油墨和纸张间的二次结合力越大，二次结合就越牢，油墨的附着性能就越好。

二次结合力的大小随分子间距离的减小而迅速增大。配向效应所引起的结合力与分子间距离的 3 次方成反比；分散效应所引起的结合力与分子间距离的 6 次方成反比。在高速印刷时，印张的堆积和密附会使纸张和油墨的分子间距离急剧地减小，二次结合力明显地增加，未干的油墨便会附着在后一印张的背面，造成所谓"背面蹭脏（set-off）"现象。所以在不影响油墨与承印物附着的前提下，应适当地降低油墨的附着能力，或者设法加快油墨的固着干燥，以期达到减少印品背面蹭脏的目的。

第三节　油墨的渗透干燥

在油墨的干燥过程中，如果油墨的一部分连接料渗入纸张内部，另一部分连接料同颜料一起固着在承印物表面,那么油墨的干燥是依靠油墨的渗透作用和纸张的吸收作用来完成的。这种油墨的干燥方式被称为渗透干燥。渗透干燥属于物理干燥,其墨膜无法承受强力摩擦。

一、渗透干燥型油墨的干燥过程和机理

对于依靠印刷压力实现油墨转移的印刷方式而言,渗透干燥型油墨的干燥是一个从不平衡到平衡的过程。当印墨与纸张接触时,首先发生加压渗透,在很短的时间里,部分油墨被压入纸张纤维的缝隙中,另一部分则留在纸张表面形成墨层。压印以后,在纸张毛细管力的作用下发生自由渗透,表现为纸张表面墨层中的连接料继续渗透。与此同时,油墨颜料粒子之间细微、平方根隙构成的无数毛细管是阻止油墨渗透的,使连接料包围在颜料颗粒表面。经过一定时间,纸张毛细管力逐渐减小而颜料粒子间毛细管力逐渐加强,当这些力的作用达到平衡时,油墨的渗透过程趋于完成。

二、影响油墨渗透干燥的因素

1. 渗透深度

在油墨的渗透干燥过程中,加压渗透是短暂时间内的急剧变化过程,而自由渗透是较长时间内的缓慢变化过程。油墨的渗透干燥与这两个过程的渗透深度密切相关,加压渗透和自由渗透的深度可分别按奥尔森(Olsson)公式和渥斯宾(Washburn)公式计算:

奥尔森公式: $$h_1 = \sqrt{\frac{pr^2 t_1}{4\eta}} \qquad (11-2)$$

渥斯宾公式: $$h_2 = \sqrt{\frac{r\gamma_{LG}\cos\theta}{2\eta} \cdot t_2} \qquad (11-3)$$

式中 h_1、h_2——渗透深度;
r——纸张毛细管平均半径;
γ_{LG}——油墨表面张力;
θ——油墨连接料对纸张的润湿角;
η——油墨黏度;
p——印刷压力;
t_1——压印时间;
t_2——自由渗透时间(两张印品印刷的间隔时间)。

如果使用轮转印刷油墨在新闻纸上印刷,若油墨的黏度为 $\eta = 6\text{Pa}\cdot\text{s}$;$\theta = 0°$;$r = 1.0\mu\text{m}$;$\gamma = 0.0388\text{N/m}$;$p = 480\text{N/cm}^2$;$t_1 = 2\times 10^{-3}\text{s}$;$t_2 = 2\times 10^{-3}\text{s}$,则按上述公式可以算得:

加压渗透深度 $h_1 = 20.0\mu\text{m}$;自由浸透深度 $h_2 = 2.6\mu\text{m}$,这个计算结果与实际印刷的结果大致符合。可以看出,在实际印刷过程中,加压渗透是占主导地位的。而且,油墨黏度越小,纸张越疏松多孔,毛细作用越显著,油墨渗透得越快。图11-3表示不同印刷压力下纸张的油墨渗透深度变化,图11-4表示两种纸张加压渗透深度和自由渗透深度的对比情况,可以看出,实验结果与理论是基本吻合的。

在实际应用中,由于纸张的孔半径不容易测量,而且纸张的毛细孔半径分布也是不均

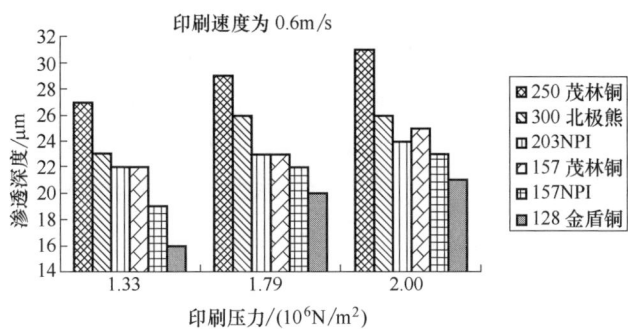

图 11-3 不同印刷压力下纸张的油墨渗透深度变化

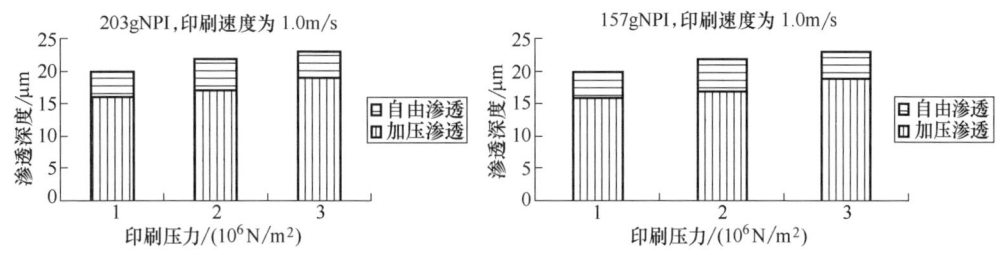

图 11-4 两种纸张加压渗透深度和自由渗透深度的对比

匀的，这就使 Olsson 方程的准确度和实用性受到限制。

2. 纸张毛细管孔径的分布状态与颜料粒子大小的分布状态的关系

无论是加压渗透或自由渗透，油墨的渗透过程总是与油墨、纸张两方面的结构和性质有关。从结构上看，影响渗透的重要因素是纸张毛细管孔径的分布状况、油墨颜料粒子大小的分布状况及两者间的关系，它们也将直接影响渗透干燥型油墨干燥达到平衡时的状态。相关研究结果表明，纸张毛细管半径的概率分布如图 11-5 所示，近似地符合对数正态分布。

铜版纸是由涂料层和原纸构成的涂料纸，图 11-6 是把铜版纸的涂料层和原纸层分离后得

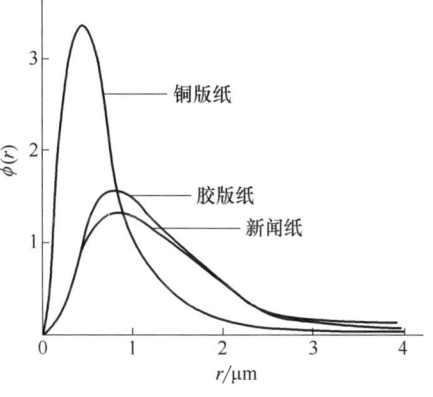

图 11-5 纸张毛细管的分布曲线

到的毛细管概率分布曲线，曲线的左半段表示涂料层的毛细管半径的概率分布，右半段表示原纸层毛细管半径的概率分布。

前面已经指出，油墨在向纸张的加压渗透过程中是依靠印刷压力的作用使一部分油墨整体进入纸张的内部；离开压印区，则以纸张的毛细作用吸收油墨中的

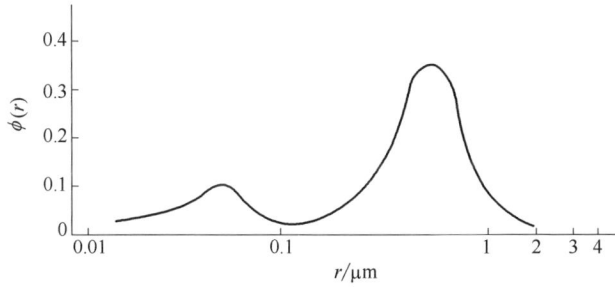

图 11-6 铜版纸毛细管的分布曲线

连接料，主要就是油墨的自由渗透。在连接料渗透的同时，油墨中的颜料粒子也参与其中，因颜料粒子大小和分布状态的不同，其向纸张内部的渗透程度也不同。

纸张毛细管孔径的分布和油墨中颜料粒径的分布都近似地符合正态分布规律。但曲线的形状有所不同，前者低而平，后者高而陡，如果将两条曲线画在同一坐标系下，它们之间的相对位置会出现许多不同的情况，而这种关系会直接影响油墨在纸张中的渗透。从理论上分析，有以下三种有代表性的分布情况（图11-7）。图中，r_1 为纸张毛细管半径；r_2 为油墨中颜料颗粒半径。

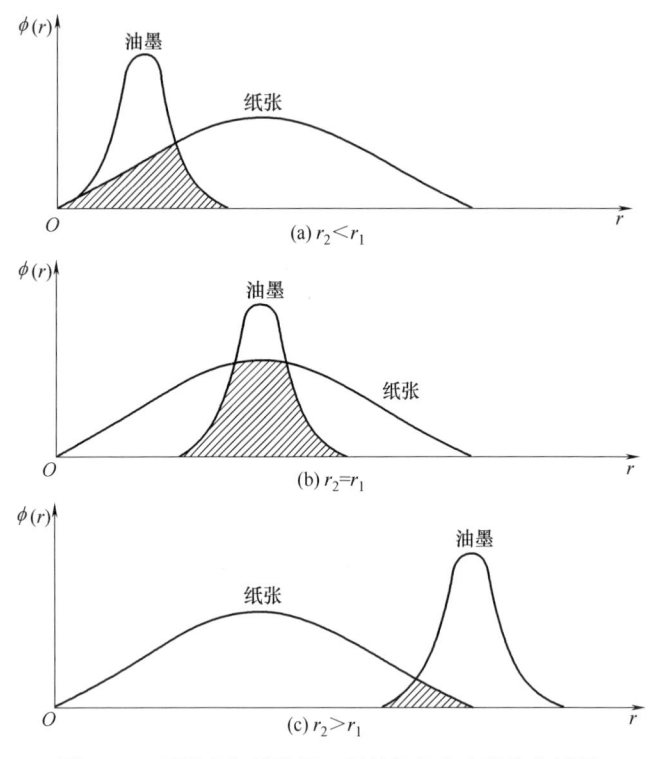

图 11-7　纸张毛细管孔径、颜料粒径大小的分布情况

图 11-7（a）表示两条曲线有一定的重叠区域（图中的阴影区），说明油墨中颜料粒子平均半径小于纸张毛细孔平均半径。在这种情形下，颜料粒子颗粒细小，吸附连接料的毛细作用很强，而且，大于纸张毛细孔径的颜料粒子比较少，因此它对连接料的吸引力大于纸张纤维对连接料的吸引力，从而使墨层在平衡状态时仍含有一定量的连接料，保证了油墨的成膜特性，这是一种合理的分布状态。

图 11-7（b）表示油墨中颜料粒径大小分布曲线右移的结果，两条曲线的重叠区域很大，说明颜料颗粒平均半径与纸张毛细管平均半径相等。这时颜料粒子半径加大，毛细吸附作用相对减少，对连接料的吸引力减弱，当与纸张对油墨连接料的吸收达到平衡时，可能会有少量的颜料粒子随同连接料一同渗入纸张中，使纸张表面的墨层暗淡。

图 11-7（c）表示油墨中颜料粒径大小分布曲线进一步右移的结果，两条曲线的重叠区域很小，说明油墨中颜料颗粒平均半径大于纸张毛细管平均半径。这种情形下，较大的颜料颗粒对连接料的吸附力很小，纸张则会大量吸收连接料，平衡很难形成，造成连接料过量渗透，而颜料粒子失去介质成为干粉，造成油墨的"粉化"。

因此，图 11-7（b）和图 11-7（c）所示都是不合理的分布状态。在油墨的渗透干燥中，控制上述平衡是十分必要的。

以前的印报用新闻油墨，其干燥过程就是完全依靠渗透干燥的实例，那种油墨连接料中主要含有沥青和矿物油，而新闻纸具有较好的吸收性能，所以它是依靠渗透干燥的形式来实现油墨干燥的。但是这样的附着干燥，因墨层不能牢固的结膜，所以不耐摩擦。现在新型的大豆油新闻纸油墨是用大豆油或豆油酸的甲醇酯（见第八章第五节）部分替代矿物油，由于新闻纸的渗透性强，用这种新型油墨不仅可以保证油墨的快速渗透，同时，大豆油有氧化结膜作用，可以提高墨膜的耐摩擦性能，且能减少挥发性有机化合物 VOC 的排放，有利于环保。

有许多种油墨的干燥形式是混合型的，其中包含渗透干燥，例如书刊印刷油墨主要是依靠渗透干燥的，但也包含氧化结膜干燥；亮光快干胶印油墨的固着过程也可以说是一个渗透干燥过程，但不同于普通的渗透干燥。胶印树脂油墨的构造不同于渗透干燥型油墨，它由大分子质量的高黏度相和分子质量相对小的低黏度相构成。在纸张表面，低黏度相很快渗透而高黏度相由于其结构特性而迅速凝固，在很短的时间内完成固着。固着后，墨膜成为介于液态和固态之间的半固化状态。严格地讲，固着时油墨仍处于液态，但膜层具有相当高的黏度，这是由于膜层自身的物理变化使之黏度急骤增高所致。固着对于实际印刷的意义在于：在进行下一道工序或成品堆放时，墨膜能够保持原有状态而不被破坏。胶印树脂墨的后期干燥依靠氧化结膜干燥。

第四节 油墨的挥发干燥

如果在油墨的干燥过程中，连接料中的溶剂挥发，剩下的树脂和颜料形成固体膜层固着在承印物表面上，那么油墨的干燥是依靠溶剂脱离膜层的挥发作用来完成的，这样的油墨干燥形式称为挥发干燥。

挥发干燥属于物理干燥。电子雕刻塑料凹版油墨、溶剂型柔性版油墨、塑料印刷油墨等属于挥发干燥油墨。

一、挥发干燥型油墨的干燥过程和机理

挥发干燥型油墨的连接料主要由树脂与有机溶剂互溶构成。油墨被印于承印物表面后，有机溶剂脱离树脂的束缚而游离出来，依靠其自身的挥发能力而脱离墨膜进入气相。此时，承印物表面膜层中只留有树脂等组分，而树脂原本是固态的，在油墨制造过程中溶剂浸入树脂分子的间隙，进而扩张间隙直至完全隔离开树脂分子。从外部看，即为树脂的溶胀和溶解。当溶剂脱离树脂后，树脂分子又重新靠近，直至产生物理交联。随着溶剂不断挥发，此时的树脂逐渐从溶胶状态转变为凝胶状态，失去流动能力而成为固态，从而完成挥发过程。

二、影响油墨挥发干燥的因素

1. 溶剂的挥发干燥

溶剂的挥发速率可以用每分钟内每平方厘米面积上溶剂挥发的毫克数来表示，即采用 $mg/(cm^2 \cdot min)$ 来表示，也可用每毫升溶剂在过滤纸上完全挥发所需时间（s/mL）来表示。单一溶剂的挥发速率可按下列公式计算：

$$E_r = K \frac{P_{25} \times M_r}{d_{25}} \tag{11-4}$$

式中　E_r——溶剂的挥发速率，$mg/(cm^2 \cdot min)$；

　　　P_{25}——25℃时溶剂的饱和蒸气压，kPa；

d_{25}——25℃时溶剂的密度，g/mL；

M_r——溶剂的相对分子质量；

K——常数=1.64（假定甲苯的挥发速度为100时所取的常数）。

按式（11-4）算得的溶剂的挥发速率是个相对值。表11-2列出了常用溶剂挥发速率的数据。

表11-2　　　　　　　　　常用溶剂的挥发速率

溶剂类别	溶剂名称	挥发速率E_r/ [mg/(cm²·min)]	沸点范围/℃
芳香烃类	苯	288	79~81
	甲苯	100	109~112
	二甲苯	34	135~143
醇类	甲醇	254	64~65
	乙醇	117	75~80
	异丙醇	96	81~83
	正丁醇	19	116~119
酯类	醋酸甲酯	500	52~58
	醋酸乙酯	260	72~80
	醋酸正丁酯	42	115~130

同类溶剂，沸点越低，挥发速度越高。但不同类型的溶剂，沸点同样低时，挥发速率却不一定高。如乙醇和乙酸乙酯的沸点相近，但乙酸乙酯的挥发速率却是乙醇的2倍以上，这是由于乙醇的蒸发潜热比乙酸乙酯高。蒸发潜热是指一定量的溶剂完全变成气体时所需要的热能。溶剂的蒸发潜热越小，挥发速率越高。溶剂的挥发速率还与外界的蒸汽压和温度有关，外界的蒸汽压越大，温度越高，溶剂的挥发速率越高。表11-3列出了常见的溶剂以每毫升溶剂在过滤纸上完全挥发所需时间（s）来表示的挥发速率、饱和蒸汽压和蒸发潜热的数值。

表11-3　　　　　常见溶剂的挥发速率、饱和蒸汽压和蒸发潜热

溶剂名称	挥发速率/s	饱和蒸汽压/ kPa(20℃)	蒸发潜热/ (kJ/kg)(25℃)
醋酸乙酯	85	10.0	1684
甲乙酮	100	9.5	324
甲苯	180	3.0	365
乙醇	240	5.7	815
水	1120	2.3	2264

实际油墨中的挥发物质一般不是单一组分的溶剂，如石油烃溶剂一般是由在一定馏分内的同系物组成。在这种情况下，挥发性强的组分首先逸出，挥发弱的组分滞留下来，溶剂的组成就发生了变化，不可能像单一溶剂那样在恒定的沸点下得到单一的挥发速率，而是溶剂的挥发逐渐变缓，如图11-8所示。一般地，要求油墨溶剂沸点范围应尽量窄些，

否则一些高沸点馏分将残留在墨膜中，容易引起粘脏。

对于窄馏分的混合溶剂，也可以用上面挥发速率公式近似计算，M 项必须取平均分子质量。

2. 树脂对溶剂挥发的影响

树脂溶解于溶剂之中，则树脂分子和溶剂分子之间将存在作用力，这种作用力使溶剂分子逃逸的能力下降，挥发速率减慢，如图 11-9 所示。

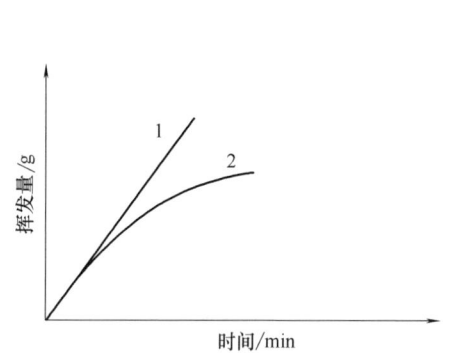

图 11-8　混合溶液的挥发过程
1—恒定沸点溶剂　2—在一定沸点范围内的溶剂

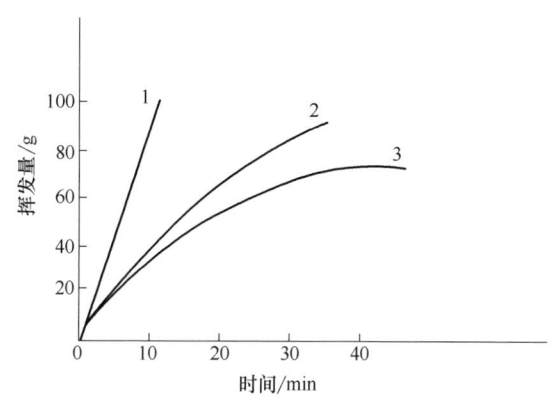

图 11-9　溶剂的挥发
1—单纯溶剂　2—溶剂/树脂　3—溶剂/树脂/颜料

溶剂的挥发速率因溶入不同种类的树脂而明显不同。在 70% 树脂和 30% 石油溶剂的体系中，这种效应从表 11-4 可以反映出来。

表 11-4　　　　　　　　　　树脂的种类和溶剂的挥发速率

树脂种类	挥发速率/[mg/(cm²·min)]（200℃）	树脂种类	挥发速率/[mg/(cm²·min)]（200℃）
酚醛树脂	3.10	聚酰胺树脂	2.80
石灰松香	2.94	聚合松香	2.45

一般来讲，树脂在溶剂中越容易溶解，则溶剂的逸出越慢；软化点高的树脂，溶解度较小，溶剂比较容易挥发。因此，对于高速凹印油墨，其所用的树脂软化点不应低于 150℃，但软化点过高的树脂，溶于溶剂的能力过低，树脂溶液比较黏，树脂容易产生胶凝甚至沉淀。

3. 颜料对溶剂挥发的影响

颜料的表面特性、比表面积大小及浓度都将对溶剂的挥发产生明显的影响。表 11-5 给出了在烃类树脂和石油溶剂中不同浓度的炭黑对溶剂挥发速率的影响。

表 11-5　　　　　　　　　　炭黑含量对溶剂挥发速率的影响

炭黑含量/%	挥发速率/[mg(cm²·min)]（200℃）	炭黑含量/%	挥发速率/[mg(cm²·min)]（200℃）
0	3.54	15	1.78
5	2.21	20	1.51
10	2.01		

图 11-9 中的曲线 3 是由曲线 2 所代表的连接料和 30% 炭黑所形成的体系。显然，溶剂的挥发速率并非如表 11-5 所示的常数，而是随着时间的增长而迅速下降。

不同种类的颜料对溶剂挥发速率的影响见表 11-6，所给数据是以 10% 的颜料与烃类溶剂溶解石灰松香的连接料所形成的油墨中得到的。

表 11-6　　　　　　　　　　　颜料的种类和溶剂的挥发速率

颜料	相对密度	颗粒平均粒径/nm	溶剂挥发速率/(mg/cm^2·min)(200℃)
炭黑	1.77	30	1.81
铁蓝	1.51	65	1.75
铬黄	5.90	210	3.49
立索尔红	1.59	70	2.25

总之，颜料密度小，溶剂挥发速率低；颜料颗粒小，溶剂挥发速率低。

第五节　油墨的氧化结膜干燥

以干性植物油为连接料的油墨吸收空气中的氧之后，发生氧化聚合反应，使干性植物油分子变成立体网状结构的大分子，干固在承印物表面。这种利用氧化聚合反应使油墨从液态转变为固态，形成有光泽、耐摩擦、牢固的油墨皮膜的过程，称为油墨的氧化结膜干燥。

氧化结膜干燥属于化学干燥。胶印油墨、部分丝印油墨、印铁油墨、印刷有价证券的雕刻凹版油墨等，其干燥过程中存在氧化结膜干燥。

一、氧化结膜型油墨的干燥过程和机理

氧化结膜干燥的主要特征是连接料组分发生聚合或缩合反应而形成固体。干性植物油暴露于空气中时，其分子在氧气作用下发生不饱和脂肪酸的氧化和聚合。干性植物油的成膜反应很复杂，可以用过氧化物理论和共轭双键加成理论来解释。

过氧化物理论认为干性植物油是通过氧桥聚合成高分子的。不含有共轭双键的干性植物油是经过下述过程来完成氧化结膜干燥的：氧化结膜干燥初期，干性植物油因含有微量磷酯类有机抗氧剂，吸收的氧较少，氧化聚合反应很缓慢，是干燥过程的诱导期。当抗氧剂被破坏以后，干性植物油吸收氧气，首先与邻近双键的亚甲基（α-亚甲基）发生反应，生成氢过氧化物，这是干燥过程中的氢过氧化物生成期，化学反应式为：

$$RCH_2CH=CH-(CH_2)_7-COOH + O_2 \longrightarrow RCH-CH=CH-(CH_2)_7-COOH$$
$$\underset{O-OH}{|}$$

实验证明，位于两个隔开的双键间的亚甲基（双 α-亚甲基）对于氧分子的活泼性更大。例如，亚油酸的吸氧速度是油酸的 10~20 倍，这是因为亚油酸分子中存在着双 α-亚甲基。亚油酸与氧分子生成氢过氧化物的反应是：

$$CH_3(CH_2)_4=CH-CH_2-CH=CH(CH_2)_7COOH + O_2 \longrightarrow CH_3(CH_2)_4=CH-CH-CH=CH(CH_2)_7COOH$$
$$\underset{O-OH}{|}$$

氢过氧化物很不稳定，在光的照射下会分离成两个游离基。这是干燥的氢过氧化物分

解期，也是游离基的生成阶段，化学反应式为：

$$R_1CH=CH-CH-CH=CH-R_2 \xrightarrow{光照} R_1CH=CH-CH-CH=CH-R_2 + \cdot OH$$
$$\quad\quad\quad\quad | \quad\quad\quad\quad\quad\quad\quad\quad\quad\quad\quad\quad\quad\quad | $$
$$\quad\quad\quad\quad O-OH \quad\quad\quad\quad\quad\quad\quad\quad\quad\quad\quad O\cdot$$

$$或\ R_1CH=CH-CH-CH=CH-R_2 + \cdot OOH$$

游离基的化学性质很活泼，当它去攻击另一个油分子时，又产生新的游离基，这样就产生了游离基的增殖，继而发生游离基的碰撞而聚合：

若用 RO·，R· 或 ·OH 相互碰撞时，就会生成新的化合物：

$$R_1O\cdot + \cdot OR_2 \longrightarrow R_1O-OR_2$$
$$R_1\cdot + \cdot OH \longrightarrow R_1OH$$
$$R_1O\cdot + R_2\cdot \longrightarrow R_1O-R_2$$
$$R_1\cdot + R_2\cdot \longrightarrow R_1-R_2$$

这样，干性油的小分子就变成大分子，再与双键发生反应，形成以氧桥相连的大分子，油墨变成了高分子网络结构的干固皮膜，这是干燥过程的聚合期，化学反应式为：

$$R_1CH_2O\cdot + \cdot OCH_2R_2 \longrightarrow R_1CH_2-O$$
$$\quad\quad\quad\quad\quad\quad\quad\quad\quad\quad\quad\quad\quad\quad | $$
$$\quad\quad\quad\quad\quad\quad\quad\quad\quad\quad\quad\quad\quad\quad R_2CH_2-O$$

$$R_1CH_2-O \quad\quad CH=CH \quad\quad R_1CH-O-CHR_3$$
$$\quad\quad | \quad\quad\quad + \quad\quad | \quad\quad | \quad\longrightarrow \quad\quad | \quad\quad\quad\quad | $$
$$R_2CH_2-O \quad\quad R_3 \quad R_4 \quad\quad R_2CH-O-CHR_4$$

含有共轭双键的干性植物油（如桐油）和氧可以直接生成过氧化物，然后通过分子重排产生氧桥相连的高分子，化学反应式为：

$$2\cdots-CH=CH-CH=CH-CH=CH-\cdots \ + 2O_2 \longrightarrow$$

由于干性植物油是由十八碳烯酸构成的甘油三酸酯，分子结构中含有大量的双键，属于多官能团结构，因此同样的反应也将在另外的亚甲基或双键上发生，这样，就使植物油产生彼此联结，形成空间网状结构分子而成为固态。另外，与植物油并存的树脂组分也将对氧化结膜干燥过程产生影响。由于树脂结构复杂，具有较多双键和活性基团，因此树脂势必参与植物油氧化过程，树脂与树脂间、树脂与植物油间都有可能发生类似反应或其他类型的反应，其结果是加快了分子量的增长，促进干燥反应的进行；另外，当墨膜中稀组分渗透或挥发而脱离墨膜后，膜层树脂增稠，这容易使树脂分子间产生物理交联，其结果促进了墨膜的胶凝。生产实践也表明，树脂型连接料构成的油墨，其固着与固化性能及固化后皮膜都比单一植物油油墨要优越得多。

二、影响油墨氧化结膜干燥的因素

1. 干燥剂的影响

油墨中常用的催干剂是钴、锰、铅的有机酸皂类，一般以离子形态存在。这些金属具有多级化合价，通过它们化合价的变化，在氧化结膜的吸氧过程中起到氧的载体作用。这种载氧作用一方面加快了杂质的氧化，从而缩短了诱导期；另一方面又促进了油分子中氧化物的形成，使膜层吸氧反应的活化能大幅度地降低。催干剂的另一个重要作用是促进氢过氧化合物的分解，即促进了油分子聚合反应的进行。这两种作用结合起来，就大大加快了氧化结膜速度。但催干剂的存在并不改变上面所述氧化反应的机理。

不同的催干剂催干性能是不同的。一般地，铅离子是催化吸氧反应，钴离子和锰离子是催化氢过氧化物分解反应。钴催干剂的催干作用十分强烈。

单独的钴催干剂可加剧膜层表面分子的氧化，却使膜层内部分子的氧化发生困难。铅和锰的混合催干剂，由于两种催干作用并存，可以使膜层整体硬化，但硬化速度较慢。因此催干剂混合使用时，对膜层的干燥效果最好。

催干剂催干机理如下：

（1）催干剂加速氧吸收的反应机理。以氧化铅为例：

$$\begin{matrix} CH_2-OR \\ CH-OR \\ CH_2-OR \end{matrix} + 2PbO \longrightarrow \begin{matrix} CH_2-O \\ CH-O \\ CH_2-OR \end{matrix}Pb + Pb\begin{matrix} OR \\ OR \end{matrix}$$

两种盐都被空气氧化：（R 代表植物油分子中的 $-\overset{O}{\overset{\|}{C}}-R'$）

$$\begin{matrix} CH_2-O \\ CH-O \\ CH_2-OR \end{matrix}Pb + O_2 \longrightarrow \begin{matrix} CH_2-O \\ CH-O \\ CH_2-OR \end{matrix}Pb\begin{matrix} O \\ O \end{matrix}$$

$$Pb\begin{matrix} OR \\ OR \end{matrix} + O_2 \longrightarrow \begin{matrix} O \\ O \end{matrix}Pb\begin{matrix} O \\ O \end{matrix}$$

这两种过氧化物放出多余的氧，这部分氧气必然被其他油分子吸收，完成了氧的传递过程。

$$\begin{matrix} O \\ O \end{matrix}Pb\begin{matrix} O \\ O \end{matrix} + \begin{matrix} CH \\ \| \\ CH \end{matrix} \longrightarrow \begin{matrix} OR \\ OR \end{matrix}Pb + \begin{matrix} -CH-O \\ -CH-O \end{matrix}$$

$$\begin{matrix} CH_2-O \\ CH-O \\ CH_2-OR \end{matrix}Pb\begin{matrix} O \\ O \end{matrix} + \begin{matrix} CH \\ \| \\ CH \end{matrix} \longrightarrow \begin{matrix} CH_2-O \\ CH-O \\ CH-OR \end{matrix}Pb + \begin{matrix} -CH-O \\ -CH-O \end{matrix}$$

（2）催干剂加速氢过氧化物分解的反应机理。以钴催化剂为例：

$$Co^{2+} + R_1-\underset{\underset{\underset{H}{|}}{\underset{O}{|}}}{\overset{|}{C}}H-R_2 \longrightarrow Co^{3+} + R_1-\underset{\underset{\cdot}{\overset{|}{O}}}{\overset{|}{C}}H-R_2 + OH^-$$

$$Co^{3+} + R_1-CH_2-R_2 \longrightarrow Co^{2+} + R_1-\overset{|}{\underset{\cdot}{C}}H-R_2 + H^+$$

$$Co^{3+} + R_1-\underset{\underset{\underset{H}{|}}{\underset{O}{|}}}{\overset{|}{C}}H-R_2 \longrightarrow Co^{2+} + R_1-\underset{\underset{\cdot}{\overset{|}{O}}}{\overset{|}{C}}H-R_2 + H^+$$

2. 颜料的影响

不同颜料会对墨膜干燥带来不同影响。从影响干燥的角度来分，颜料可以分为促进干燥颜料、延缓干燥颜料、不影响干燥颜料。

促进干燥的颜料通常称为天然干燥剂，如铁蓝、铬黄等。其中铁蓝对干燥的影响十分突出，确切的干燥机理仍不清楚，似乎是铁盐复合物对干性油的氧化具有催化作用，类似于干燥剂的催化作用。

延缓干燥的颜料最突出的就是炭黑。炭黑延缓干燥的重要原因是它对干燥剂的吸附而使干燥剂失活。其他延缓干燥的颜料还有钨钼盐类颜料，其作用机理尚不清楚。

大多数有机颜料对墨膜的干燥没有明显的影响，这类颜料的存在，即使含量很大，也不会阻碍干性油的聚合。因此这类颜料也称为惰性颜料。

3. 温、湿度的影响

由于氧化结膜是化学干燥，在较高温度下反应速度加快。通常情况下温度每升高 10℃，干燥速度提高 1 倍。

湿度对干燥的影响与墨膜中的颜料是相关的。铬黄、立索尔红、罗平红等颜料的油墨在湿度高达 95% 时，墨膜的干燥仍不受影响，而炭黑则受湿度影响严重。湿度增加时，为保持不变的干燥速率，要加入较大量的干燥剂。另外，相对湿度在 70% 以上时，锰和铅的催干能力是不足的，必须使用钴催化剂。大部分颜料的油墨，其墨膜干燥一般都受湿度的影响，但影响程度不像炭黑那样强烈。

4. 纸张的影响

纸张表面的酸碱性对油墨的氧化结膜影响很大，pH 越小，干燥越慢。表 11-7 列出了温度、湿度和纸张的 pH 对油墨干燥时间的影响。

表 11-7　温度、湿度和纸张的 pH 对油墨干燥时间的影响

纸张的 pH	不同温度、湿度下油墨的干燥时间/h	
	RH65%, 18℃	RH75%, 20℃
6.9	6.1	12.4
5.9	6.6	14.1
5.5	6.7	23.1
5.4	7.0	30.1

续表

纸张的 pH	不同温度、湿度下油墨的干燥时间/h	
	RH65%,18℃	RH75%,20℃
4.9	7.3	38.1
4.7	7.6	60.0
4.4	7.6	80.0

从表中可以看出，在较高相对湿度下，纸张的表面酸性将阻滞油墨的干燥。这种现象的原因是纸张表面的酸性物质与干燥剂中的金属反应生成不溶于油的反应物，使干燥剂失活。纸张酸性对墨膜干燥的影响只是在纸张表面润湿的条件下才明显产生，因此胶印必须考虑这一问题。

5. 润版液的影响

酸性润版液形成的油包水乳化油墨会对墨膜的干燥产生阻滞作用。这是由于钴干燥剂和酸性润版液发生化学反应，生成不溶于油的钴盐而使干燥剂失活。表 11-8 给出了胶印黑墨使用不同 pH 润版液印刷后墨膜的干燥时间。

表 11-8　　　　　　　　润版液 pH 与油墨干燥的时间

纸张	干燥时间/h				
	pH=7.0	pH=3.8	pH=3.6	pH=3.0	pH=2.0
胶版纸正面	12	16	17	22.5	70
证券纸正面	15	21	22	32	84

第六节　油墨的紫外线干燥

紫外线干燥（Ultraviolet Drying）油墨，简称 UV 油墨，其主要组成有颜料、光聚合活性预聚物、助剂、活性单体（稀释剂）及光聚合引发剂。

UV 油墨干燥属光化学干燥，其特征是油墨经紫外线辐射后引发游离基与单体迅速发生光聚合反应，导致油墨瞬间固化。

在紫外线的作用下，光聚合引发剂被激发，产生游离基或离子。反应式为：

$$R-R \xrightarrow{h\nu} R\cdot + R\cdot$$

这些游离基或离子与预聚物等单体中的不饱和双键起反应，形成单体基团开始进行连锁反应：

$$RM\cdot + M \longrightarrow RMM\cdot \longrightarrow RMMM\cdot \longrightarrow \cdots\cdots$$

由于预聚物是多官能团结构，其分子交联是三维的，因此连接料由液态变成固态。这个反应速度很快，不到 1s 就完成，即在印张到达收纸装置时就已完成。

紫外线油墨干燥的优点有：在印刷机收纸之前，油墨就能瞬间固化，因此不会粘脏；没有溶剂挥发；油墨在紫外线照射之前不会干燥，清洗印版、橡皮布容易；油墨干燥不受承印材料及润版液药水 pH 的影响；可以适应多种承印物；经固化后的墨膜手感好。

紫外线油墨的缺点有：干燥设备投资较大；产生臭氧；墨辊材料受到限制；需使用专

门的洗涤剂；油墨成本高等。

除了以上几种典型的油墨干燥形式之外，还有很多油墨的干燥是几种形式相结合的过程，如商业轮转印刷，其承印材料是轻量涂布纸，印刷速度很快，又带有联机折业装置，要求油墨具有很快的干燥速度，是矿物油挥发和植物油氧化结膜相结合，属于热固型干燥；纸质承印材料的柔性版水基油墨，其干燥形式是连接料渗透和溶剂（主要是水）挥发相结合。

其他类型的油墨干燥性质参见本书"各类油墨及应用"章节。

第七节 油墨干燥的测定方法

油墨干燥的测定是测定油墨干燥的速度，或者是测量在一定的条件下油墨的干燥时间。由于油墨的干燥方式比较复杂，油墨干燥的测定方法也各不相同。常用的有下面几种方法。

一、压 痕 法

压痕法一般用来测定氧化结膜干燥型油墨的干燥速度，在油墨干固仪上测定（可参见 GB/T 13217.5—2023）。干固仪的种类很多，原理基本相同，图 11-10 所示为干固仪的测试原理。这种方法需先在印刷适性仪上印出油墨试验条，然后在试验条上覆纸，一起固定在干固仪上，干固仪开始工作。干固仪的托纸板自左而右做间歇运动，时间间隔可以在开机前设定；压痕机构既可上下移动，又可做前后运动，下移时便压在覆盖膜上，前后运动时便可在覆纸上留下墨痕。随着油墨的干燥，经过一定的时间，覆纸上便不再有墨痕出现了，这个时间就用来表示油墨的干燥速度。图 11-11 所表示的是油墨试验条和覆纸上的墨痕。油墨的干燥时间 t 可按下式计算：

$$t = t_0 + nt_1 \tag{11-5}$$

式中 t_0——试验条从印刷到干固仪开机时所经历的时间；

t_1——压痕的时间间隔；

n——覆纸上墨痕的条数。

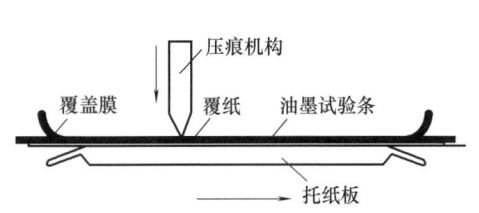

图 11-10 油墨干固仪的测试原理

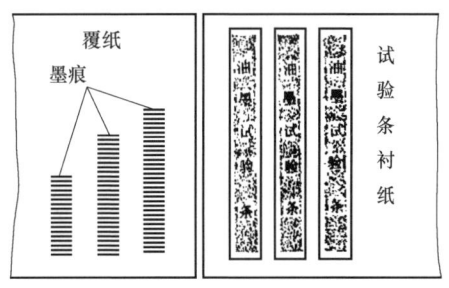

图 11-11 干固仪的测试结果

二、刮样转压法

刮样转压法一般用来测定挥发干燥型油墨的干燥速度，常用初干性和彻干性来表示。初干性即油墨的固着速度，彻干性即油墨彻底干燥的速度，它们要用刮板细度计来测定

(参见 GB/T 13217.5—2023)。方法是先将待测油墨放入刮板细度计的凹槽内，用刮刀沿凹槽刮平，再迅速地将空白刮样纸一端与刮板细度计的零刻度对齐，30s 时把刮样纸放平覆盖在细度计墨样上，用胶辊从 0μm 端匀速转压至 100μm 端，然后立即揭开刮样纸。从 0μm 刻度值算起，一直到纸张上未着墨迹所对应的刮板细度计上的刻度值之间的长度，即表示油墨的初干性，以 mm/30s 计。在刮板细度计的 100μm 处纸张上不出现墨痕的时间即表示油墨的彻干性，以 s/100μm 计。

三、压力摩擦法

压力摩擦法一般用来测定渗透干燥型油墨的干燥速度。这种方法是将油墨的刮样覆盖在新闻纸上，每隔一段时间在固定的压力下进行摩擦。从开始刮样到新闻纸不再因摩擦而染色的时间，即油墨的干燥时间，用以表征油墨的干燥速度。该方法目前用于测定轮转胶印书刊印墨或印报油墨的干燥时间，这类油墨是以渗透干燥为主的普通快干非热固型胶印墨。

思 考 题

1. 油墨的干燥过程分为哪两个阶段？
2. 写出杨氏方程，从表面自由能变化的角度分析油墨在承印物上附着的条件。
3. 什么是二次结合（力）？二次结合力由什么效应引起？
4. 分析胶印亮光快干油墨、塑料凹印油墨、新闻油墨等连接料的主要组成、干燥机理和影响干燥的主要因素。
5. 如何测量或表达渗透干燥、氧化结膜干燥和挥发干燥油墨的干燥性？
6. UV 光固化油墨的优缺点是什么？简述其组成及各成分的功能，并分析哪些因素会影响 UV 光固化速度。

第十二章　油墨的光学性质、细度与耐抗性

第一节　概　　述

　　油墨的光学性质是对油墨在承印物表面成膜干燥后膜层的状态、品质及相应感观效果的描述，其主要内容有膜层光泽、膜层透明性及膜层色彩特征。决定膜层光学性质的根本因素是膜层对照射在其表面光线的反射、透射和吸收能力，即膜层对光线不同量的反射、透射、吸收的组合构成了墨膜不同的光泽性、透明性和色彩特征。其中，光泽主要取决于膜层镜面反射的能力，透明度（遮盖力）取决于膜层的透射能力，而膜层的颜色则取决于油墨对各种光谱的吸收比例。等比例吸收时，产生非彩色系列，吸收的光量不同，产生不同的非彩色效果。全部吸收为黑色，部分吸收为灰色，全部反射为白色；不等比例吸收时，产生彩色系列，吸收的光量不同，产生不同效果的色彩，即颜色的色相、明度、饱和度不同。

　　膜层的光学性质不仅与颜料的结构、性质、颗粒大小、分布以及颜料在连接料中的分散程度及连接料自身的性能、颜色有关，还与承印物的性能、油墨的渗透量及干燥速度、印刷工艺过程有关。下面将分别讨论油墨的各种光学特性及其测量方法。

第二节　油墨膜层的光泽

　　光泽指物体表面反射的亮光。当光线照射于膜层表面时，将产生反射和折射，反射的光线又分为两部分：镜面反射和漫反射。镜面反射的光量即反映了膜层的光泽，光泽度用百分比表示。

　　光泽赋予印品外观以美感，亚光有时也是一种艺术表现手法，因此光泽是印刷品质量的一个重要指标。有许多印刷品进行上光、涂塑、覆膜等处理，其目的都是改善印品的光泽。影响油墨膜层光泽度的因素有油墨、纸张及印刷工艺等因素。首先，油墨本身的流平性将影响印品的光泽。流平性不佳的油墨可能会使印品表面出现波纹或橘皮状，严重影响墨膜的光泽。其次，油墨的渗透量及干燥速度也有影响。纸张疏松多孔，油墨中连接料过多地渗入会导致墨层粉化，墨膜无光泽；干燥速度太快会使印刷品油墨堆积、光泽不良；干燥太慢、印品粘脏，亦会严重影响光泽。另外，纸张的平滑度和光泽度对印品的光泽度也有影响。实验表明：纸张自身的平滑度和光泽度越高，则印刷品的光泽度也越高，两者成正比关系。测试油墨膜层光泽与测量纸张光泽所采用的仪器及测量原理相同（参见本书第五章第二节），油墨光泽检验方法可参考 GB/T 13217.2—2024。

第三节 油墨膜层的透明度（遮盖力）

一、透明度（遮盖力）

当光线照射于膜层表面时，将有一部分光线产生折射而进入膜层内部。进入膜层内部的折射光又分为两部分：穿透膜层的透射光和被膜层所吸收的光。透射光量越大，膜层的透明度（transparency）越高；吸收的光量越多，膜层的遮盖力越强。

不同的印刷效果对油墨膜层透明（或遮盖）能力的要求是不一样的。例如，打底油墨要求油墨膜层具有完全遮盖承印物底色的能力，而彩色印刷则要求油墨膜层的透明性好。如果后一色油墨的透明性不良，就会影响色光减色的效果，从而导致叠印出的颜色产生偏差。

影响油墨膜层透明度的因素有以下四种。

（1）颜料本身的分子结构及结晶构造。不同的分子结构及结晶构造对光线产生不同的吸收能力，从而使相应的油墨具有不同的透明度。

（2）颜料颗粒大小。同一种颜料，颗粒越小，遮盖力越强，这是因为增加了颜料的比表面积，即增加了光线的反射和吸收。但当颜料颗粒的粒径小于入射光波长的一半时，颜料的透明性会急剧增大，并且造成光线的选择性透过，这将导致颜料色相变异。

（3）颜料的含量。油墨中颜料含量越高，对光线的吸收能力越大，油墨膜层的透明度就会下降。

（4）颜料及连接料折射率的差别。颜料及连接料的折射率相近，光线折射角度小，油墨膜层呈透明趋势；两者折射率差别越大，油墨膜层的遮盖力越强。通常用两者折射率之比来表示。例如：

白色油墨：颜料折射率/连接料折射率=1.68，不透明。

调墨油：颜料折射率/连接料折射率=1，透明。

二、透明度的测量

检验油墨透明度的常规方法是刮样对比法。这个方法是将被测样品与标准样品在印有黑色横道的刮样纸表面用刮墨刀刮成墨样之后目测进行对比，以判断油墨的透明度。如图12-1所示，比较被测试样、标准试样遮盖刮样纸黑色横道的情况，即可定性判断被测试样品的相对遮盖力（透明度）。比较被测试样、标准试样的底色，即可判断被测试样的色彩效果，预测油墨的印后效果。

用刮样对比法还可以测量油墨的着色力（参见GB/T 13217.1—2020）。测试着色力时，在被测墨样和标准墨样中加入定量标准白墨，刮样进行对比，若不一致则反复调整，直至两种油墨达到相同的色彩效

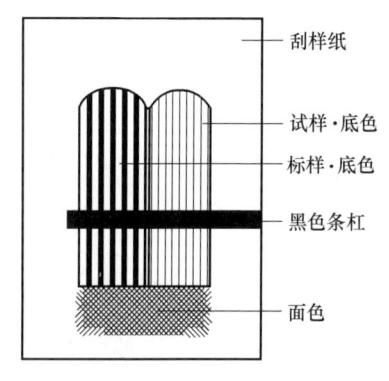

图12-1 对比刮样

果。被测墨样的着色力（S）用百分比表示。

$$S=\frac{B}{A}\times100\% \tag{12-1}$$

式中　A——冲淡标准墨样所用的白墨量；

　　　B——冲淡被测墨样所用的白墨量。

国际上标准白墨由75%氧化锌与25%亚麻油调墨油配成；溶剂型油墨则采用30%钛白粉和同一体系的连接料配成标准白墨。

第四节　油墨膜层的颜色

颜色是油墨经印刷手段赋予印刷品的色彩特性，因此颜色是油墨的一个极为重要的指标。油墨呈现的色彩是印刷质量特征的决定性因素之一。

一、油墨颜色的评价指标

油墨的颜色由颜料决定。日常所使用的黄、品红、青颜料的颜色与自然界光谱颜色的差距很大，理想的黄色应只吸收蓝光而全部反射红光和绿光；理想的品红色应只吸收绿光而全部反射红光和蓝光；理想的青色应只吸收红光而全部反射蓝光和绿光。但实际上，由于颜料本身存在有害吸收，不可能制作出完全纯正的三原色油墨，也就是说三原色油墨对光的吸收和反射偏离理想的方式，使每一个墨色都会产生色相误差和灰度，这将导致印品达不到预期的色调（相）及密度。这一问题通常是通过印前图文处理时对三原色油墨的颜色偏差进行补偿调节而得到解决。因此，必须先掌握三原色油墨的颜色特点，对其颜色进行评价和预测。在印刷过程控制中，可以采用密度测量和色度测量两种体系。从密度测量的角度，三原色油墨的颜色特性有四个方面，即色强度、色相误差、灰度（饱和度）、色效率。这四个特性可以用反射密度并以红、绿、蓝三个滤色片分别对三原色油墨样条进行测定后，根据密度高低计算得知。

某三原色油墨相应的光学密度值见表12-1。

表12-1　　　　　　　　某三原色油墨的光学密度值

三原色油墨	滤色片		
	红	绿	蓝
黄	0.02	0.08	0.86
品红	0.09	0.89	0.33
青	1.25	0.40	0.57

对三原色油墨可用以下指标进行评价。

1. 色强度（Color Strength）

用彩色密度计三原色滤色片测得的3个密度值中最高的一个表示该油墨的色强度，见表12-1，黄墨的强度是0.86，品红墨的强度是0.89，青墨是1.25。油墨的色强度可用来估计油墨叠色后的色偏情况。

2. 色相误差（Hue Error）

以油墨色相反射区域密度差与吸收区域密度差之比来表示。色相误差是描述油墨颜色偏差的指标，油墨色相偏向密度最小值的滤色片的颜色，其量值表示了这种偏差的程度。

$$色相误差 = \frac{M-L}{H-L} \times 100\% \tag{12-2}$$

式中　H——油墨最大密度值；

　　　L——油墨最小密度值；

　　　M——介于 H 和 L 之间的密度值。

3. 灰度及饱和度（Grey Scale/Saturation）

以油墨色相不应吸收区域最小密度与应吸收区域的最大密度之比表示油墨的灰度。饱和度是指油墨的纯度。

$$灰度 = \frac{L}{H} \times 100\% \tag{12-3}$$

$$饱和度 = \left(1 - \frac{L}{H}\right) \times 100\% \tag{12-4}$$

灰度是油墨灰含量的一个标志，灰度越小，油墨的饱和度越高，则颜色较为明亮、干净。

4. 色效率（Color Efficiency）

色效率是指油墨色相反射区域密度的平均值与吸收区域密度的平均值之比与 1 的差值，用百分数表示，它反映了油墨在多色印刷中对色彩表达的能力。色效率越高，说明该油墨能够更好地与其他原色油墨合成并产生丰富且纯正的色彩效果。

$$色效率 = \left(1 - \frac{L+M}{2H}\right) \times 100\% \tag{12-5}$$

如果一个颜色对某种光应当反射而没有反射，应当吸收而没有吸收，甚至有相反的作用，则它的效率就会下降。如果一个油墨的效率较高，则它与其他颜色套印时，就能够得到相应色相和反射纯的色光。表 12-2 给出了上述三原色油墨各指标的数据。

表 12-2　　　　　　　　　　　　三原色油墨各指标的数据

油墨颜色	色强度	色相误差/%	饱和度/%	色效率/%
黄	0.86	7.2（偏红）	97.7	94.2
品红	0.89	30（偏红）	89.9	76.4
青	1.25	20（偏绿）	68	61.2

二、色轮图及应用

依据前面这些数据，可以根据 GATF 方法，确定它们在 GATF 色轮图上的坐标，如图 12-2 所示。

利用色轮图就可以清楚地看出三原色油墨的色相误差与灰度。例如，在表 12-2 中，黄墨色相误差为 7.2%，因最小的数值是以红滤色片测得的，故确定坐标时应往红偏 7.2%。灰度坐标是由外向里计算确定的。一个颜色的灰度坐标位置越接近圆心，则说明这个颜色的灰度越大。一般地说，利用色轮图可以达到两个目的，即预测二（次）色或三（次）色的套印情况及与理想颜色进行比较。

我们知道，当一种油墨套印在另一种油墨上时，可以得到这两种颜色之间的任何色相，它取决于这两个颜色的相对强度、透明度及套印性能等条件。如果将黄、品红、青以及套印后的颜色红、蓝、绿通过一系列的测定计算后，将它们的坐标画（点）在色轮图中，再把这些点用直线连接起来，则这个圈连起来的面积就基本上可以说明三原色油墨的限度，以及能够产生的纯颜色。圈连起来的面积越大，则说明油墨的效率越高。按表12-3的比例将黄、品红、青油墨进行混合，表中19M1C的意思是 19 份品红加 1 份青；13C7Y 的意思是 13 份青加 7 份黄；16M4Y 的意思是 16 份品红加 4 份黄，等等。

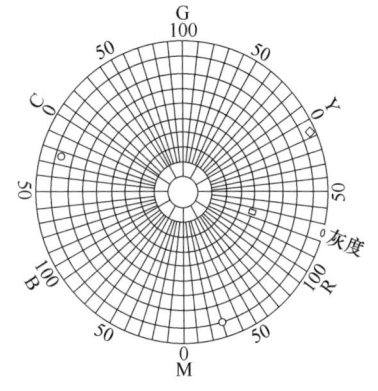

图 12-2　GATF 色轮图

表 12-3　　　　　　　　三原色油墨的呈色范围

油墨比例	滤色片			色相误差	区域	灰度
	红	绿	蓝			
黄（Y）	0.02	0.11	1.37	6.7	Y-R	1.5
4M　16Y	0.05	0.565	1.49	35.8	Y-R	3.4
7M　13Y	0.05	0.71	1.41	48.5	Y-R	3.5
10M　10Y	0.07	0.88	1.37	62.4	Y-R	5.1
13M　7Y	0.085	1.05	1.29	80.0	Y-R	6.6
16M　4Y	0.09	1.15	1.02	87.8	M-R	7.8
品红（M）	0.10	1.325	0.51	33.5	M-R	7.6
19M　1C	0.27	1.20	0.48	22.6	M-R	22.5
18M　2C	0.37	1.19	0.48	13.4	M-R	31.1
17M　3C	0.495	1.28	0.48	1.9	M-B	37.5
16M　4C	0.57	1.205	0.45	15.9	M-B	37.4
13M　7C	0.89	1.26	0.455	54.0	M-B	36.1
10M　10C	1.07	1.08	0.40	98.5	M-B	37.0
7M　13C	1.19	0.87	0.33	62.8	C-B	27.8
4M　16C	1.42	0.73	0.27	40.0	C-B	19.0
青（C）	1.52	0.39	0.17	16.3	C-B	11.2
19C　1Y	1.29	0.355	0.32	3.6	C-B	24.8
18C　2Y	1.42	0.405	0.54	13.3	C-G	28.5
17C　3Y	1.285	0.38	0.62	26.5	C-G	29.6
16C　4Y	1.38	0.41	0.82	42.3	C-G	29.7
13C　7Y	1.19	0.39	1.10	89.0	C-G	32.8

续表

油墨比例	滤色片			色相误差	区域	灰度
	红	绿	蓝			
10C 10Y	0.99	0.345	1.24	72.0	Y-G	27.8
7C 13Y	0.85	0.33	1.39	49.1	Y-G	23.8
4C 16Y	0.57	0.26	1.35	28.4	Y-G	19.3
2C 18Y	0.35	0.19	1.33	14.0	Y-G	14.3
1C 19Y	0.27	0.175	1.35	8.1	Y-G	13.0

然后将这些油墨印样以反射密度计进行测定,再用前面的公式进行计算,计算结果列在表 12-3 中。根据计算结果将其点于色轮图中,然后将各点连起来,就形成了图 12-3 的情况,此图表示用这套三原色油墨可以得到的全部色彩的范围。

除了密度测量的方法之外,还可以采用色度测量,直接测量样条上 Y、M、C、R、G、B 各个颜色的 x、y 值,在 CIExy 色品图上标定各个颜色的位置,将此 6 个点连成一个六边形,即此工艺条件下的印刷复制呈色范围(色域)。图 12-4 是用国产 $128g/m^2$ 的铜版纸,天狮牌 TGS 胶印亮光快干油墨,印刷压力为 625N,印刷速度为 0.6m/s,转移到承印材料上的墨层为 $1.0\mu m$ 的工艺条件,在 IGT 印刷适性仪上进行叠印试验,对得到的样条进行色度测量,绘制的 CIExy 色品图。

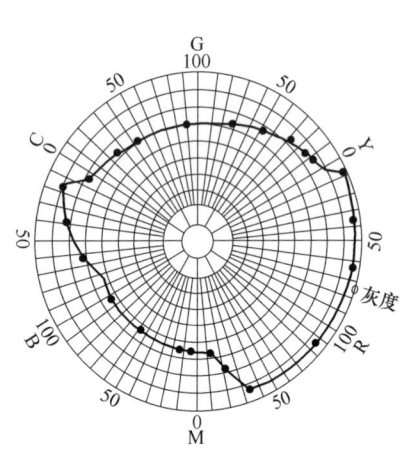

图 12-3 三原色油墨实际测定数据在色轮图上的分布区域

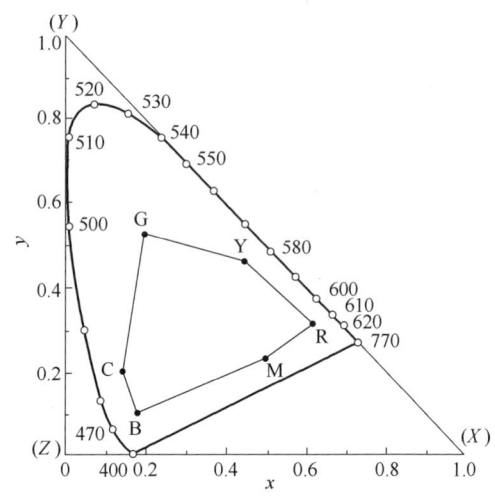

图 12-4 CIExy 色品图

第五节 油墨的细度及测定

油墨的粗细是重要的质量指标。油墨颗粒太粗会引起许多印刷故障,例如,在平版印刷中会引起毁版、堆墨、糊版等;溶剂型油墨会引起毁版、油墨沉降等。一般来说,对于加网线数比较高的印刷品,其对油墨的细度要求也更高。而油墨的细度就是指混合在连接料中的颜料、填充料等固体颗粒被分散的程度。如果分散不好，油墨看起来就会有不光滑、不流畅的感觉，同时颜料的色强度也得不到充分的发挥。

测量油墨细度的方法很多，最常用的方法是刮板细度计法（可参见 GB/T 13217.3—2022）。刮板细度计又名细度计，是一块中间刻有由深到浅凹槽的钢板，如图 12-5 所示。细度计上端凹槽深 50μm（也有深度为 25，100μm 等规格的），往下逐渐变浅至 0，槽边有刻度。试验时用墨刀将已用 6 号调墨油稀释［根据油墨流动度高低进行稀释：流动度在 27mm（平行板黏度计）以下，加 5 倍调墨油；27~32mm 加 4 倍调墨油；32~45mm 加 3 倍调墨油；46mm 以上不稀释］的墨样约 0.5mL 放在 50μm 处凹槽内，将刮刀垂直放在槽上，自上而下（由深到浅）刮到 0 点，使油墨充满细度计的凹槽。然后立即以 30°角斜对光源，用放大镜或目测观察密集的固体颗粒，如果某刻度范围内颗粒数为 15 个，此刻度即为被测定油墨的细度值。每种油墨都要重复试验 2~3 次，取其平均值。

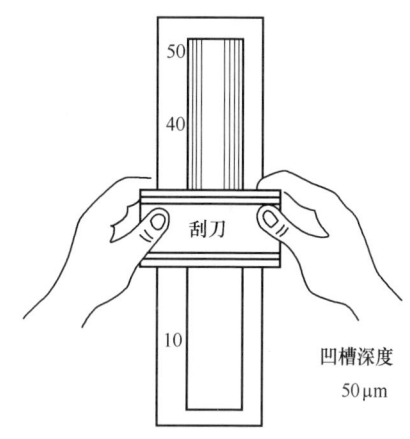

图 12-5 刮板细度计示意图

印刷油墨的细度与印刷品质量有密切关系。图像的加网线数越高，对油墨的细度要求越高。如油墨细度值为 15μm，则在 200lpi 的 10% 网点中，只有 10 个油墨颗粒。事实上，当细度为 15μm 时，大部分油墨颗粒均在 10μm 以下，所以能够印到 250lpi，但应防止油墨在储存中发生胶凝和颜料聚集现象。

除了这种方法，还可以利用光的散射原理制作的粒径仪进行测量，通过对测试数据的分析，不仅可以得到油墨或其他分散体系中分散相颗粒的平均大小，还可以得到分散相的分布曲线。

第六节 油墨膜层的耐抗性

油墨膜层的耐抗性是指油墨膜层受到外界因素侵袭时保持其色彩及其他品质不变的性能，又称稳定性。印刷品的特定用途、特定使用环境对其耐抗性提出了特殊的要求。如常接触酸、碱、有机溶剂的印刷品，必须具有耐酸碱、耐有机溶剂的性能，招贴广告必须耐晒等。油墨抵抗所有的外界侵蚀是不可能的，但可以通过对材料加以选择，使油墨抵抗某一种外界侵蚀，即具有某一特定的耐抗性。

评价油墨膜层的耐抗性包括两个方面的内容：第一，膜层中的颜料受到侵蚀，化学结构是否发生变化，从而导致颜色变化；第二，膜层材料受到侵蚀而被破坏，颜料是否游离出膜层。下面分别介绍油墨的几种耐抗性及其测试原理。

一、耐 光 性

由于许多印刷品要长期暴晒在日光下，所以测定印刷油墨的耐光性是非常必要的。印刷油墨耐光性的强弱主要取决于所使用的颜料，颜料在光的作用下发生化学反应或晶形转化则导致褪色。所有可见光都可能产生这种作用，短波光线作用比较强烈，紫外光尤其如此，这就要求用于广告、招贴等用途的油墨的组成，具有耐短波光照的特性。

测定耐光性主要使用褪色仪，俗称曝晒仪，其原理是将试样与国家规定的日晒牢度蓝色标准一起用黑色厚纸板遮盖一半放入褪色仪，在 5500～5600K 色温的氙灯下曝晒 20～40h，取出后观察被测油墨试样与 8 个日晒牢度蓝色标准中哪一个标准接近，就以该标准的级数作为被测油墨的耐光性级数。其中，8 级最不易褪色，耐光性最好，1 级最差。

二、耐 热 性

如果有些油墨印刷时需要强制干燥（如印铁油墨、软管油墨、热固型油墨的加热烘干）或印刷品有其他用途需要加热时（如塑料油墨印在包装薄膜上要加热封口），要求颜料必须能够承受高温而不变色。测定方法是将 4.75g 被测油墨与 0.25g 燥油调匀，涂在 3cm×15cm 的新镀铁皮上，剪成 6 小块，放入恒温箱，分别在 60，80，120，140 和 180℃ 条件下烘 30min，观察比 60℃ 高的铁皮是否有变色、褪色或泛黄倾向，以未变化的最高温度代表被测油墨的耐热性。

三、耐 磨 性

油墨的耐磨性能是指油墨膜层对摩擦、刮擦这类机械作用的抵抗能力。这主要跟油墨膜层的附着力、硬度和内聚力的综合体现相关，当然，底材材质（如薄膜、纸张、织物、金属等）、膜层表面处理等因素也息息相关。油墨的耐摩擦性能可以采用橡胶砂轮法（也就是常说的 taber 磨耗仪）来测定，或按照国家标准方法 GB/T 7706—2008 执行。

这种磨耗仪通过电机驱动砂轮，通过砂轮连续旋转使试样受到充分摩擦，再通过计数器记录圈数。操作方法相对简单，将试样固定于磨耗仪的工作盘上，根据需求增减加压砝码，固定好橡胶砂轮，再放下吸尘部件，调整好转速即可。油墨的样板可先磨 50 圈，通过百分之一天平称重出 m_1，再重新磨到规定的转速，同样在天平称重出 m_2，通过油墨膜层的失重来表示，公式如下：

$$摩擦失重\ m=m_1-m_2 \tag{12-6}$$

失重越大，代表着油墨的耐磨性也就越差。

四、耐酸、碱、水和溶剂性能

在国家标准中，规定了测试印刷油墨耐酸、碱、水和化学溶剂性能的测试方法，有浸泡法和滤纸渗透法两种。

1. 浸泡法

将被测油墨在刮样纸上刮样或印成实地版，在常温下干燥 24h，剪成小条分别浸泡在下列试管中：

① %盐酸溶液。

② 1%氢氧化钠溶液。

③ 蒸馏水。

④ 95%乙醇或其他溶剂。

浸泡 24h 后，取出试样与保留的未浸泡样张对比，根据表 12-4 中的规定，判断被测油墨耐酸、碱、水和化学溶剂的级别。

表 12-4　　　　　　　　　　　油墨化学抵抗力的级别

级别	样张变色程度	溶液染色程度
1	严重变色	严重染色
2	明显变色	明显染色
3	稍变色	稍染色
4	基本不变色	基本不染色
5	不变色	无色

2. 滤纸渗透法

按照浸泡法制备样张，将其一半平放在玻璃板上，取定性滤纸 10 张浸透酸、碱、水或溶剂，放在试样上，加盖一块玻璃板和砝码，静置 24h 后取出。仍按表 12-4 中的规定观察试样，滤纸染色张数 0 张为 5 级；1~3 张为 4 级；4~5 张为 3 级；6~7 张为 2 级；8~9 级为 1 级，张数与试样变化级数不一致时，以两者中较差者为准。

思 考 题

1. 分析影响油墨膜层光泽度、透明度的因素。
2. 如果颜料的分散度能达到纳米级的程度，则所制造的油墨的透明度会有什么变化？为什么？
3. 油墨颜色的评价指标有哪些，写出其表达公式，并说明油墨为什么会产生色差和灰度？
4. 如何利用密度测量和色度测量的方法评价一套三原色油墨的色域范围？
5. 油墨的细度对油墨的性质有什么影响，如何测量油墨的细度？
6. 油墨的耐抗性指的是什么，它包括哪些性能？如何评价油墨膜层的耐抗性？
7. 如果颜料成分不变，只是改变颜料颗粒的大小和分散度（颗粒度变粗或变成极细的纳米级颜料），油墨的颜色性能会有怎样的变化？

第十三章　各类油墨及应用

第一节　概　　述

不同的印刷方式、印刷机及承印材料对油墨性能提出了多样化的要求。因此，不同类型的油墨从外观到性能都有相当大的差异。

随着科学技术的发展，印刷行业从制版的方式、印版的材料以及印刷的方式都发生了很大的变化。相应地，为了适应新的版材、新的承印材料及印刷目的的需求，除了各种经典油墨品种外，各种新型油墨应运而生。如无毒、无污染的水基油墨，既能快速固着又有良好光泽的亮光快干胶印油墨，成本低廉且无污染的油包水型速印一体化机油墨，以及各种喷墨油墨，UV固化油墨都被广泛使用，另外，用于特殊目的的荧光油墨、示温变色油墨、微胶囊结构油墨、导电油墨、磁性油墨等更是层出不穷，品种多样。

按照传统的分类习惯，油墨是按照印版的特点来划分的，如平版印刷油墨、凸版印刷油墨、凹版印刷油墨及孔版印刷油墨。在同一类别中还可进一步分为不同的品种，如凸版印刷油墨中，可以按印刷是圆压平或圆压圆的方式分为平台凸印油墨和轮转凸印油墨；平版印刷油墨可按其性能分为单张纸胶印油墨、卷筒纸胶印油墨和在铜版纸上印刷的胶印油墨、印铁油墨等；凹版印刷可分为雕刻凹版油墨和照相凹版油墨；孔版油墨又可根据承印物不同分为玻璃油墨、织物印花油墨、陶瓷印花油墨；或按油墨功能不同分为示温油墨、荧光油墨、导电油墨等。有些传统的油墨，由于印刷版材和印刷方式的改变已很少使用，如平台铅印油墨，铜版油墨等，而柔性凸版油墨、热固型胶印轮转油墨以及各种功能油墨的使用范围及用量则越来越大。下面，将按照印版特点不同分别介绍一些比较典型的、常用的油墨的特点及配方设计原则，并对以前曾普遍使用的经典印刷油墨作简单介绍。

第二节　平版印刷油墨

由于平版印刷是基于油-水不相溶混的原理来进行印刷的，又是典型的间接印刷，因此，与之相匹配的平版胶印油墨具有一些与凸版油墨不同的性质。在油墨的配方设计原则上，首先要考虑到平版油墨在印刷过程中会与水频繁地接触的情况，油墨要具有较强的抗水性，防止油墨过度乳化。这就要求油墨中的颜料必须是抗水性强的颜料，即不溶水和溶剂，否则在印刷过程中颜料会在机械摩擦的作用下脱离连接料，溶于润版液，导致印品非图文部分着色，影响质量；由于是间接印刷，转移的墨层比较薄，所以要求颜料的着色力要强，油墨中颜料的比例适当高一些（并不是越高越好，在很多情形下，颜料含量存在临界值）；此外，还要求颜料的分散性好，以保证油墨的流动性。连接料是油墨的心脏，对胶印油墨连接料来说更是如此。如果连接料抗水性不好，会产生严重乳化，引起油墨传递不良，也会影响油墨的干燥性能；另外，连接料的颜色、黏度、pH都会对油墨的性质产生明显的影响。一般地说，连接料的分子质量越大则其抗水性越好，过去使用的油型连接料以亚麻油为主，它的抗水性差，干燥慢，已很少使用。现在的胶印油墨都使用各种树脂连接料。

平版印刷油墨按承印物种类，可以分为单张纸胶印油墨、卷筒纸胶印油墨、印铁油墨、软管油墨及特种平版油墨等。

一、单张纸胶印油墨

单张纸胶印油墨除珂罗版油墨仍使用亚麻油为主要连接料，用于少量艺术品（如古代字、画）的复制外，其余都使用树脂型连接料。

树脂型胶印油墨一般可分为普通型、亮光型、快干型和亮光快干型，其差别在于普通型光泽较差，固着较慢，但价格低廉；亮光型胶印墨光泽好，但固着较慢；快干型能在纸上快速固着，避免粘脏，但光泽较差；亮光快干胶印墨则综合了亮光型和快干型的特点，关键是在比较好地解决了炼制改性酚醛树脂油和胶质油的温度和时间的控制问题，能达到亮光快干的良好平衡，适宜在铜版纸上印刷，多用于制作画册、挂历、图片等精美印刷品。其干燥原理是先依靠连接料中的低黏度相——油墨油的迅速渗透而达到快速固着的目的，然后进一步依靠氧化结膜彻底干燥而形成有光泽的墨膜。这几种类型油墨在配方上有相近之处，区别在于使用的固体树脂、液体树脂和油墨油的比例不同，炼制树脂油的方法也不同。下面是亮光胶印青墨和快固着胶印黑墨的配方。

（1）亮光胶印青墨配方

酞菁蓝 GBS	15%
长油醇酸树脂	25%
酚醛树脂	42%
胶质油	15%
胶质碳酸钙	2%
油墨油（沸程 250~290℃）	1%

（2）快固着胶印黑墨配方

炭黑	18%
射光蓝 AG 膏	8%
固体树脂型酚醛树脂油	46%
液体树脂型酚醛树脂油	2%
快固型胶质油	8%
油墨油（馏程 250~290℃）	4%
蜡质辅助剂	2%
萘酸钴（6%）	1%
萘酸锰（3%）	1%

亮光快干型胶印油墨的细度要求很高，一般在 15μm 以下，黏度在 20~80Pa·s。

二、卷筒纸胶印油墨

卷筒纸胶印油墨用于高速的卷筒纸胶印机印刷，所以黏度要低一些，一般为 10~

40Pa·s/25℃，黏性比单张纸油墨小，只有3~6Pa·s/32℃，但仍需要有一定的触变性。用于新闻纸或胶印书刊纸印刷时，一般是用普通快干型胶印油墨，依靠渗透固着干燥为主；在铜版纸上印刷时，就必须采用有烘干设备的多色卷筒纸胶印机。

1. 普通卷筒纸胶印油墨

（1）普通黑色卷筒纸胶印油墨配方

槽法炭黑	16.5%
酞菁蓝	1.5%
快固型酚醛树脂油	40%
长油醇酸树脂	2.0%
沥青油	30%
油墨油（馏程250~290℃）	5%
蜡质辅助剂	5%

高速卷筒纸胶印机印报油墨以渗透固着为主。要求油墨黏度更低一些，为5.0 Pa·s/25℃，黏性值仅为2.8/32℃，油墨配方也有些不同。

（2）卷筒纸胶印印报黑墨配方

优质炭黑	16%
酞菁蓝	2%
碱性蓝色色浆	3%
松香改性酚醛树脂调墨油	23%
石油树脂调墨油	23%
沥青油	5%
亚麻油调墨油	5%
矿物油（机油）	15%
油墨油	8%

2. 用于卷筒铜版纸印刷的胶印油墨

这种油墨含有较多的油墨油（馏程240~260℃），必须在印刷后通过烘干设备，使溶剂挥发，所以是以挥发干燥为主，兼有氧化结膜作用的油墨，所用树脂是高软化点的热固型松香改性酚醛树脂。加入亚麻油调墨油可提高墨膜光泽和流平性；加入干燥剂和蜡质可以使油墨快干，墨膜光滑、耐摩擦，还有降低黏性，防止蹭脏的作用。这种油墨称为热固着油墨，品红热固型卷筒纸胶印油墨配方：

洋红6B	15%
松香改性酚醛树脂油	27%
亚麻油调墨油	8%
油墨油（馏程240~260℃）	42%
三癸醇	3%
石蜡辅助剂	3.5%
钴催化剂	1.0%
胶化剂	0.5%

上述油墨在印刷后必须经过200~250℃的干燥装置烘干，快速结成有光泽的墨膜。卷

筒纸加热后温度很高,要用冷却辊冷却并喷水增加湿度,使纸张含水量恢复正常。

应当指出的是,由于这类油墨的溶剂是靠加热挥发的,这就要求干燥装置具有良好的废气处理功能,避免由此造成的环境污染问题。这也促使人们使用无溶剂的油墨,如 UV 固化胶印油墨,这种油墨的应用已越来越受到关注。

三、印铁油墨

1. 印铁油墨

印铁油墨是在金属表面上用橡皮布滚筒转印的油墨,印铁属于平版印刷的范畴,所以印铁油墨的性质基本上与胶印油墨相同。但在耐热性与附着能力上有特殊要求。另外,考虑到某些特殊用途,如印刷制作玩具的铁皮油墨,必须使用低毒(各项有害金属含量不能超标)的油墨。

2. 印铁彩色油墨

印铁彩色油墨是一种耐高温烘烤的平版油墨,细度应在 $15\mu m$ 以下,流动度为 $23\sim31mm$,黏性为 $15\sim23$。为了调节干燥速度,可加入少量干燥剂,如在印刷机墨辊上出现结皮现象,也可以加入一些干燥抑制剂。

印铁彩色油墨配方见表 13-1。

表 13-1 印铁彩色油墨配方

原料	油墨色相			
	中黄	金红	孔雀蓝	黑墨
中铬黄	10.5	—	—	—
联苯胺黄	13.5	—	—	—
金光红	—	26	—	—
酞菁蓝	—	—	18	—
酞菁绿	—	—	2	—
炭黑	—	—	—	16
铁蓝	—	—	—	6
青莲	—	—	—	3
醇酸树脂	23	20	22	14
高黏度酚醛油	26	36	39	44
低黏度酚醛油	8	10	10	10
胶质油	8	4	7	—
碳酸钙	11	4	2	7

3. 软管打底油墨和彩色油墨

用于软管的直接胶印,或者由铜凸版接受油墨,再经胶辊转印到软管表面,不与水辊接触的印刷。这种软管印刷一般是先印白色打底油墨,烘干后再套印彩色文字图像。油墨性能与印铁油墨相似。

四、其他平版印刷油墨

1. 无水胶印油墨(waterless offset ink)

无水胶印是一种新型平印技术,其印版为在铝版基上涂布感光层和硅酮橡胶;硅酮橡胶不需润湿也不黏附印刷油墨。晒版时用阳图底片曝光，见光部分固化与硅酮橡胶一起形成非图文部分。当用1∶5的甲苯与环己烷溶剂显影时，未感光部分的硅酮橡胶与感光膜一同洗去，形成亲油表面，处理后即可上机印刷。其结构类似平凹版，耐印力已达2万～5万印，并且具有网点清晰、色彩鲜艳、光泽强、层次再现好等优点，但版材较贵，硅酮橡胶易被划伤，对纸张表面强度要求较高。

无水胶印油墨与一般平印油墨不同，它不要求抗水性，但需要高黏度，低黏性，触变性大，有良好的传递性能。无水胶印油墨的连接料由分散在苯二甲酸二丁酯或二辛酯中的氯化橡胶与分散在油墨中的二聚松香季戊四醇酯组成。用油墨油调整其黏度，填充料常使用滑石粉，借以减少摩擦；还可以加入少量黏度为10～15Pa·s的硅酮油达到消除和降低表面张力的目的。将上述物质一起混合加热到（90±5）℃ 20～30min，冷却后加入颜料与填充料在三辊轧墨机上轧细。无水胶印油墨的价格也高于普通胶印树脂墨。

无水胶印油墨印在铜版纸上干燥快，但在墨辊上容易因温度升高导致黏度下降，出现脏版故障。最好在墨辊中通水冷却，使油墨保持一定的黏度和较高的内聚力。

2. 轻印刷用平版油墨

轻印刷使用小型胶印机和纸基氧化锌版、银盐扩散版或薄铝基PS版印刷，使用的纸张多数是书籍纸、胶版纸以及办公用纸，有一定的吸收油墨溶剂的能力。为了避免经常洗涤墨辊，轻印刷用的平版油墨最好能在墨辊上不氧化结膜，放置几天也不会干燥。但一旦印在纸张上以后，连接料的溶剂能很快释放出来，被纸张所吸收，油墨较快地固着于纸面。为此常使用特殊的环化橡胶连接料。

环化橡胶由天然橡胶经催化剂处理制成，又名异构橡胶，其结构式见图13-1。

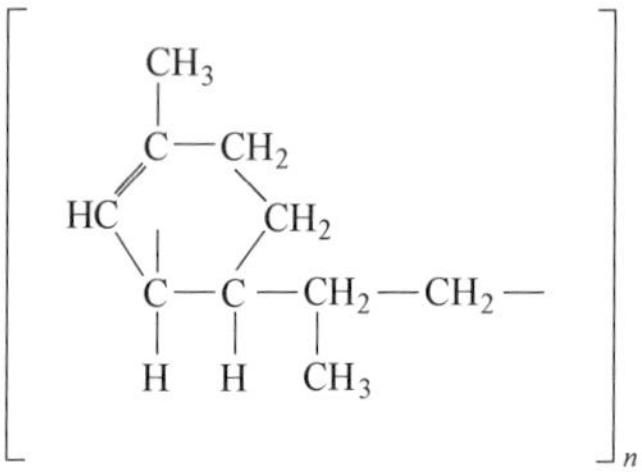

它是一种淡黄至琥珀色的坚硬固体树脂，相对分子质量在3000～5000，碘值为50～100，软化熔点110～140℃，相对密度为1.0，酸值小于4，以1∶1的配比溶于馏程260～290℃的油墨油中，黏度8～14Pa·s/25℃，在加热条件下可与植物油连接料混溶。

将上述的连接料与适当的颜料、填充料混合分散后，就能制成在小胶印机上不干墨辊，印到纸张上以后由于油墨油渗入纸内，较快地结膜固着的轻印刷用的平印油墨。由于不用经常洗涤墨辊，可避免浪费。缺点是当印刷速度较高时，比较容易出现飞墨现象。

图13-1 环化橡胶分子结构式

3. 大豆油环保胶印油墨

早在1979年，美国就提出开发一种新型油墨的想法，以替代报纸印刷中长期使用的以石油为基础的新闻油墨。为了找到合适的原料替代品，全美新闻协会的研究人员在测试了2000多种植物油之后，选定了广泛应用于制造食用油的无毒性大豆油。太阳化学公司（SUN CHEMICAL）油墨厂首先制造出以大豆油为原料的新闻油墨，并于1987年进行了新闻纸印刷测试，从此，大豆油油墨在印刷行业中开始使用。最初，只有6家报纸使用，现在，大豆油油墨（主要是彩墨）已经得到了普及。新闻纸用彩色大豆油油墨与以石油为原材料的油墨相比，不仅价格低，同时还具颜色鲜艳，环保等优势。目前，美国1万多种报纸中，有1/3左右的报纸使用大豆油油墨印刷；1500多种期刊中，有90%以上使用大豆油油墨印刷。随着大豆油油墨在报纸印刷行业中的普及，越来越多的客户要求油墨生产厂家提供以大豆油为原材料的其他油墨，其中包括单张纸胶印油墨、热固轮转油墨、冷固轮转油墨、商业表格油墨以及柔印油墨。但由于100%使用植物油溶剂会影响油墨的干燥速度，因此，在实际生产的大豆油胶印油墨中，VOCs（挥发性有机化合物）成分仍占20%～40%，普通大豆油墨中也占15%～20%的含量。为此，美国大豆协会（ASA）规定油墨中大豆油成分必须达到以下标准：

热固化轮转胶印油墨中　　　　　　　　　　　　≥7%
单张纸胶印油墨中　　　　　　　　　　　　　　≥20%
新闻油墨中　　　　　　　　　　　　　　　　　≥40%
新闻油墨（彩色）中　　　　　　　　　　　　　≥30%
商业表格油墨中　　　　　　　　　　　　　　　≥20%

（1）大豆油油墨组成。大豆油墨是由食用黄豆油（或者其他干性或半干性植物油脂）与颜料、树脂、蜡质等混合而成的。所谓大豆油油墨是指用大豆油置换油墨中部分石油系矿物油的环保油墨，其颜料与树脂成分和普通油墨一样。由于大豆油大量地替代了具有挥发性的石油系溶剂，而本身又为绿色的天然植物油，所以对造成大气污染因素的挥发性有机化合物（VOCs）具有抑制作用，同时其化学诱导物为非毒性，有利印刷业环境与健康安全中的自然降解问题。

（2）大豆油墨的特点

① 优秀的环保性。传统的石油基油墨中通常含有大量的挥发性有机化合物成分（VOCs），且多为多环芳烃化合物（polycyclic aromatic hydrocarbons，PAH），如3-硝基苯丙酮等，近代医学已经证明此类物质具有强烈的致癌作用。油墨制造、印刷、干燥过程或清洗制造设备及印刷设备时，有机成分挥发，严重危害健康。而大豆油墨特别是纯大豆油油墨是以100%大豆油为基础，多环芳烃化合物含量低，使用时不会排放VOCs，不会对环境造成危害，改善印刷车间环境，利于制造者及使用者的健康。同时，传统油墨依赖的石油是不可再生资源，随着使用而日益枯竭，能源危机已成为人类面临的第一大问题，很多产业已将目光转向可再生的植物资源，如生物柴油等。大豆油墨中的大豆油取自天然，可无限再生，又能生物降解，无论从资源利用还是从环保角度都有传统油墨无可比拟的优势。

② 优良的耐擦性。传统石油基油墨的印刷耐擦性不良，容易沾黑读者的手。据美国报业协会报道，通常情况下，报纸读者在阅读时特别关心其手沾黑。大豆油墨本身耐擦，使报纸读者不受手沾黑的困扰，同时又没有不良刺激异味。

③ 耐光耐热性好。大豆油墨的沸点比石油挥发成分高很多，而当油分受激光打印机或复印机加热时，不会挥发而粘在纸上，也不会污染机器零件。

④ 废纸脱墨容易。以造纸技术闻名的美国西密歇根大学的科研人员通过研究发现，大豆油墨比传统油墨容易脱墨，而且纸纤维的损伤少，回收再生纸品质佳。通常报纸用纸80%以上采用再生纸，利用大豆油墨的这种特性，废纸回收再生时废料少，回收成本较低，极具行业竞争力。脱墨处理后的废大豆油墨残渣比较容易降解，利于污水处理，控制排放水品质。

⑤ 综合印刷成本低。大豆油墨颜色范围广，色彩丰富而亮丽，少量油墨即可展现大

量传统油墨所能展现的效果。据报道,大豆油墨可以增加10%~15%单位印刷量,从而使印刷成本降低。另外,由于传统油墨中含有有机化合物,为避免引起环境污染,其废弃处理成为困扰油墨制造厂及印刷厂的一个难题。然而大豆油墨可以回填在新油墨中混合使用,不仅利于环保,同时降低了生产成本。

⑥ 符合产业政策。我国是一个农业大国,也是全球大豆的主产国,发展以大豆油墨为代表的植物油基油墨,不仅符合国家能源产业发展的政策,同时可推进国内植物油脂工业的发展,扩大植物油脂的应用范围,减轻不可再生石油的消费与进口,节省外汇,同时也符合农村产业政策,带动农业种植结构的调整,利国利民。

⑦ 应用前景。近年来,环保与健康已成为全球性问题,报纸杂志等印刷品和生活息息相关,印刷油墨的环保问题必然备受瞩目。在美国,按照职业安全与健康管理局化学危害规范的规定,若油墨产品中致癌物质的含量超过0.1%,则必须在产品上予以标识,报纸也不例外。美国环保署(EPA)也公布石油基印刷油墨潜在的致癌作用,以警示注意石油基油墨的毒性。因为传统油墨的种种负面因素,致使美国印刷业逐渐趋向于使用低多环芳烃为原料油的植物油墨。1992年美国清洁空气修订案为降低化学发挥物的排放而鼓励报纸印刷采用非石油基油墨配方,从而导致印刷业者逐渐转换采用大豆油墨,以达到清洁空气修订案规定的废气排放标准。1994年美国又以《植物油墨印刷措施法案》的形式规定在成本相当的情况下,政府机关的印刷品优先采用大豆油墨印刷,以利环保。但由于大豆油油墨采用的是植物型材料,干燥速度相对较慢,价格也稍贵。为解决大豆油油墨干燥速度相对较慢的问题,有的公司开发出"CLS干燥体系"技术。CLS(cross linking structure)体系能促进墨层快速成膜,使大豆油油墨拥有了比普通油墨更好的干燥性和耐摩擦性,3~4色叠印也能显示出优于普通油墨的固着性,并可形成牢固、耐磨的墨层。

第三节 柔性版印刷油墨

按照所用的树脂溶剂的类型,现在最常见的是溶剂型(包括苯型、醇型、酯型)、水型和混合溶剂型(醇/酯相混,醇/水相混)柔性版油墨。以苯为溶剂的油墨由于苯的强烈毒性已被禁止使用;酯溶剂价格较高且气味较大,应用面稍受限制;醇型(乙醇、异丙醇)、水型或混合溶剂型油墨比较常用。

1. 应用于可吸收性材料的醇溶型柔性版油墨

这种油墨适于印刷吸收性好的牛皮纸、包装纸和纸板等承印物,树脂采用醇溶性的改性苹果酸树脂、硝化棉或虫胶;溶剂为乙醇或异丙醇和少量酯类溶剂,如下列配方:

永久大红	13%
改性苹果酸树脂	14%
硝化棉	6%
异丙醇	58%
乙酸乙酯	6.5%
聚乙烯蜡(增滑剂)	2.5%

醇溶型油墨所用改性苹果酸树脂溶于醇类溶剂,具有较好的传递性能和光泽度。硝化棉耐热,与虫胶混合,油墨的耐油性好。醇溶型柔性版油墨的溶剂以乙醇、异丙醇为主,

再加少量酯类溶剂和溶纤剂（乙二醇醚类）以提高树脂的溶解性，改善印刷适性。不同的溶剂其挥发速度不同，经过组合，可以使油墨的干燥速度适应印刷的要求。表 13-2 为这类油墨中常用的溶剂类别、名称及挥发速率（以水的挥发速率为1）。

表 13-2　　　　　　　　常用溶剂的类别、名称及挥发速率

类别	名称	挥发速率
醇类	甲醇	5.75
	乙醇	4.40
	异丙醇	4.00
	正丙醇	2.39
酯类	乙酸乙酯	10.36
	乙酸异丙酯	9.50
	乙酸正丙酯	5.78
烃类	己烷	24.72
乙二醇醚类	溶纤剂	1.06
	二乙二醇(单)甲醚	0.06
乙二醇类	乙二醇	0.03
	丙二醇	0.03
其他	2-硝基闪烷	3.06
	水	1.00

2. 应用于非吸收性材料的溶剂型柔性版油墨

这类油墨主要用于印刷没有吸收性的塑料薄膜、铝箔和复合包装材料。油墨印到承印物表面后，靠油墨中的溶剂挥发而干燥，印刷后，墨膜内部还存有少量的溶剂。如果印刷品叠在一起，这些溶剂可能会重新溶解已干燥的墨膜，使印刷品反面粘脏。为避免这种现象，印刷机上一般都附有热风干燥设备。这类油墨采用聚酰胺树脂和硝基纤维素，近年来常用醇活性的丙烯醇树脂代替聚酰胺树脂，采用醇、烃与酯类等混合溶剂来改善溶解能力和黏着性。对聚乙烯或聚丙烯薄膜类承印物，印前必须经过电晕放电处理，以提高其表面附着能力。

典型的溶剂型柔性版油墨配方如下：

酞菁蓝	13.5%
聚酰胺树脂	23.0%
硝基纤维素（L型、1/4s）	2.0%
异丙醇	38.0%
石油溶剂（庚烷）	13.0%
乙酸乙酯	1.5%
聚乙烯蜡	4.0%
络合物添加剂	5.0%

3. 水型柔性版油墨

水型柔性版油墨主要使用水溶性丙烯酸树脂、顺丁烯二酸酐树脂和聚氨酯树脂，溶剂

除水外还有部分异丙醇或乙醇以调整黏度和挥发速度。由于水基油墨是一种皂组合物，使用中产生气泡，因此，都加入硅油作为消泡剂。同时还加入一些蜡质以增加耐磨性。使用可溶性丙烯酸树脂的水基油墨不仅可以在纸张、纸板上印刷，也能附着于塑料表面和铝箔上。用于印牛皮纸袋的水型柔性版油墨的配方：

酞菁蓝 BGS	12%
硫酸钡	10%
可溶性丙烯酸树脂连接料	65%
水	7.75%
硅油（消泡剂）	0.25%
聚乙烯蜡	5%

丙烯酸树脂是易溶于水的连接料。在不同类型的柔性版油墨中，水基油墨由于蒸发损失小，故印刷稳定性和印刷性能都比较好，同时对感光树脂版没有浸润膨胀作用。它无毒、安全（不会燃烧），不污染环境，所以尽管有干燥速度稍低，墨膜光泽差，会导致纸张伸缩等不足之处，但是由于它的特点显著，用量仍在不断扩大。在包装印刷中很受欢迎，柔性版印刷具有与照相凹版竞争的能力。

在美国、澳大利亚等国，许多地方报纸已经改用柔性版印刷。柔性版印刷在各种印刷方式中所占比例正逐年提高，不仅用于单色印刷，也可以进行彩色网点印刷，其中多数柔性版印刷机使用的是水基柔性版油墨。因此，各种柔性版油墨特别是水型油墨有很广阔的发展前景。

第四节　凹版印刷油墨

一、雕刻凹版油墨

雕刻凹版油墨主要用于印刷有价证券，如钞票、邮票等精细印刷品。其特点是稠度大，黏性较小，墨性短（易擦净），具有适当的触变性，通常在50℃左右使用。因此，其配方设计要求所使用的颜料是耐光性好、遮盖力强的无机颜料。近年来，也使用着色力高，密度小，分散性好的有机颜料。另外，要加入较大比例的填料，以调整油墨的流变性能；油墨中所用连接料为聚合油、氧化油和合成树脂，属于氧化结膜型干燥。同时加入一些助剂，如蜡质可防止蹭脏；干燥剂加速干燥。这类油墨的防伪性和保密性要求很高，所以，通常还使用一些特殊的颜料和助剂。下面举两个配方实例。

（1）黄色雕刻凹版油墨配方

铬黄	53%
氧化油	24%
高岭土	22%
硼酸锰	1%

（2）蓝色雕刻凹版油墨配方

| 铁蓝 | 20% |
| 4号聚合油 | 39% |

6号聚合油	11%
碳酸钙	30%

在目前的雕刻凹版印刷中,印刷速度较高,部分溶剂挥发导致油墨黏性逐渐提高,出现擦版不净及油墨传递困难现象,这是很难解决的问题。最近,研制出一种具有表面活性作用的树脂,将这种树脂应用在油墨配方中,再加入一定比例的水以取代部分溶剂,可以形成稳定的油包水结构。初步试验的结果表明,这样的油墨配方既可以保证雕刻凹版油墨的特性,又能使油墨的黏度、黏性保持相对稳定,同时又无环境污染问题,是很有意义的尝试。

二、电子雕刻凹版油墨

与雕刻凹版油墨相比,电子雕刻凹版油墨很稀,主要依靠溶剂的挥发干燥。出版行业用于印刷画报、期刊类印量较大的产品,包装装潢、工业材料的印刷也常采用照相凹版印刷,所以承印物可包括各种纸张、金属箔、塑料薄膜、建筑装饰板等。油墨配方常根据承印物不同而选择适合的树脂与溶剂。总的说来,其配方设计要求颜料的着色力强,吸油量低,与使用的树脂、溶剂不发生化学反应,而且易于分散,不发生沉淀现象。要求所用树脂软化点较高、颜色浅、光泽好,在选定的溶剂中有较好的溶解性;且树脂间拼混性好,溶剂释放性好,对承印物有良好的黏结力。这样才能保证油墨适时干燥,同时墨膜有光泽,有一定硬度。油墨中溶剂应不易燃,无毒,对树脂连接料有很好的溶解能力;价廉而易于回收。电子雕刻凹版印刷油墨通常按照承印物品种不同或溶剂品种不同分为不同的类型,下面分别介绍几种典型的配方。

1. 书刊凹版油墨

这类凹版油墨过去常用苯类溶剂,具有干燥速度可方便调节,印刷品层次丰富,网点清晰,并有较好的光泽等优点,但由于苯易燃,且对人体有危害,现在基本上用汽油代替苯类制造该类凹版油墨,它可以用于纸张、纸板或塑料包装材料的印刷。

(1) 深红汽油型照相凹版油墨配方

耐晒大红	6%
耐晒深红	10%
季戊四醇酯树脂	42%
150号汽油	42%

为了防止火灾和空气污染,在纸张或纸板上印刷时,可以用水型凹版油墨,它不污染环境,无刺激性臭味,不燃不爆,能安全生产并有利于工人健康。现在使用最多的是水溶性丙烯酸树脂,它由丙烯酸树脂与有机胺或氨水作用,生成能溶于水的有机胺盐类,印刷在纸张或纸板表面上以后,干燥过程中胺盐或氨盐分解蒸发,恢复为不溶水的丙烯酸树脂,形成耐水的墨膜,水型照相凹版油墨的配方举例如下:

(2) 黑色水型凹版油墨配方

炭墨(长春色素)	8%
酞菁蓝(稳定型)	1.5%
紫红F2R	1%
胶质钙	1%

丙烯酸树脂水溶液（pH=9）	69%
磷酸三丁酯	0.5%
蒸馏水	15%
乙醇	4%

配方中的磷酸三丁酯是消泡剂。黏度用4号福特杯测定为（80±30）s，细度20μm以下，能在170s内干燥。由于这类油墨很稀，制造时应采用砂磨机，在使用时往往还要加入一些蒸馏水，使黏度下降到25~40s。

水型凹版油墨的缺点是印刷品的光泽和阶调层次较差，渗入纸内的水分会导致纸张伸缩，产品质量比不上苯墨及汽油墨。

2. 包装用凹版油墨

这一类凹印油墨常根据承印物的性质而选择合适的配方。

（1）普通玻璃纸用凹版油墨配方

酞菁蓝	12%
硝酸纤维素（H型，1/2s 或 1/4s）	13%
邻苯二甲酸二辛酯（DOP）	3%
顺丁烯二酸树脂	10%
异丙醇（IPA）	40%
乙酸乙酯	5%
甲苯	15%
聚乙烯蜡	2%

（2）聚乙烯薄膜用凹版油墨（白色）配方

钛白粉	30%
碳酸钙	8%
树脂连接料	57%

（其中，聚酰胺树脂50份，异丙醇20份，二甲苯30份）

| 异丙醇 | 2% |
| 聚乙烯蜡 | 3% |

（3）铝箔凹版油墨。在铝箔上印刷的凹版油墨，需要有较强的耐热性，以便制袋后进行热封，以黄色凹版油墨为例，其配方如下：

联苯胺黄	12%
氯化橡胶	18%
丙烯酸酯树脂	2%
环氧化大豆油（增塑剂）	3%
甲苯	62%
聚乙烯蜡	3%

3. 建筑装饰材料用凹版油墨

凹版印刷滚筒没有接缝，印刷速度高，油墨干燥快，特别适合生产成卷的壁纸、地板革和贴塑板（印刷胶合板）等装饰材料，下面介绍两种建材用照相凹版油墨的配方。

(1) 聚氯乙烯用凹版油墨配方

有机颜料	12%
氯乙烯、乙酸乙烯酯共聚体	12%
聚甲基丙烯酸树脂	3%
乙酸乙酯	16%
甲乙酮	55%
石蜡	2%

(2) 三聚氰胺贴面（塑）板凹版油墨配方

有机颜料	15%
乙酸纤维素	20%
丙烯酸树脂	15%
乙酸乙酯	23%
丁酮	20%
石蜡	3%
异氰酸酯类	4%

三聚氰胺贴面板是使用很广的建筑和家具材料，它使用的贴面纸称为钛纸，是以精制纸浆加入二氧化钛而制成的纸张，在表面上用照相凹版印刷印出各种颜色的木纹，再浸透三聚氰胺树脂加工液，热压后就成为光滑耐用的贴面板材了。所用油墨的颜料和固着剂必须耐光、耐热，不妨碍热压时树脂固化作用，所以通常选用耐热性强的乙酸纤维和适当的溶剂配制，也可以使用前面介绍过的水溶性丙烯酸树脂。

如果将以醇酸树脂和硝酸纤维素配成的凹版油墨印刷在薄纸上，与胶合板裱合，再在表面上涂布保护清漆，可以制成美观的印刷胶合板。将偶氮二异腈发泡剂加入挥发干燥型的凹版油墨内，印成的壁纸经过加热，可以产生凸出的图案花纹，具有良好的立体感效果，比用花纹轧辊简便。还可以将发泡剂加入聚氯乙烯胶内，再用发泡抑制剂无水偏苯二甲酸印在凹下部分，涂以透明聚氯乙烯层，加热发泡，也能形成立体效果。

第五节 丝网印刷油墨

孔版印刷是在压力作用下，使油墨从印版的网孔中通过而转移到承印物表面的印刷方法。普通丝网油墨就属于孔版印刷油墨（porous printing ink）的范畴，其种类很多，根据承印物的不同，可以分为用于纸张、纺织品、塑料、金属以及玻璃、陶瓷等不同材料印刷的丝网印刷油墨。根据油墨干燥的类型，又可分为氧化结膜干燥型、挥发干燥型、渗透干燥型、二液反应型、紫外线干燥型等。丝网印刷油墨（screen printing ink）根据承印物的不同，可以选择不同的树脂和溶剂，油墨的性能不尽相同，干燥机理也不同。

1. 塑料薄膜用网印油墨

这一类油墨属挥发干燥型油墨，黏度比凹版油墨和柔性版油墨高一些，依靠热风加速干燥，塑料薄膜在印刷前要经过电晕放电处理，以提高附着力。油墨配方：

酞菁蓝	6.5%
聚酰胺树脂	28%

胶质钙	6%
异丙醇	24%
乙酸丁酯	3%
乙二醇醚	7%
丁醇	5.5%
二甲苯	20%

2. 金属、玻璃用网印油墨

印刷这一类材料可以使用氧化聚合型丝网油墨，但常用两液反应型油墨，利用化学性质完全不同的两个组分在印刷前充分混合，立即进行印刷。印刷后发生化学反应，进行高分子聚合而干燥结膜。二液反应型油墨配方举例：

(1) 甲组

钛白粉	40%
环氧树脂	37%
乙二醇-丁醚	13%
100 号溶剂油	10%

(2) 乙组

聚酰胺树脂	74%
乙二醇-丁醚	10%
100 号溶剂油	16%

甲组全部在印刷前混合，乙组混合物的 15%~25% 在即将印刷前与甲组混合。用于金属、玻璃和处理过的聚烯烃塑料的印刷。加热至 100℃，15~20min 后指触变干，但彻底固化需 5~7 日。

3. 陶瓷贴花纸用丝网油墨

油墨配方：

陶瓷用颜料	58%
甲基丙烯酸丁酯	14%
醇酸树脂	12%
乙二醇醚	8%
松油醇	8%

陶瓷贴花纸印刷是将油墨印在特制的转移纸上，干燥后再反贴在陶瓷表面，撕去纸基。陶瓷颜料的煅烧温度一般在 400~500℃，最高在 800℃左右。

陶瓷贴花纸油墨按照印刷工艺不同或陶瓷装饰工艺不同还可以分为很多种，其组分也不尽相同，具体内容可参阅有关专著。

4. 纺织品印刷用丝网油墨

这类油墨是水包油型乳液油墨。固着剂是丙烯酸系列乳液。颜料一般占 10%~15%，依靠烷基磺酸钠一类阴离子型表面活性剂将颜料分散于水型连接料中制成乳液，用丝网印刷方法印在织物上，干燥后再进行热处理，印成的纺织品能耐摩擦和洗涤。油墨配方：

镉红	13%
聚乙烯丙烯酸乳液	45%
氨水（28%）	3%

蒸馏水	20%
乙醇	19%

第六节　特　种　油　墨

一、紫外线和电子束固化油墨

随着技术的不断迅速发展，辐射固化体系，尤其是紫外光和电子束固体体系，在印刷油墨中正获得越来越多的应用，特别是在罩光油、金属软管油墨、表格印刷油墨中应用很广，其特点及组成介绍如下。

1. 紫外线干燥油墨

紫外线干燥油墨（ultra-violet drying printing ink），简称 UV 油墨，具有下列优点：

① 在印刷过程中不会在墨辊上干燥，一旦印刷在承印物表面，受到 300~400nm 紫外光的照射，就能立即固化，只需 1s 左右，因此，不必喷粉防脏，用作罩光油干燥快，效果好。

② 与加热烘干等干燥方式相比，节省场地，在很短的时间内得到结实的墨膜，各种化学抵抗力好，特别适合于金属软管和容器印刷。

③ 由于不含溶剂，没有可燃性气体逸出，所以不会发生火灾，对人也没有毒害，不会造成空气污染。

但 UV 固化油墨价格还很昂贵；其溶剂单体对普通的胶印印刷版、辊、橡皮布有腐蚀作用；单体对人体皮肤有刺激、腐蚀性，需要做好防护工作；UV 光源设备也占较大的投资；紫外线光束对油墨的穿透能力有一定的限度，一般仅 1~2μm，对于四色或更多色印刷，要加装数套设备；油墨中的光引发剂副产物有特别怪味道，在一些产品中应用有时受限制（如对气味要求严格的食品包装、药品包装、香烟包装）；UV 油墨膜为百分之百的固化，印刷品的后加工（覆膜、上光、烫金）。

2. 电子束干燥油墨

电子束干燥油墨（electron beam drying printing ink），简称 EB 油墨，无光引发剂（如二苯甲酮和安息香醚），其他成分基本与 UV 油墨相同。

EB 油墨需要电子束照射源和隔断氧气（充满惰性气体）的辐射炉，电能消耗少。但为保障人身安全，需要昂贵的辐射防护装置，所以虽然在理论上有一定优点，实际上使用的例子却很少，目前国内正在引进其应用于印刷行业中。由于这种干燥方式能使较厚的墨膜彻底干燥，今后可能在金属软管与金属薄板印刷中首先实用化。

二、数字印刷油墨

随着印刷数字化步伐的加快，数字印刷 CTP 等新技术已经成为当今印刷不可逆转的主流发展技术。数字印刷的印刷适性也与传统印刷有明显的不同，对印刷设备、印刷材料、印刷技术提出了新的要求。为了达到良好的印刷质量和高速度生产，数字印刷材料，尤其是数字印刷油墨的研究和开发显得更为重要。经过几年的发展，数字印刷油墨技术已日渐成熟，但数字印刷油墨的高价位仍是数字印刷发展过程中遇到的瓶颈。

1. 数字印刷成像原理

要谈数字印刷油墨，必然要谈到数字印刷机，因为不同厂家推出的数字印刷机的成像原理不同，对所用数字印刷油墨的组成性能、性状的要求也不同。目前使用的数字印刷设备的成像原理可以分为六大类。

（1）电子照相。电子照相又称静电成像，是利用激光扫描方法在光导体上形成静电潜影，再利用带电色粉与静电潜影的电荷作用，将色粉影像转移到承印物上完成印刷。

（2）喷射成像。喷射成像是油墨以一定的速度从微细喷嘴有选择性地喷射到承印物上，实现油墨影像再现。喷墨印刷分为连续喷墨印刷和按需喷墨印刷。连续喷墨系统是利用压力使墨水通过细孔形成连续墨流，高速下墨流变成细小液滴之后使液滴带电，带电的墨滴可在电荷板的控制下喷射到承印物表面需要的位置而形成打印图文。墨滴偏移量和承印物上墨点位置由墨滴离开细孔时的带电量决定。

按需喷墨与连续喷墨的不同，在于作用于储墨盒的压力不是连续的，而是受成像数字信号的控制，需要时才有压力作用而喷射。按需喷墨由于没有墨滴偏移，可省去墨槽和循环系统，喷墨头结构相对简化。

（3）电凝聚成像。电凝聚成像是通过电极之间的电化学反应导致油墨发生凝聚，并固着在成像滚筒表面形成图像，没有发生电化学反应的空白区域的油墨仍然保持液态可通过刮板刮除，而滚筒表面由固着油墨形成的图文通过压力即可转移到承印物上，完成印刷。电凝聚数字印刷机的代表机型是 Eicorsy 公司的产品，分辨率为 400dpi。

（4）磁记录成像。磁记录成像是依靠磁性材料的磁子在外磁场作用下定向排列形成磁性潜影。再利用磁性色粉与磁性潜影在磁场力下相互作用完成显影，以磁性色粉转移到承印物上形成图像。这种方法一般只用于黑白印刷。

（5）静电成像。静电成像是应用最广的数字印刷成像技术，它是利用激光扫描法在光导体上形成静电潜影，利用带电色粉与静电潜影间的电荷作用形成潜影，转移到承印物上即完成印刷。以显影方式的不同分为两种：一种是采用电子油墨显影，分辨率达 800dpi 或更高，以 HP Indigo 为代表。另一种是采用干式色粉显影，分辨率为 600dpi，Xeikon，Xerox，Agfa，Canon，Kodak，Man Roland 和 IBM 等的数字印刷机都采用此方法。

（6）热成像。热成像是以材料加热后物理性能的改变在介质上成像的。分为直接热成像和热转移成像。直接热成像是使用经专门处理的带有特殊涂层的承印材料，加热后涂层发生颜色转变。热转移成像的油墨涂布于色带上。对色膜或色带加热即转移到承印材料上，成像质量可达照片级。

2. 数字印刷油墨

（1）干粉数字印刷油墨。干粉数字印刷油墨由颜料粒子助于电荷形成的颗粒荷电剂与可熔性树脂混合而形成的干粉状油墨。带有负电荷的墨粉被曝光部分吸附形成图像转印到纸上的墨粉图像经加热后墨粉中树脂熔化，固着于承印物上形成图像。

（2）液态数字印刷油墨。液态数字印刷油墨常用于喷墨印刷，油墨种类与喷墨头结构有关。喷墨头可分热压式及压电式两大类，而压电式有高精度和低精度两种，EPSON 的喷头属于高精度喷头，Xaar 及 Spectra 的喷头属于低精度喷头，高精度喷头多采用水性染料或颜料油墨，后者以采用溶剂型颜料油墨居多。

与传统油墨不同的是：电子液体油墨在介质上的固化不依赖于墨膜干燥时间，而是遇到高温（130℃）橡皮布立即固化在橡皮布上，橡皮布上的油墨图文再100%地转印到纸或其他介质上。另外，电子液体油墨的基本材料是新型树脂材料，它的微观形状为多边形。在压力作用下不像传统油墨容易扩散，而是结合紧密与纸张或其他介质接触后立即固化，使印刷图像更加清晰网点边缘稍有虚化及扩散。

电子液体油墨分为水性油墨和油性（溶剂型）油墨。水性油墨由溶剂、着色剂、表面活性剂 pH 调节剂、催干剂及必要的添加组成。对于热压式喷墨印刷系统来说，只能选用水性油墨。按需喷墨印刷油墨通常也是基于水性的油墨。油性（溶剂型）油墨着色剂、溶剂、分散剂等其他调节剂组成。

（3）固态数字印刷油墨。固态数字印刷油墨主要应用于喷墨印刷其在常态下呈固态印刷时油墨加热，黏度减小后而喷射到承印物表面上。固态数字印刷油墨由着色剂、荷粒电荷剂、黏度控制剂和载体等成分组成。

（4）电子油墨。电子油墨是用于印刷涂布在特殊片基材料上作为显示器的一种特殊油墨，由微胶囊包裹而成其直径在纳米级。微胶囊内有许多带正电的白色粒子和带负电的黑色粒子，且分布在微胶囊内透明液体中。当微胶囊充正电时，带正电的微粒子聚集在朝向观察者一面而显示为白色；充负电时，带负电的黑色粒子聚集在观察者一面而显示黑色。粒子的位置及显示的颜色由电场控制，控制电场由高分辨率的显示阵列底板产生。

（5）喷墨印刷用油墨。喷墨印刷是 20 世纪 60 年代以后发展起来的一种无压力印刷方式（non-impact printing），它不需要制作印版，是利用计算机图文信息对压电晶体进行控制，使喷嘴中的墨水在一定压力下，从极细的喷嘴喷出，喷射在纸张上形成点阵字或图像。油墨在飞行途中通过电极控制可以改变飞行方向，不落在纸上的墨滴可以回收到墨槽中再一次用泵送到喷嘴处。

为了防止喷嘴堵塞，一般使用水性的染料墨水，黏度很小，只有 $2\sim10$ mPa·s。

黑色喷墨印刷用墨水配方：

黑色直接染料	4.0%
三甘醇（保湿剂）	6.0%
防霉剂	0.1%
蒸馏水	89.9%

保湿剂的作用是防止墨水过快挥发，堵塞喷嘴。这一类墨水的表面张力在 $2.2\sim7.2$ mN/m，电阻率 $1000\sim1500\Omega\cdot$cm，喷射到纸上以后立即被纸面吸收，在 50s 以内即可固着。喷墨印刷速度很快，每 2min 可印一页 A4 纸，是一种很有前途的信息记录方式，并可以用来进行彩色打样，现在已用于印刷邮政贴头。

除了普通喷墨印刷用油墨，还有一种 UV/EB 固化的喷墨打印油墨在喷墨印刷中的应用日益广泛。UV/EB 油墨在数字印刷中的最大特点是稳定性好，只在 UV 光或电子束照下固化的优势可以有效避免打印头的堵塞，延长打印头的实际使用寿命。但不足之处是，采用 UV/EB 油墨打印将导致印刷速度降低，比如说油墨供应环节的限制以及大量油墨通过打印头的速度等。

现在，世界范围内数字印刷油墨的研究方兴未艾，各数字印刷机生产厂家如 Canon，EPSON，Scitex，Xeikon，HP Indigo 等，都根据自己数字印刷机的特性而研究开发出适应其系统特性的数字印刷油墨。另外，全球其他著名的油墨制造商，如 DIC、太阳化学、富林特、SakataInx Corp 等公司，也都开始涉足数字印刷油墨的开发与生产。相信随着数字印刷机的普遍使用，对数字印刷油墨的研究开发将更加深入，新的数字印刷油墨会不断出现。

3. 数字印刷油墨与普通胶印油墨色料的差异性

数码印刷产品与胶印印刷产品之间的最大差异之一就是印刷到纸张上的呈色物质。数码印刷所用的色料与胶印印刷用的油墨有着完全不同的化学机理。如干粉式数码印刷的色料在印刷到纸张上时是干性的，然后通过加热使色料树脂熔化，色料与纸张表面黏合。而胶印印刷油墨是液体的，是通过油墨中的固体色料与液体连接料之间的平衡，实现油墨干燥以及墨膜与纸张的黏合。

数码印刷的色料在纸张上的干燥与胶印印刷油墨在纸张上的干燥过程也是不同的。当胶印印刷油墨干燥时，液体连接料渗入纸张表面，固体色料与部分干燥连接料留在纸张表面；而数码印刷色料并没有液体成分渗入纸张中。这一点差异提醒我们，对数码印刷品的印后加工必须十分注意，因为它可能影响到某些印刷品印后加工的质量。比如，胶印印刷品经常进行的覆膜加工方法在应用于数码印刷品时，表面的色料就可能导致薄膜无法很好地复合。另外，硅油的作用，也会导致印后加工的一些困难。许多印后加工人员已经发现，如果纸张上有大量的硅油，会导致印后上光加工和覆膜出现困难。

三、其他特种油墨

1. 金墨、银墨和珠光墨（gold ink, silver ink and pearl lusting ink）

过去当印刷品需要金色或银色装饰时，常使用揩金（擦金）方法，即先在纸面上印中黄色图文，在未干时擦上黄铜粉（含锌10%以下）或青铜粉（含锌25%左右），粉末细度为200目/英寸，干燥后即呈金色。现在则多采用凸版、平版或凹版印刷。

（1）金墨。一般购置油墨厂生产的成品印金油，在印刷前与 800~1000 目/英寸的细铜粉混合，并加入较多的催干剂。平印金墨的配方：

青铜粉（800~1000目/英寸）	55%
树脂调墨油（低酸值）	30%
胶质油	9%
号外调墨油	3%
催干剂（钴干燥剂）	3%

印刷时要控制润湿液的 pH。由于金墨印刷适性差，印刷速度要慢一些；印成品应避免与硫化物、酸类和水接触，防止变色。

（2）银墨。银墨是先将铝粉分散在石油溶剂中，再加入树脂调墨油，一般由油墨厂制造。鳞片状的铝浮在墨膜表面，光泽很强，而颗粒状的铝粉则均匀地分散在墨膜中，外观像银白色金属。银墨的印刷性能比金墨好，也不易变色。配方：

聚酰胺树脂	40%
二甲苯	31%
异丙醇	29%

用以上配方的连接料可以制成凹版印刷的银墨。

也可以再加入 5%~10% 的硝酸纤维，将配成的挥发干燥型连接料的 80% 加入 20% 银粉，即成为凹印银墨，如果减少20%的二甲苯，用19%的异丙醇与1%的乙酸乙酯代替，可配成柔性版银墨。

（3）珠光油墨。用天然的珍珠母粉或合成的无机晶体物质代替金粉或银粉，可配成珠光油墨，常用于印刷包装材料。

2. 荧光油墨和磷光油墨（fluorescent ink and luminous ink）

荧光颜料在日光照射下，能反射出鲜艳夺目的荧光，所以用它们制成丝网油墨、凸版油墨、柔性版油墨和凹版油墨，印成的招贴、广告、贺年片、指示器等，宣传效果特别好。丝网印刷可用最大颗粒直径为40~50μm，柔性版和凹版最大粒径为1015μm，胶印最大粒径为4~5μm，所以最好用丝印、凹印或柔性版印刷。下面分别介绍两个配方。

（1）荧光丝网油墨的配方

由荧光染料制成的固体颜料	45%
乙基羟乙基纤维素（EHEC）	5%
松香季戊醇酯	16%
石油溶剂	28%
丁基溶纤剂	3%
甲苯	3%

油墨配方中最好再加入2%~3%的紫外线吸收剂。

（2）荧光柔性版油墨的配方

荧光颜料	45%
乙酸正丙酯	27.5%
乙醇	27.5%

因为墨层较薄，所以荧光颜料的含量较多，磷光颜料由含有少量不纯物的硫化锌（ZnS）制成，它吸收了入射光后一定时间内再发射出来，因此，可能在夜间发光。它颗粒较粗，不能研磨，只能用丝网印刷方式印制表盘、铭牌、安全符号等，也用于广告。连接料要采用中性的环己酮树脂，不可与酸碱接触。

3. 磁性油墨和光学符号识读（OCR）油墨（magnetic ink and optical character recognition ink）

（1）磁性油墨。磁性油墨可印刷有特定形状的符号和字母，墨层中含有能残留磁性的氧化铁黑和氧化铁棕等磁性颜料，磁化后可以在

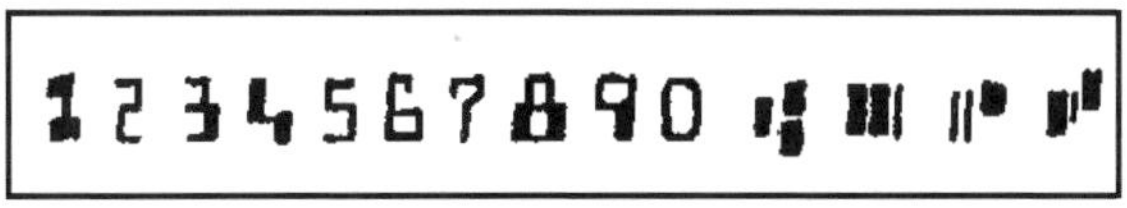

图13-2 常用的磁性符号及字母形状

磁性读取装置MICR上根据磁场的变化自动读取数字，分类统计，常用的磁性符号与字母形状见图13-2。磁性油墨多采用凸印和胶印。

磁性油墨配方见表13-3。

表13-3　　　　　　　　　　磁性油墨配方　　　　　　　　　　单位：%

油墨品种	磁性氧化铁	连接料	炭黑	干燥剂	液体抗氧剂	其他辅助剂
凸印油墨	15~60	20~35	3~4	4~5	1~2	6~11
胶印油墨	50~65	25~45	3~4	1~2	0.5~1.0	1.5~5.0

这种油墨主要用于支票和票据印刷，便于票据在 MICR 上自动统计分类。由于颜料密度大，印刷适性较差，容易转移不良，印刷时注意保证墨膜的厚度。

（2）光学符号识读油墨。现在银行、邮局和类似机构使用较多的是光学符号识读器（optical character recognition，OCR），利用光线扫描向计算机输入信息，其中使用最广的是条形码，如图 13-3 所示。

图 13-3　条形码

可以识读的 OCR 印刷可使用一般的磁性黑油墨，通过光学读取设备即能读取数码。但还有一种称为漏失信息彩图系的印刷方式，其图案人眼可识别，但用 OCR 读取时会漏掉，借以识别和进行分类，这种 OCR 油墨常用蓝色、橘黄色或红色，油墨中颜料含量较低，一般在 1%～5%。条形码在商品包装上应用广，为超市售货计价提供了便利，邮政部门将其用于自动分拣、挂号统计等工作。

4. 微球发泡油墨和香味油墨

（1）微球发泡油墨。过去为得到凸出的文字或图像，常用树脂凸字粉，方法是先用凸印在名片或广告上印刷，在油墨未干时，撒上松香一类树脂粉，使它们黏附在文字或图像上，吹去空白部分的树脂，然后用热风或红外线灯使松香熔化，就得到凸出文字的名片或广告，具有良好的宣传效果。

现在是用聚氯乙烯一类的合成树脂，经过特殊加工，制成直径为 5～80μm，中间充有低沸点（30～40℃）溶剂受热能够发泡的微型球体，再与其他成分配成丝网印刷用的油墨，印在纺织品或纸张上，在低温下干燥，当热风机或红外线将印成品加热到 100～140℃，微球内的低沸点溶剂立即气化，微球体积迅速增大 5～30 倍，在纺织品或纸上形成明显浮凸的文字或图像，可用于盲文印刷、广告和旅游纪念品的印刷。由于工艺简单，效果突出，很受用户欢迎。

微球发泡油墨的配方：

微球	20%
丙烯酸酯与树脂共聚物	60%
色浆	10%
尿素	5%
辅助剂	5%

色浆可使微球发泡油墨色泽鲜艳；聚丙烯树脂则是保护凸起的墨膜，使其具有耐磨性并可洗涤数次，不会脱落。

还有一种发泡剂是偶氮二异丁腈，它加入由聚氯乙烯树脂为连接料的油墨中，丝印后低温干燥，送入发泡机上加热，发泡剂即分解放出气体，使油墨发泡凸起，但其膨胀能力不如微球发泡油墨，用于要求有浮雕效果的壁纸，也可以在纺织品上印刷。

（2）香味油墨。香味印刷使用的芳香油墨，也是用类似的方法制作。将各种香精制成易碎的树脂微球（囊），内储香料，将这种香料微球加入平印或凹印油墨中印刷广告、月历或其他宣传品。在使用过程中微球破裂，香料逸出，印刷品中的香味可散发半年到一年，在玩具、文具、月历和广告、宣传品中有一定市场。

5. 示温油墨和安全油墨

（1）示温油墨。示温油墨又称热敏油墨或温变油墨，是一种能在一定温度条件下变换颜色的油墨，用于印制包装容器、室内温度计或玩具等物品，例如将医学用的针头、针管等放入包装袋中用蒸汽灭菌，当温度达到灭菌要求时，袋上的示温油墨就改变了颜色，说明袋内医疗器械已经完成消毒灭菌处理。其中，示温物质是不可逆性的感热有机染料和酚醛化合物，具有鲜明的色彩变化。

还有一种是使液晶囊化制成的液晶油墨，它们是由胆甾醇型液晶制成的，与一些无机金属络盐一样，是可逆性的。当温度升高到一定限度，颜色明显改变；而当温度下降以后，又恢复到原来的颜色。两者相比，无机金属络盐耐光性好，但变色的精确度不如胆甾醇型液晶，因为液晶是由分子方向性变化而变色的，更适合于制造室内温度显示计。

（2）安全油墨。安全油墨又称防伪油墨或感应油墨，也是印刷支票、有价证券时常用的安全措施，它通过凸版或雕刻凹版，在支票或有价证券上印出底纹图案，以防止伪造与涂改。当用钢笔在这种支票上写上文字或数字以后，如果用褪色灵进行涂改，底纹会与文字、数字一起褪去。如果伪造支票，也很容易用化学药品进行鉴别。

还有一种发色型的安全油墨，是由有机胺类如二苯胍、噻唑胍等发色剂与树胶或糊精等黏结剂配成，它一接触褪色灵就会产生颜色反应，使涂改金额或文字无法进行。

褪色型的水型油墨是由盐基性染料，例如蓝基品蓝、奥拉明黄、罗达明红溶解在糊精或阿拉伯树脂溶液中制成的，用凸版、雕刻凹版或干胶印（凸版经过橡皮布转印到纸张上）印刷，有时还加入防雾剂和表面活性剂（如三乙醇胺油酸盐），凹印安全油墨也可采用5%~9%的乙基纤维素作为连结剂。有一种含有荧光增白染料和荧光颜料的油墨也属于安全油墨，用它印制的证件，表面上看与普通油墨差不多，但在紫外光照射下会发出荧光，极易辨别真伪。

6. 视角色变防伪油墨和隐形红外油墨

（1）视角色变防伪油墨。它是指采用胆甾相液晶等变色颜料防伪技术的油墨。防伪特征是改变印刷品观察角度时，颜色会发生变化。因此，无论谁都可以用肉眼简单判断真伪。当视角改变60°时，会产生两种截然不同的色彩，第一种颜色是全反射时所见到的，也就是在视角90°时所见的颜色，当扭转60°到视角为30°时，第一种色彩被抵消，第二种色彩被强化。

视觉变色防伪油墨是一种高科技安全防伪油墨，可以使用传统雕刻凹版方式来印刷，不需要复杂或额外的检测设备来分辨真伪，适用于钞票、商标、有价证券、包装印刷等。视觉变色防伪油墨有很好的隐蔽性，难以破译，是针对快速发展的彩色复制技术（如激光扫描分色机和彩色复印机等）所开发出来的安全性油墨。

视角色变油墨防伪技术主要用于对工业品和名牌商品的品牌保护；有价证券、卡和护照的防伪。视角色变油墨属于特殊材料，只限于安全防伪用途，并且在严格管理下使用，故以制造仿制品为目的获取本材料是很困难的。检验工具由使用了PVA—碘素型延伸薄膜的圆偏光板制成，通过向左或向右的旋转来辨别真伪。

（2）隐形红外油墨。近红外吸收隐形防伪油墨是将一种或几种近红外吸收材料加入油墨中而制成近红外吸收材料，是一种有机功能染料。它在近红外区有吸收，最大吸收波长700~1100nm，且振荡波长落在近红外区，由于近红外吸收油墨吸收红外线，如在印品的某一部用这种油墨，在日光下无任何痕迹，但是在检测仪器下，可观察到相应的信号或暗的图文。

近红外吸收材料是有机高分子材料,其材料在高温下合成,生产加工工艺复杂,技术难度高生产成本高,因此,近红外吸收隐形防伪油墨耐高温、耐光照性能稳定,并且防伪效果好,仿造难度高;无吸收红外隐形防伪油墨就是对近红外线不具有吸收作用的印刷油墨。使用时可以由近红外吸收油墨和无吸收红外防油墨组成一对。

红外隐形防伪油墨,用于防伪印刷操作简单、成本低、隐蔽性好、色彩鲜艳、检验方便、重现性强,是纸币、票证和商标的首选防伪技术。红外隐形防伪油墨技术特点:防伪性强,技术难度大,使用简单,不受印刷条件的限制可以用任何印刷方式印刷,适用于票据、商标证券的防伪印刷,即可印刷任何防伪图案、一维条码、二维条码。加入了红外线吸收染料的隐形红外吸收油墨平时无处觅踪,却是吸收红外线的小能手。用一定波长的红外线照射,并用红外滤镜或摄像机观察,运用隐形红外吸收油墨印刷的纸币图案,会呈现出比纸币其他部位深暗的黑色或灰色。

思 考 题

1. 柔性版印刷油墨有哪几种类型?在组成和干燥类型上有何不同?
2. 单张纸胶印油墨与商业轮转胶印油墨在组成和性能上有什么不同?
3. 简述印报用轮转胶印油墨的组成和性质。
4. 大豆油油墨在成分上的变化和特点是什么?
5. 简述 UV 喷墨油墨的优势和存在的主要问题。
6. 水基油墨与有机溶剂油墨各有什么优缺点?
7. 凹版印刷油墨有几种类型,各有什么特点?
8. 什么是视觉变色防伪油墨,它应用于哪些印刷品?
9. 列举几种典型的数字印刷油墨,它们与经典的胶印油墨主要有哪些区别?

第三篇 其他印刷材料

第十四章 橡 皮 布

第一节 概 述

现代印刷正向高速多色的方向发展，橡皮布作为胶印中网点转移的中间媒体被广泛应用，已成为印刷生产中不可缺少的常用材料之一。平版胶印依靠橡皮布转移印刷图文，具有良好弹性的橡皮布能在较小的压力下使滚筒处于完全接触的滚压状态，从而使印刷出的网点清晰度高，阶调、色彩再现性好。橡皮布的好坏直接关系到印刷质量的高低及印刷生产任务能否顺利完成。

一、橡皮布的结构

目前，常用的橡皮布有普通型橡皮布和气垫型橡皮布，图14-1所示为3层织布的气垫型橡皮布结构示意图。下面就以其为例来说明橡皮布的结构和性能。

1. 表面胶层

表面胶层应选择耐油性强的丁腈橡胶，因为在印刷过程中橡皮布始终担负着转印任务，表面胶层起着重要作用，它不断地与印版上的油墨、润湿液、油墨等接触，同时还要承受着动态压缩力和弹性恢复力的作用，因此，表面胶层应具有良好的油墨吸附性、传递性以及耐酸碱和耐溶剂性能，同时还应具有较高的弹性、强度和硬度。该层添加的填充剂和增塑剂，就是为了改善和调节上述

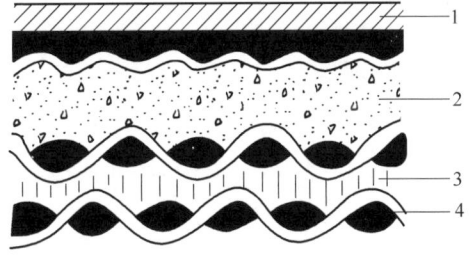

图14-1 气垫型橡皮布结构示意图
1—表面胶层 2—微泡气垫层 3—布层胶 4—织物层

诸多性能的。表面胶层的厚度要根据不同类型橡皮布的结构厚度来确定，一般在0.6~0.7mm。过厚会使印刷品网点变形，影响套印质量；过薄则硬度偏高，弹性不足，使网点转移不实，并可能出现墨杠，影响印版的耐印力和印刷品的质量。

2. 弹性胶层

在整体结构中，弹性胶层的主要作用是使织布层之间能牢固地黏合成为骨架，并使其具有适当的硬度与弹性，因此，要求具有良好的弹性、压缩变形和复原性，并具有很好的黏附性。一般采用天然橡胶作为弹性胶层的原料。弹性胶层在橡皮布的各纤维织布层间的厚度是不同的，见表14-1，这是为了适应印刷表面胶层的可压缩性、回弹性和柔软性。

弹性胶层的总厚度一般控制在 1.1~1.2mm。对于气垫橡皮布而言，弹性胶层包括织布、充气层和布层胶。充气层是具有微孔结构的海绵橡胶层，孔径一般为 5~10μm，它使气垫橡皮布具有可压缩性，因此，克服了普通橡皮布因受力挤压而在压区两侧产生的凸包。高速印刷状态下，凸包不能在瞬间恢复原状，容易造成产品套印不准、网点变形等问题，而气垫橡皮布能有效改善网点的再现性，提高图文复制质量。

表 14-1　　　　　　　　　　　橡皮布构成

名称	结构	厚度/mm	总厚度/mm
表面胶		0.70	1.8~1.9
织物		0.26	
弹性胶		0.09	
织物		0.26	
弹性胶		0.05	
织物		0.26	
弹性胶		0.02	
织物		0.26	

3. 织布层

织布层是橡皮布的基础支撑层，要承受较大的挤压和拉伸作用，因此，常选用高强度的长绒棉布作为骨架材料，它能使橡皮布在印刷中具有较高的抗张强度和最小的伸长率。整个织布层一般有 3 层或 4 层织布，依靠弹性布层胶牢固地黏接在一起，形成橡皮布的骨架结构。

二、橡皮布的分类、规格

橡皮布的类型和品种较多，其结构和质量也各不相同。根据橡皮布的结构特性分，有普通橡皮布和气垫橡皮布两种；根据橡皮布的用途分，有转印用橡皮布和压印滚筒衬垫用橡皮布；按照胶印机类型分，有单张纸胶印机用橡皮布和卷筒纸胶印机用橡皮布，而卷筒纸胶印机用橡皮布又可分为卫星式和 B-B 式胶印机用橡皮布；按照橡皮布的颜色分，有浅蓝、绿色、红色、灰色、橙色和乳黄色等橡皮布。

橡皮布的规格是指橡皮布的包装形式、尺寸及其厚度。橡皮布的包装形式通常是根据使用要求或按订货规定而定的，一般有平板状和卷筒状两种形式。对于平板状橡皮布来说，橡皮布的尺寸是指其宽度和长度，而对于卷筒状橡皮布来说，是指其宽度，因为长度相对是固定的。橡皮布的厚度主要是根据胶印机滚筒间距和衬垫量而设定的，一般为 1.8~1.9mm。

三、胶印对橡皮布的基本要求

胶印橡皮布不同于一般的橡胶制品，它担负着将印版上的油墨传递到纸张上的作用，因此，有一些重要的性能要求。

1. 硬度

硬度是指橡胶抵抗其他物质压入其表面的能力。从印刷工艺要求来说，橡皮布硬度过高或过低都不可取。硬度过高，易磨损印版，且要求纸张的表面平滑度也较高；而硬度过低，网点在转移过程中会产生变形，因此要根据印刷品的质量、印版的寿命、印刷机及橡皮布本身的精度来确定橡皮布的硬度，一般在 65~70（肖氏硬度）。

2. 弹性

弹性指橡皮布在除去其变形的外力作用后立刻恢复原状的能力。印刷过程中，当橡胶皮滚筒与压印滚筒接触时，橡皮布就受到一定的压力而变形，当压印滚筒表面转离橡皮滚筒表面时，就要求橡皮布迅速恢复原状再去接受印版上网点部分的油墨，所以橡皮布必须具备很高的弹性。否则，来不及回弹的橡皮布接触不到印版上的油墨或接触不充分，就会造成转移的网点不实或丢失。

3. 压缩变形

指橡皮布经多次压缩后橡胶变形的强度。橡皮布在印刷时，每小时要受到几千次甚至上万次的压缩，无数次的压缩回复过程，橡皮布便会产生压缩疲劳而带来永久变形，这时，橡皮布厚度将会减薄，弹性也会减小，硬度增大，致使橡皮布不能继续使用。因此，橡皮布的压缩变形越小越好。

4. 扯断力

指橡皮布被扯断时所用的力。橡皮布在印刷时受到的拉力将近 10000N，所以，在考虑骨架材料时，底布经纱要具有相当高的强度，因为橡皮布受到拉力时主要靠底布来承受这些作用力；此外，表面橡胶层也必须有一定的强度，以避免表面胶被纸张里的砂粒或折叠的纸张所挤破。

5. 油墨的传递性

指橡皮布转移油墨的能力。橡皮布只有具备较强的接受油墨的能力（即吸附能力）、良好的转移油墨的能力和较强的疏水能力，才能保证印张套印准确、图文密度足够。

6. 表面胶层的耐油、耐溶剂性

指橡皮布表面胶层抵抗油或某些溶剂渗入的能力。在印刷过程中，橡皮布要接触油墨、润湿液以及汽油、煤油等清洗剂，如果缺乏这种抵抗能力，橡皮布就会因接触化学物质而膨胀，影响其使用和印刷质量。

7. 伸长率

指橡皮布在一定张力下超出原来长度的量，橡皮布伸长的大小一般用伸长率来表示。橡皮布伸长率越小越好，这样能在印刷过程中套印准确、网点完整、图文清晰。若伸长率较大，橡皮布易被拉伸，胶层减薄，弹性降低，会引起网点扩大变形、套印不准等弊病。橡皮布伸长率的大小主要取决于底层织布的层数和强度，并要求底布织物细密均匀、光洁牢固、伸缩性小，与内胶层交叠黏合性能好。

8. 外观质量

橡皮布的表面应像印版一样要经过表面处理，使其表面均匀分布无数细小的砂目，并达到表面细洁滑爽，无细小杂质。如果不经表面处理，橡皮布表面太光滑，其吸墨性就差，且容易吸附细毛、纸粉等杂质。另外，橡皮布的厚度要均匀，平整度误差在±0.04mm之内，否则易导致印刷压力不均匀，产品墨色均匀性差等问题。

四、橡皮布的保管、使用和保养

橡皮布的质量与印刷质量有着直接的关系，正确保管、使用和保养橡皮布，确保橡皮布的有效使用期限和印刷性能的稳定，是保证印刷品质量的前提条件。

1. 橡皮布的保管

保管橡皮布时，应注意如下四方面的事项。

① 橡皮布应存放在密闭的容器内或通风好、干燥、阴凉的地方，避免强光照射，温湿度环境以温度为20℃左右，相对湿度为70%左右为宜。

② 橡皮布不能与电磁场、化学药剂、酸碱溶剂类接触。这些物质会使其表面胶层发黏、结皮、硬化或干裂，影响橡皮布的使用甚至使其表面产生细小裂缝而报废。

③ 橡皮布应面对面或背对背地平放，避免橡胶层和织布层接触，同时不应受到过分挤压。

④ 橡皮布也有保效期限，一般为1年或1.5年（从成品日期起计）。如超期保存而未使用，橡皮布的机械和化学性能都将逐渐下降，因此，应根据实际需要确定橡皮布的贮备量。

2. 橡皮布的使用

印刷橡皮布的使用，要根据印刷机类型、纸张及印刷品质量的要求等来选用，并正确掌握使用方法和技术要求，包括橡皮布的裁切、打孔、安装与检测等内容。

① 裁切橡皮布时要注意其上的标记线，按照规定裁切实际尺寸，并使标记线与滚筒轴线垂直。若橡皮布裁切歪斜，就会因受力不均而加大橡皮布的伸长率，易产生蠕动或扭曲，引起图文或网点的变形，严重时产生"双印"等工艺故障。另外，裁切的橡皮布长边与短边必须垂直，橡皮布的咬口边与拖稍边的裁切线必须平行，橡皮布拉紧后各点受力应均匀。

② 在裁切好的橡皮布上，按铁夹板孔眼的位置，在橡皮布两边冲出两排相互平行的小孔，小孔的直径应略小于铁夹板孔眼的直径。孔与孔之间的中心连线应与橡皮布的标记线成直角，铁夹板的一边应与橡皮布的边线重合。装夹时，橡皮布两端的孔眼位置要保持平行，夹板螺丝应均匀紧固，一般是交错张紧咬口边和拖稍边的螺丝，不能紧固完一边再去紧固另一边。

③ 橡皮布固定在铁夹板上后，把橡皮布的反面（纤维织布面）润湿，然后安装在胶印机的橡皮滚筒上，橡皮布的下面应放置衬垫，用扳手将橡皮布张紧。张紧时应从中间开始，再向两端将夹板螺丝拧紧，用力要均匀一致。装完橡皮布后，可通过印刷实地版来检测安装质量，出现问题进行调整或重新安装。

3. 橡皮布的保养

正确地保养好橡皮布，可以提高其印刷适性，延长使用寿命，提高印刷质量。防止橡皮布老化，可以从以下几方面入手。

① 勤清洗橡皮布，除去其上的纸粉、纸毛等脏物，注意清洗剂要合适。用清洗剂擦洗完橡皮布后，应立即将清洗剂擦干，否则清洗剂中的溶剂会渗透到橡皮布中，严重时会使橡皮布产生膨胀、脱层等问题。

② 若停机时间较长，必须松开橡皮布，使其处于松弛状态，并在表面涂抹滑石粉，这样有利于橡皮布恢复内应力。

③ 橡皮布的衬垫物要平整，厚度要符合要求。

第二节 橡皮布的基本性能

为了获得墨色均匀、网点清晰、层次丰富、色彩鲜艳的印刷品，橡皮布必须具备优良的机械、化学等性能。

一、外观性能

1. 平整度

平整度是指橡皮布平服以及厚薄均匀的程度。橡皮布的平整度是选择衬垫条件、确定印刷压力的主要依据之一。一般可采用千分卡尺来测量橡皮布的平整度，并在中心部位和边缘部位进行多点测量，保证各处测量结果的误差不得大于 0.04mm。如果平整度误差超过 0.04mm，就会造成印刷压力不均匀，印刷品的墨色（尤其在实地部分）出现明显不匀，网点变形或残缺，印迹变粗或空虚、模糊不清等弊病，影响印刷质量。

2. 表面光滑度

表面光滑度是指橡皮布表面胶层光洁平滑的程度。橡皮布的表面光滑度对油墨和润版液的吸附与转移、纸张的剥离以及印刷图文的再现有着重要的作用。但表面过于光滑的橡皮布，其吸墨性和对油墨的转移效果都将下降，且容易产生釉光，并吸附纸毛，因此，橡皮布在生产时应对其表面作适当的粗糙处理，使表面均布着无数细小的砂目。当橡皮布使用时间很长而变得光滑时，应用清洗剂把表面的这层亮膜清洗除去。

3. 硬度

硬度是指橡皮布表面胶层受外加压力作用下而不产生压缩形变的能力。不同类型的橡皮布，其硬度都不相同。一般地，橡皮布的硬度是根据胶印机类型、工作速度而设计的，通常以满足滚筒的转印条件为原则。在印刷过程中，橡皮布是在压印力作用下工作的，其压缩程度与压力和衬垫的性质有关。橡皮布硬度的高低与印版耐印力、油墨转移、印刷网点的清晰度和印刷机制造精度等有密切关系。若橡皮布的硬度较高，印刷的网点清晰、完整，但印版容易磨损，会降低耐印力，且对印刷机的制造精度要求较高。若硬度较低，则容易引起橡皮布的扭曲而使印刷网点变形，降低了印刷品质量。

橡皮布硬度的测定可采用邵氏 A 型硬度计来进行，如图 14-2、图 14-3 所示。首先把橡皮布试样制成高 6mm，底面直径为 60mm 的圆柱体或边长为 60mm 的正方体，然后将试样置于压针下，在一定负荷的压力条件下，使压针压入试样，其压入的深度即由指针示出。经 30s 后可直接读出其硬度值，以邵氏硬度来表示。

4. 厚度

厚度是指橡皮布上下两表面的垂直距离。根据不同的印刷方式和印刷机的要求，对橡

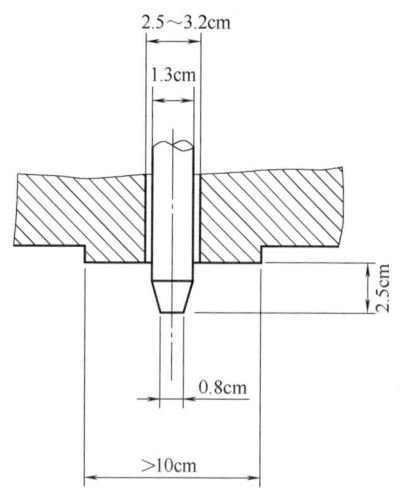

图 14-2　邵氏 A 型硬度计结构示意图

图 14-3　邵氏 A 型硬度计

皮布的厚度有不同的要求，如转印橡皮布的厚度一般为 1.6~1.9mm，而衬垫橡皮布的厚度范围较宽，在 0.5~2.6mm。橡皮布在被张紧后，厚度会相应减少，减少的厚度要靠衬垫来弥补。滚筒上橡皮布和衬垫的厚度决定着印刷压力的大小，并最终影响印刷品的质量。

测定橡皮布的厚度有两种方法：一种方法是把橡皮布张紧在滚筒上，用滑动的千分卡尺测量橡皮布表面与印刷滚筒滚枕表面的差值，以确定其厚度。另一种方法是对被测橡皮布表面施加一个固定的压力，使橡皮布产生压缩变形，橡皮布产生压缩变形量的大小与橡皮布的强度、硬度和弹性有关，从橡皮布的压缩变形量就可获知橡皮布的厚度，如图 14-4 所示。这时橡皮布的厚度值是在固定压力下所得到的厚度值，而对橡皮布所施加的固定压力所产生的压缩变形量相当于橡皮布在张紧状态下所产生的压缩变形量。

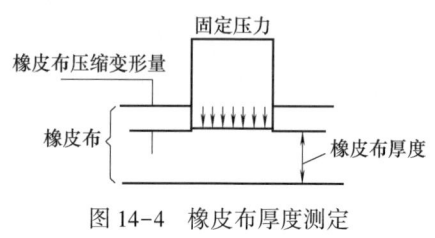

图 14-4　橡皮布厚度测定

二、机 械 性 能

橡皮布的机械性能主要取决于表面胶和布层胶所用橡胶的分子结构及其织物的技术质量。一般地，橡胶是由单体聚合而成的高分子化合物，未硫化的橡胶分子是一种线型结构，经过硫化后交联成体型的网状结构，其塑性降低，弹性增加，强度得到提高，如图 14-5、图 14-6 所示。

图 14-5　橡胶分子结构示意图（硫化前）

图 14-6　橡胶分子结构示意图（硫化后）

1. 抗张强度

抗张强度是指橡皮布在受张力作用时抵抗拉伸变形的能力，其大小是由橡胶层和纤维织布层所决定，但主要取决于纤维织布层。安装在橡皮滚筒上的橡皮布在圆周方向受到很大的拉力作用，这会促使橡皮布的长度、厚度、硬度和弹性等发生变化。如果橡皮布的抗张强度不足，橡皮布易在张紧状态下突然断裂或在滚筒的滚压周期内不能瞬间恢复弹性，以至增大压缩变形量而被扯断。

橡皮布的抗张强度可采用橡胶抗拉试验仪来测定，如图 14-7 所示。首先把被测试样按标准要求裁切好（图 14-8），然后固定在试验仪的夹子上，在拉力作用下，夹子以一定速度拉伸，直到橡皮布被拉断，记录下拉断单位宽度（工作部分宽度）试样所用的力，并通过下面的公式计算出抗张强度。

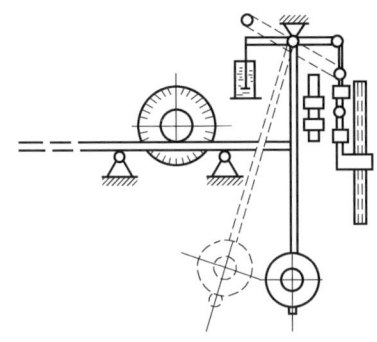 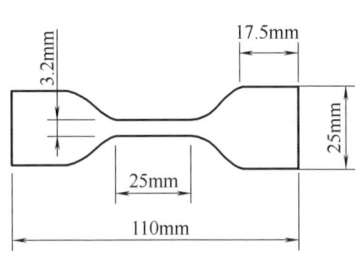

图 14-7　橡胶抗拉试验仪　　　　　图 14-8　抗拉试验橡胶试样

抗张强度(Pa) = 拉断试样所用的力/(原试样工作部分宽度×原试样的厚度)

式中，原试样工作部分是指按标准要求裁切后试样的中间部分，即 3.2mm×25mm 部分。

2. 伸长率

伸长率是指橡皮布经向在一定拉力作用下被扯断时所伸长的长度与原长度的百分比值。橡皮布的伸长特性主要取决于橡皮布纤维织布层的密度和结构强度。印刷要求橡皮布伸长率越小越好，一般张紧在滚筒上的伸长率应不超过 2%，这样才能保证图文在复制过程中的套印精度和网点的完整与清晰。若伸长率过大，橡皮布易被拉伸而变薄，弹性降低，硬度增大，会引起网点增大变形。

橡皮布的伸长率同样是在橡胶抗拉试验仪上进行测定。首先将橡皮布裁切成 25mm×350mm 的试样，并垂直夹在试验仪的上下夹子上，使下夹子以 (50±5) mm/min 的速度向下拉伸直至试样断裂，然后按下式计算出橡皮布的伸长率。

$$E = \frac{L_1 - L_0}{L_0} \times 100\% \tag{14-1}$$

式中　E——橡皮布的伸长率，%；

　　　L_0——测试前橡皮布试样的工作标距，mm；

　　　L_1——橡皮布试样扯断后的工作标距，mm。

3. 压缩变形量

压缩变形是指橡皮布在经过多次压缩后产生的永久变形的程度。印刷过程中，橡皮布是在周期性的压缩-回复-压缩-回复的变化中进行的。这种无数次的周期性变化使橡皮布产生压缩疲劳直至出现不能恢复的永久变形，致使橡皮布的厚度变薄，弹性降低，硬度增加，严重时橡皮布不能继续使用。因此，印刷时要求橡皮布的压缩变形越小越好。

橡皮布的压缩变形程度主要取决于橡皮布的组成和结构特性。不同结构的橡皮布其压缩变形程度是不同的。据试验表明，在981kPa的压力条件下，普通橡皮布的压缩率一般为3%~4%，而气垫橡皮布的压缩率一般为4%~8%。压缩率越大，则压缩变形越小。

橡皮布的压缩变形采用橡胶疲劳试验仪进行测试（图14-9），即以一定的压缩频率和一定的变形幅度，反复压缩橡皮布试样，并最终测量出其压缩变形性。其方法是把被测橡皮布试样做成底面直径为（32±1）mm，高为（38±1）mm的圆柱体，在20℃左右的室温下，在40%压缩程度下连续压缩25min后，再静置1min，然后测量其高度值，用下式计算出橡皮布的压缩变形量。

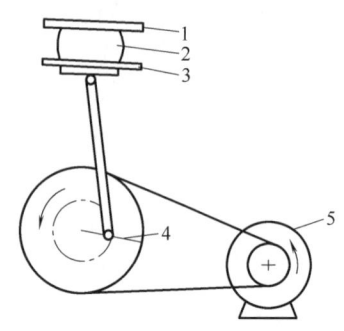

图14-9　橡胶疲劳试验仪
1—上压板　2—试样　3—下压板　4—偏心轴　5—电机

$$S = \frac{H_0 - H_1}{H_0} \tag{14-2}$$

式中　S——橡皮布的压缩变形量；
　　　H_0——橡皮布试样的原高度值，mm；
　　　H_1——橡皮布试样经压缩试验后的高度值，mm。

三、化 学 性 能

橡皮布的化学性能主要是指橡皮布表面胶层对所接触的润版液、印刷油墨和清洗剂等物质的耐抗性能。

1. 耐酸性

在印刷过程中，橡皮布在吸附油墨的同时，也不断地吸附印版上一定量的润版液，而润版液多数是酸和盐的组合物，其pH在4.5~5.5，它对橡皮布的结构和各项性能有直接的影响。若橡皮布的耐酸性不足，则印版上的润版液在吸附在橡皮布表面的同时，也会渗透进入橡皮布表面胶层内部，长此以往会造成胶层老化，降低纤维织布层的强度，并使橡皮布的耐酸性能进一步恶化。如果长时间不清洗橡皮布表面，则润版液易在表面形成一层薄的亮膜层，使表面胶层对油墨产生排斥性，油墨转移率下降。

测定橡皮布的耐酸性时，一般是将称定重量的橡皮布试样浸入温度为40℃标准润版液中，充分浸润48h，然后取出用水冲洗干净，待干燥后再次称重，其增重率（≤1.0%）可根据下式计算。

$$Z = \frac{m_1 - m_0}{m_0} \times 100\% \tag{14-3}$$

式中　Z——橡皮布的增重率，%；
　　　m_0——橡皮布试样原始质量，g；
　　　m_1——橡皮布试样浸润后质量，g。

2. 耐溶剂性

在印刷和保养过程中,常使用清洗剂洗净橡皮布表面的残留墨膜和其他物质,以保持表面的爽滑性和平滑度,维持对油墨和润版液的吸附能力。而在目前的印刷生产中,大多还使用汽油或汽油-煤油的混合液,也有采用酯类、醇类和苯类等溶剂的。这些化学溶剂对橡皮布表面胶层的结构和性能会造成一定的影响。

可采用称量法来测定橡皮布的耐溶剂性。一般是将橡皮布试样称重后进入标准溶剂(汽油:苯 = 3:1)中,经 48h 充分浸润后取出干燥,再次称重,然后计算增重率($\leqslant 1.0\%$)。

3. 耐油墨性

印刷过程中吸附在橡皮布表面胶层上的油墨,在印刷压力的挤压作用下,很容易使其中的干性油和石油溶剂等渗透至胶层内部,长时间会引起橡胶膨胀发黏,导致橡皮布的弹性和机械强度下降,从而会破坏其印刷适性,缩短橡皮布的使用寿命。

橡皮布的耐油墨性也可以采用称重法来测定。一般将称重后的橡皮布试样浸入到标准的植物油、树脂型调墨油或矿物油(油墨油)中,充分浸润 48h 或 72h 后取出,用汽油迅速擦洗干净并干燥,再次称重,然后再计算增重率($\leqslant 3.0\%$)。

4. 耐老化性

老化是指橡皮布出现膨胀、胶层发黏、龟裂或硬化的现象。耐老化性是指橡皮布在光、氧、热、化学溶剂和气候条件等因素长时间的作用下,抵抗老化,维持原有功能的能力。橡皮布的老化主要是由其本身的结构所决定的,也与橡皮布的使用和保养有着密切的关系。

一般采用热空气老化试验来测定橡皮布的耐老化性。先将橡皮布试样放在常压或加压的规定温度(通常为 70℃)环境中,经过一段时间后,测定其抗张强度和伸长率等机械性能的变化。可用抗张强度老化系数、伸长率老化系数等来描述橡皮布的耐老化性。

第三节 橡皮布的印刷适性

橡皮布的印刷适性指橡皮布与其他印刷材料以及印刷条件相匹配,适合于印刷作业的性能。橡皮布良好的印刷适性可使网点再现性好、墨色均匀、印迹清晰度高、套印准确。橡皮布的印刷适性主要包括压缩变形性、拉伸变形性、回弹性、吸墨性、传墨性和剥离性等。

一、拉伸变形性

拉伸变形性是指橡皮布在拉力作用下产生形变的能力。橡皮布的拉伸变形性表形在三个方面,即在拉力作用下,橡皮布在受力方向上的长度增加、横向尺寸缩短、厚度减薄。

在印刷时,橡皮布在包覆在滚筒上使用的,在橡胶和织布的抗张应力范围内,拉力越大,橡皮布的伸长率也越大,横向尺寸缩短率和厚度减薄率也越大。因此,安装橡皮布时,应在橡皮布的咬口和拖稍部位两端都施加均匀拉力,这样才能使橡皮布在滚筒上具有足够的、均匀的拉紧程度,从而保证橡皮布在高速运转中不发生相对位置的变动。另外,橡皮布在拉伸时所引起的厚度变化会对橡皮布的弹性和硬度产生影响。要使安装在滚筒上的橡皮布具有最佳的张紧程度，又要控制橡皮布的拉伸变形、横向缩短以及厚度变化，就要严格掌握拉力的大小，这不仅能保证印刷质量，还能有效提高橡皮布的使用期限。

二、回 弹 性

回弹性是指橡皮布在作用外力去除后能否瞬间恢复到原来状态的能力，又称瞬时复原性。胶印的转印过程就是利用橡皮布所具有的高弹性能，以最小的压力和摩擦系数，便可完成图文墨膜的传递，达到图文清晰、层次丰富、墨色饱满的印刷效果。若压印后的橡皮布回弹性不好，则橡皮布会产生一定的塑性变形，不能完全恢复到原状，这样橡皮布与印版滚筒、压印滚筒之间就不能充分接触并保持原有的线压力，橡皮布表面就无法良好地吸附和传递油墨，导致前后墨色不均等故障。

橡皮布的回弹性与橡胶分子的结构形状以及橡胶中硫化剂、填料、软化剂的品种和质量有关。橡皮布的回弹性随印刷压力及橡胶老化程度的增加而逐渐降低。橡胶的回弹性一般在冲击弹性试验机测定（图14-10、图14-11），其方法是将试样置于底座上，以摆锤冲击，其回弹的高度与原高度之比，称为回弹率（%）。

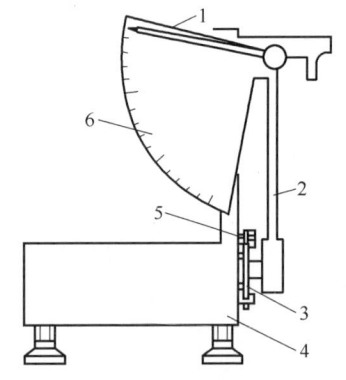

图14-10　橡胶冲击弹性试验机结构示意图
1—指针　2—摆臂　3—橡胶试样
4—底座　5—弹簧片　6—刻度盘

图14-11　橡胶冲击弹性试验机

三、吸 墨 性

吸墨性是指橡皮布在印刷压力的作用下，其表面吸附油墨的能力。橡皮布的吸墨性取决于橡皮布的表面状态和印刷条件。橡皮布表面在成型前需要经过精磨处理，以获得一定的砂目，增强表面的吸墨能力。长时间使用后的橡皮布表面会出现一层亮膜，它会降低吸墨性，必须按一定的时间周期把这层亮膜清除掉。

四、传 墨 性

传墨性是指橡皮布在印刷压力的作用下，把油墨转移到承印物表面上的能力。在胶印过程中，橡皮布从印版上所吸附的墨量约为50%，从橡皮布转移到纸张上的传墨量为75%左右，故实际上从印版转移至纸张上的墨量只有38%左右。橡皮布的传墨性与印刷压力、印刷速度、纸面平滑度、橡皮布表面胶的品种与质量、橡皮布的表面状态以及橡皮布的硬度、弹性和老化程度等有关。

五、剥 离 性

剥离性是指在压印力作用下，橡皮布与印张的剥离能力。一般来说，影响橡皮布剥离特性的主要因素是表面胶层的化学成分、硬度及其表面光滑度和电性能等。当然，还与油墨的物理性能、纸张的表面形状、印刷品的图文状态等因素有较大关系。在剥离过程中，从橡皮布上剥离的印张，由于在高的剥离速度下会受到较大的剥离张力，常会引起印张伸长或起皱、拉毛，甚至剥纸断裂故障。这不但增加了废品率，还会引起纸毛、纸粉在橡皮布或印版表面的大量堆积，从而损伤橡皮布。现在已出现一种快速剥离的橡皮布，其组成结构中具有快速剥离纸张的表面胶层，能适应黏性较高的油墨，不致引起拉毛或剥纸现象。

气垫橡皮布已将剥离性列入技术考核指标。橡皮布的剥离性一般可用其对印张的黏着力和剥离角度的大小来评价。橡皮布对印张的黏着力小，表明其受到的剥离张力也较小，故形成的剥离角度也小，所以剥离速度较高。目前，橡皮布的剥离性，主要通过其体积电阻和表面电阻来表示。

第四节 常用的胶印橡皮布

在平版胶印中，常用的橡皮布主要有两类：普通型橡皮布和气垫型橡皮布。从适用领域来看，还可分为单张纸橡皮布、轮转橡皮布、UV 橡皮布、印铁橡皮布、过油上光橡皮布、背胶橡皮布等。

一、普通型橡皮布

普通型橡皮布常用于印制一般书刊、画报、彩色图片和包装纸盒，承印图文多为线条、色块等，故又称实地型橡皮布。

1. 组成与结构

普通型橡皮布由表面胶层、弹性胶层和织布层组成，如图 14-12 所示。

2. 性能与特点

普通型橡皮布表面平整，高度柔软，具有良好的弹性和瞬间复原性，吸墨传墨性能好，网点还原度高，有较好的抗酸性与抗溶剂性。在动态压

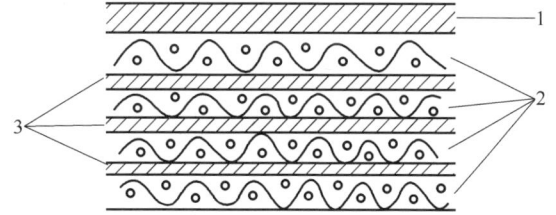

图 14-12 普通型橡皮布结构示意图
1—表面胶层 2—织布层 3—布层胶

印状态下，被压缩部分橡皮布的表面胶层会向两端伸展，产生挤压变形，出现"凸包"现象（图 14-13），易导致图文印迹或网点位移及变形。

3. 品种与规格

普通型橡皮布，分 3 层结构和 4 层结构等品种。其厚度一般有 1.68，1.7，1.85，1.95mm 等，其尺寸有 1220mm×1220mm（全张）、915mm×915mm（对开）、710mm×680mm（四开）、530mm×460mm（六开）等规格。橡皮布表面胶层颜色有蓝色、绿色、

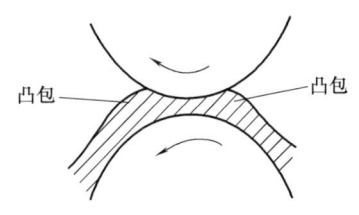

图 14-13 普通型橡皮布受挤压出现凸包

浅红色等,其硬度为 79,80,81 等邵氏度。

4. 印刷适性

主要适用于印刷速度为 10000r/h 以下的单张纸单、双色胶印机,可与 PS 版以及树脂型普通或亮光型胶印墨和单双面胶版纸或普通胶版印刷涂料纸匹配使用。

二、气垫型橡皮布

气垫型橡皮布常用于印制精美画册、艺术图片、美术画报、高级包装商标以及彩色报纸和期刊,是一种可压缩型的高级橡皮布。

1. 组成与结构

气垫型橡皮布由表面胶层、气垫层、弹性胶层和纤维织布层组成,其厚度一般在 1.65~1.95mm,也分有三层结构和四层结构等品种。气垫型橡皮布与普通型橡皮布的区别,在于气垫型橡皮布的表面胶层与第二层织布之间有一层厚度为 0.40~0.60mm 的微球体(孔径为 5~10μm)组成的微孔状气垫层,该气垫层使气垫型橡皮布具有了可压缩性。

2. 性能与特点

气垫型橡皮布具有优良的吸墨、传墨和抗酸性,对印版磨损小,耐印力高,剥离性好。其可压缩性或瞬间复原性良好,特别是在动态受压过程中,微球体中的气体会产生压缩,微球体体积缩小,使气垫橡皮布在压印中产生正向压缩变形,而不会向两端扩张,故不会出现"凸包"现象(图 14-14)。因此,气垫型橡皮布在压印区域内的受力得到均匀分布,在印刷图文复制过程中不易出现网点变形和重影等故障,能适应多种规格产品的印刷。气垫橡皮布的可压缩量为 0.15~0.25mm。在印刷过程中,可在规定范围内任意调整印刷压力,气垫橡皮布均能保持良好的工作状态,并获得最佳的印刷效果。另外,气垫橡皮布良好的可压缩性对印刷机易产生的"墨杠""条痕"等故障能起到很好的缓解作用。

3. 品种与规格

印刷中常用的气垫型橡皮布的品种与规格见表 14-2。

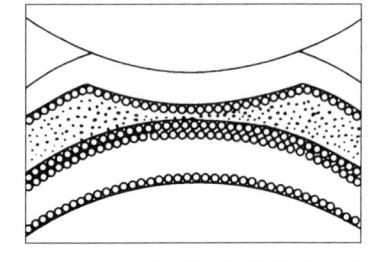

图 14-14 气垫型橡皮布受压示意图

表 14-2　　　　常用气垫型橡皮布的品种与规格

生产厂家	上海来富驰印新材料有限公司		上海新星印刷器材有限公司
型号(品牌)	春蕾牌		5000 型
尺寸/(mm×mm)	915×1050 915×915 733×680 或成卷(≤27m)	600×900 1200×900 或成卷(≤27m)	915×915
厚度/mm	1.90 或 1.65	1.65	1.95 或 1.70
表面胶层颜色	蓝色	蓝色	绿色/蓝色
硬度(邵氏度)	81	81	79
用途	双色机/多色机胶印	B-B 轮转机卷筒纸胶印	多色胶印、铁印、UV、B-B、表格

4. 印刷适性

主要适用于印刷速度为 10000~20000r/h 的单张纸或卷筒纸胶印机，可与 PS 版以及快干亮光型或非热固性胶印墨和胶印新闻纸、书刊纸、胶版纸或胶印铜版纸匹配使用。

第五节　橡皮布的使用故障及解决方法

橡皮布在使用时会产生一些印刷弊端，它会影响印刷过程和印刷品质量，现对其进行归纳，并提出了相应的解决办法。

1. 釉光

橡皮布表面覆盖了一层坚硬发亮的薄膜，导致橡皮布对油墨的吸附力下降，印刷后的墨色较浅。这主要是橡皮布表面吸收了油墨后膨胀且在表面形成了一层坚硬的皮膜所致。

解决方法：对橡皮布彻底清洗一次，消除表面亮膜；应及时清洗橡皮布，防止油墨在橡皮布表面干燥结膜。

2. 橡皮布表面沟痕

橡皮布表面的沟痕主要是由压力调整不当造成的，夹具卡得不合适、使用变皱的卡纸，也会造成这种故障。

解决方法：轻微的沟痕可拆下橡皮布吊放使其恢复原状；严重的沟痕必须修补才可恢复；如果印实地或单线条的印品，出现这种故障可通过垫橡皮布来排除。将薄棉纸的边缘弄成毛状，然后垫在橡皮布有沟痕部位的下面，如果有包衬，最好垫在衬纸和滚筒之间。

3. 起泡

在张紧轴的附近，由于溶剂的渗透和润胀，造成橡皮布表面起泡，破裂后会留下小坑。

解决方法：选择合适的橡皮布清洗剂并注意清洗方法，防止橡皮布表面润胀；橡皮布表面出现凹坑后，应及时用橡皮布修复剂修补。

4. 变黏

橡皮布吸收了油墨中或清洗剂中的溶剂、油、树脂等物质，表面会变得发黏。当然，橡皮布表面的氧化反应也会造成表面变黏。橡皮布表面发黏后，在印刷过程中更易黏起纸粉、纸毛等。

解决方法：橡皮布清洗剂中加入少量抗氧剂，用来补充橡皮布表面在使用过程中失去的抗氧化剂；避免使用松节油，它会使橡皮布表面因发生氧化而变黏；清洗橡皮布时，溶剂挥发速度不可太快，较慢的挥发速度可完全除去橡皮布上的油脂；清洗墨迹后，在其表面涂上硫黄粉和滑石粉，并放置一段时间，发黏现象就可基本去除。

5. 伸长

纤维织物层的伸长会造成橡皮布的伸长，应把伸长量控制在张紧力 78.4N/cm，伸长率不大于 1%。张紧力不均匀会导致橡皮布两端印出的图文比中间的紧。

解决方法：在橡皮布两端冲两排略带弧形的小孔，而不是两排直线排列的小孔，使两端所受张力比中间略大。

6. 划痕

橡皮布表面的划痕主要是由尖锐的金属物品碰撞造成的。

解决方法：将划痕清洗干净，在划痕处涂上一层修补橡胶溶液，等干燥后，再涂上一层，直到填满划痕为止；在版面允许的情况下，移动橡皮布，使橡皮布划痕处在印刷时避开图文部分。

7. 凹凸

使用溶胀性强的油墨会造成橡皮布膨胀，产生不均匀的挤压，印刷时会造成网点重影。

解决方法：选用合适的油墨，防止橡皮布溶胀；及时更换已出现凹凸的橡皮布。

思 考 题

1. 印刷橡皮布的组成材料和结构是什么？
2. 胶印对橡皮布有哪些基本要求？
3. 对印刷橡皮布进行裁切和打孔时，应注意些什么问题？
4. 如何保养印刷橡皮布？
5. 印刷为什么不能使用表面十分光滑的橡皮布？
6. 什么是橡皮布的印刷适性，它包括哪些内容？
7. 橡皮布的耐抗性包括哪些内容，如何测定？
8. 气垫橡皮布的组成结构是怎样的，有哪些基本特性？它与普通橡皮布有何区别？
9. 橡皮布在使用过程中常出现哪些故障，有何解决办法？

第十五章 润 版 液

第一节 润版液的作用

在有水参与的平版胶印印刷中，印版上不着墨的空白部分和着墨的图文部分几乎处于同一个平面（相差几微米），无法利用印版上图文部分或空白部分的凸起或下凹来选择性吸附油墨，而是利用油水不相溶的原理实现选择性吸附的。通过印前图文信息处理后得到的平版印版，无论是传统的 PS 版还是 CTP 印版，由于印版上的图文部分是由感光性高分子构成的，空白部分主要是由氧化铝构成的，在没有开始印刷之前，印版上图文部分是亲油墨而排斥水的，而印版上空白部分则对油墨或水没有明确选择性的。因此，在平版印刷中，一定要先对印版供水，在印版的空白部分覆盖一层抵抗油墨的"水"膜，再对印版供墨，使油墨附着在印版的图文部分，再在印刷压力的作用下，印版图文部分的油墨经橡皮布滚筒转移到承印物上，完成一次印刷。

这里的水并不是纯水，而是由各种弱酸、盐、氧化剂、胶体、表面活性剂等物质溶于水中所组成的具有特定性能的混合溶液。

平版印刷中使用的润版液，其主要作用有：第一，在印版的空白部分形成均匀的水墨，以抵制图文上的油墨向空白部分浸润，防止脏版。第二，由于橡皮滚筒、着水辊、着墨辊与印版之间相互摩擦，造成印版的磨损，且纸张上脱落的纸粉、纸毛又加剧了这一过程，所以，随着印刷数量的增加，版面上的亲水层便遭到了破坏。这就需要利用润版液中的电解质与因磨损而裸露出来的版基金属铝或金属锌发生化学反应，以形成新的亲水层，维持印版空白部分的亲水性。第三，控制版面油墨的温度。一般油墨的黏度，随温度的微小变化会发生急骤的变化。实验表明，温度若从 25℃升到 35℃，油墨的黏度便从 50Pa·s 下降到 25Pa·s，油墨的流动度增加了一倍（见第十章第二节），这必将造成油墨的严重铺展。有人曾经在 25℃的印刷车间，不供给印版润版液，连续使平版印刷机运转 30min，测的墨辊的温度是 40℃。为了使版面的油墨与室温相同，必须向印版供给低于 25℃的润版液。

第二节 润版液的组成和类型

根据润版液的成分不同，目前使用的润版液主要有普通润版液、酒精润版液和含非离子表面活性剂的润版液及强化水润版液等类型。各种不同类型的润版液都是在水中加入某些化学组分，配制成浓度较高的原液使用时用水稀释或制成粉状固体，使用时溶于水中而成的。

一、普通润版液

普通润版液是一种很早就开始使用的润版液。普通润版液的配方很多，主要成分有弱酸、弱酸盐、氧化剂、水溶性胶体及一些有机酸（如柠檬酸等），可以根据胶印机或印刷材料的不同对以上组分进行组合，形成在性能上略有区别的普通润版液。表15-1列出了几种普通润版液的配方。

表15-1　　　　　　　　　　　　　　普通润版液配方

组分	润版液				
	1	2	3	4	5
H_3PO_4（磷酸）体积/mL	50	200	25	9	200
NH_4NO_3（硝酸铵）质量/g	150	—	250	—	—
$NH_4H_2PO_4$（磷酸二氢铵）质量/g	70	150	200	—	210
$(NH_4)_2Cr_2O_7$（重铬酸铵）质量/g	10	300	—	—	—
$C_6H_8O_7$（柠檬酸）质量/g	—	—	—	—	250
阿拉伯胶或CMC	200mL (4~8°Be′)	—	—	—	120g
H_2O（水）体积/mL	3000	3000	3000	3000	3000

PS版的空白部分覆盖着亲水的氧化铝薄层，在印刷过程中，由于着水辊、着墨辊、橡皮滚筒对印版的挤压和摩擦，亲水层会被磨损，如果得不到及时的修补，版面空白部分的润湿性能将遭到破坏。润版液中的磷酸能和印版空白部分裸露出来的金属发生化学反应，重新生成磷酸铝，这样便维持了印版空白部分的亲水性，化学反应如下：

$$2Al+2H_3PO_4 = 2\ AlPO_4+3H_2\uparrow \tag{15-1}$$

磷酸属于中强酸，除了具有维持印版空白部分亲水性的作用外，还具有清除版面油污的作用。从反应式可以看出，当磷酸和金属版材上的铝发生化学反应时，有氢气生成，微小的氢气泡被版面空白部分吸附，逐渐会聚成较大气泡，如果不及时清除，便会影响润版液对印版的润湿，与此同时，润版液中的氧化剂（常用重铬酸盐）发挥作用，氧化剂将反应中释放出来的氢离子氧化成水，消除了印版上的气泡，离子反应式如下：

$$CrO_7^{2-}+14H^++6e^-\longrightarrow 2Cr^{3+}+7H_2O \tag{15-2}$$

重铬酸铵的还原产物 Cr^{3+} 能够在版面上生成一层致密坚硬的 Cr_2O_3（三氧化二铬），提高了印版抗机械磨损的能力。同时，重铬酸铵电离出的 NH^{4+}（铵离子）为感胶离子，使润版液成分中的胶体在版面上凝聚得更加牢固，但是由于重铬酸铵本身呈淡黄色，而且对环境有污染，因此，目前都使用硝酸铵替代，其作用与重铬酸铵相同。

在润版液中，为了维持一定的酸碱度，一般在加入弱酸的同时加入弱酸盐，以构成缓冲溶液，达到控制润版液酸碱度的目的。

润版液中的胶体，如阿拉伯树胶，是一种亲水性可逆胶体，不仅对印版空白部分有保护作用，而且改善了润版液的印版的润湿性，除了阿拉伯树胶之外，还可以使用其他有机合成胶体，如羧甲基纤维素钠（CMC），其性能比阿拉伯树胶要好，不干感脂性比阿拉伯树胶好，也不会腐蚀变质。

有些润版液配方中含有柠檬酸，柠檬酸的学名是2-羟基丙烷-1,2,3-三羧酸，是无色晶体或粉末，是一种对金属有良好的清洗作用的有机弱酸，价格低廉，副作用少，在PS版的润版液中，加入适量的柠檬酸，可以提高润版液去除版面墨污的效果。

普通润版液中所含的物质都是非表面活性物质，这些物质加入水中以后，不但不会使水的表面张力降低，反而会使水的表面张力略有上升，这无疑会影响润版液对空白部分的保护，必须通过增大供水量来维持水墨平衡，但这样又会给印刷过程带来很多麻烦，因此，虽然普通润版液配制容易且便宜，但目前使用的厂家越来越少。

二、酒精润版液

为了提高润版液对印版空白部分的润湿能力，必须设法降低水溶液的表面张力，在普通润版液中加入乙醇、异丙醇等低碳链的醇，可以起到降低水溶液表面张力的作用。实验表明，水溶液的表面张力随着乙醇浓度的增加而缓慢降低，水溶液表面张力（γ）与乙醇浓度（c）的关系如图15-1所示。欲使润版液的表面张力达到 $(4.0\sim5.0)\times10^{-2}$ N/m，乙醇的浓度在 10%~20%。

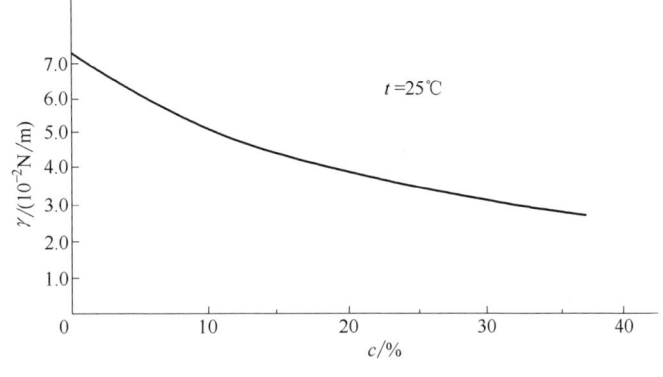

图 15-1　水溶液表面张力与乙醇浓度的关系

酒精润版液一般是在普通润版液中加入乙醇或异丙醇构成的，润版液中各组分的作用与前述相同，异丙醇与乙醇相比，价格上便宜一些，但由于分子质量比乙醇大一些，所以异丙醇的挥发速率比乙醇低一些。表15-2列出了几种酒精润版液的配方。

表 15-2　　　　　　　　　　　　酒精润版液配方

组分	润版液			
	1	2	3	4
$H_3PO_4(85\%)$ 体积/mL	22	5	15	10
$(NH_4)_2Cr_2O_7$ 质量/g	—	30	—	—
$NH_4H_2PO_4$ 质量/g	—	—	25	—
C_2H_5OH(乙醇) 体积/mL	340	340	250	—
$CH_3CH(OH)CH_3$(异丙醇) 体积/mL	—	—	—	300
$C_6H_8O_7$(柠檬酸) 质量/g	—	—	30	—
阿拉伯胶	(4~8°Bé') 40mL	(14°Bé') 15mL	10g	5g
H_2O(水) 体积/mL	1000	1000	1000	1000

乙醇改善了润版液在印版上的铺展性能，大大地减少了润版液的用量，因此，也减少了印张沾水引起尺寸变形而导致的套印不准和由于水量过大而引起的油墨的乳化。同时，由于乙醇的蒸发潜能比水要低，更容易挥发，挥发时能带走大量的热量，使版面温度降低，对保持油墨黏度的稳定性有很大作用，从而可以减少网点扩大，非图文部分不易沾

脏。因此，使用酒精润版液能印刷出高质量的印刷品。

但是在润版液中使用乙醇也有一些弊端。首先，乙醇挥发快。如果控制不当，会是使乙醇浓度降低，润版液表面张力升高，润湿效果减弱，必须及时检测和补充消耗掉的乙醇，并设法降低润版液的温度以减少乙醇挥发量，一般润版液的温度应控制在10℃以下。其次，乙醇挥发对环境不利。在各行各业越来越重视环境保护的今天，如何减少印刷中的VOCs是亟待解决的问题。

三、非离子表面活性剂润版液

为了有效地降低润版液的表面张力，同时又不产生对环境的不利影响，近些年，将非离子表面活性剂加入润版液中，替代乙醇来降低润版液的表面张力。表面活性剂分子具有特殊的两亲结构，加入体系中，可以明显降低水溶液的表面张力或界面张力，根据表面活性剂分子解离或不解离及解离后的状态，可以将表面活性剂分成阴离子、阳离子、两性离子、非离子等种类。（参见第九章第二节）不同种类的表面活性剂具有不同的亲油-亲水平衡值（HLB值），在很多领域包括油墨、涂料行业有着广泛的应用。为了减少表面活性剂解离所生成的离子与润版液中其他电解质发生反应，在润版液中都选用一些非离子表面活性剂，如聚醚（2080）、烷基醇酰胺（6501）或低分子硅酮树脂等。

非离子表面活性剂润版液，一般是把非离子表面活性剂加入含其他电解质的水溶液中配制而成的。例如，聚氧乙烯聚氧丙烯醚（2080）的HLB值是7，属于润湿剂，它加入水中，可以明显降低水溶液的表面张力，2080的临界胶团浓度（CMC）约为0.3%，实验表明，在水中加入0.1%的2080，水的表面张力就可以从 7.2×10^{-2} N/m 下降到 4.2×10^{-2} N/m。

图15-2是2080浓度（c）与水溶液表面张力（γ）的关系曲线。由于非离子表面活性剂在体系中的含量很低，因此，对润版液的其他组分几乎

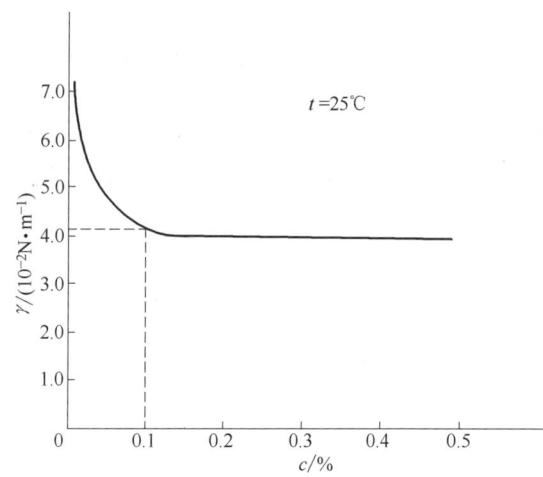

图15-2　2080浓度与水溶液表面张力的关系曲线

没有影响。表15-3列出了非离子表面活性剂润版液的配方。

表15-3　　　　　　　　非离子表面活性剂润版液配方

组分	润版液 1	润版液 2	组分	润版液 1	润版液 2
H_3PO_4(85%)体积/mL	50	15	2080	约占0.1%	—
NH_4NO_3 质量/g	80	50	$(NH_4)_2Cr_2O_7$ 质量/g	—	4
$(NH_4)_3PO_4$ 质量/g	30	25	H_2O 体积/mL	1000	1000

非离子表面活性剂润版液，比酒精润版液的成本低，无毒性，不含VOCs，从工艺和

印刷机的构造上，不需要配置专用的润湿系统。可以方便地使用。

除了以上几种类型的润版液，还有一种利用"场"来控制水和油墨界面的理论研制而成的强化水润版液。这是一种新型润版液，该润版液不需要添加任何化学药剂，不仅省掉了配置润版液的烦琐工序，而且，不存在任何环境污染问题，但是，需要在不同的部位安装强化水装置。利用强化装置产生的"场"效应降低水的表面张力。目前，这种装置在日本有较多的应用，在国内的应用还比较少。由于时间短，对"场"的稳定性的研究还不充分，如何控制"场"的增强或减弱对润版液表面张力的影响还不是十分明确。有待进一步研究。

第三节 润版液的性质

润版液的 pH、表面张力及电导率等对平版胶印印刷过程有重要影响，不仅润版液的组分不同、含量不同会影响润版液的性质，而且，配制润版液所使用的水的品质不同也会对润版液的性能造成影响，进而对油墨的流变性质、对油墨的乳化造成影响。

一、润版液的 pH

润版液的 pH 对平版印版的耐印率、对油墨的转移、对润版液的表面张力等都有影响，必须严格控制。

首先，平版印版中的金属铝在强酸和强碱中很不稳定。在弱酸性介质中，有利于形成亲水盐层，如果润版液 pH 过低或过高，印版的空白部分就会受到深度腐蚀，出现砂眼。更为严重的是，随着印版空白部分腐蚀的加剧，印版图文部分的感光树脂与金属版基的结合可能遭到破坏，因为，印版图文部分的重氮感光树脂在碱性条件下会发生溶解，使印版图文部分脱落，发生"掉版"现象。这是平版印刷中的一种故障。

另外，平版印刷所用的树脂型油墨中常常加入一些促进干燥的辅助成分。当润版液的 pH 过低时，其中的 H^+ 会与这些成分发生化学反应，使催干剂失效（见第十一章第四节）。实验表明，普通润版液的 pH 从 5.6 下降到 2.5 时，油墨的干燥时间从原来的 6h 延长到 24h；非离子表面活性剂润版液的 pH 从 6.5 下降到 4.0 时，油墨的干燥时间从原来的 3h 延长到 40h。油墨干燥时间的延缓会加剧印刷品的背面蹭脏，还会影响叠印效果。然而润版液的 pH 较高时，润版液中的 OH^- 增加，由于电离平衡，会使 $RCOO^-$ 增加，而 $RCOO^-$ 是典型的阴离子表面活性剂，会使体系中油墨—水的界面张力降低，从而加剧油墨的乳化。可见，润版液 pH 过高或过低都会给平版印刷带来种种弊端。

影响润版液 pH 的因素主要是润版液的品种和润版液原液的比例，目前，市场上大部分润版液的原液的 pH 在 2 左右（也有少量的碱性润版液），使用时加水稀释，稀释所使用的水的性质（如硬度等）对润版液 pH 的影响不大，不同品牌的润版液原液稀释相同的比例得到的润版液的 pH 是不同的，但随着原液比例增大，润版液的 pH 降低，酸性增强。在印刷过程中，要结合实际的印刷条件，增减润版液的加放量，控制润版液的 pH。一般认为，PS 版的润版液 pH 控制在 5~6 为好，使用非涂布纸印刷时，若油墨的黏度较大，掉粉掉毛严重，应适当降低润版液的 pH，当使用高级涂布纸印刷时，润版液的 pH 可以适当提高一些；采用实地印刷，润版液的 pH 可以低一些，而用网点印刷，润版液的 pH

却可以高一些；当车间温度升高时，油墨黏度下降，干性植物油分离出较多的游离脂肪酸，容易引起油墨乳化，版面上脏，故润版液的pH应该低一些；油墨中干燥剂用量增加时，虽然干燥速度加快，但油墨黏度上升，颗粒变粗，对印版空白部分黏附性增大，容易发生脏版，可以适当增加原液的加放量，使润版液的pH略有下降，对防止脏版有利。

上述各个需要调节和控制润版液pH的原因，在印刷过程中一般不是独立存在的，往往是相互影响和交错的，彼此牵制，因为在润版液pH变化的同时，润版液的电导率、润版液的表面张力等都可能发生变化，而这些参数的改变会影响印刷过程控制。因此，对润版液pH的调整不是孤立的，要仔细分析，综合考虑，否则会适得其反。

二、润版液的电导率

电导率是电阻的倒数，用 $\mu S/cm$ 表示，其高低可以间接表示溶液中各种离子的浓度高低。在润版液中考虑电导率的问题，国外已经比较普遍，但国内的应用还比较少。润版液原液是由各种电解质和其他成分组成的，具有极高的电导率，一般在仪器上都显示 ∞，在印刷中都是使用水对润版液的原液进行稀释，这里，稀释所用的水的硬度会直接影响最终所使用的润版液的电导率。

国内很多印刷厂往往不考察水质情况，直接使用自来水配制或稀释润版液；自来水中的钙、镁离子会给印刷作业带来一定的影响。水硬度取决于水中钙、镁离子的数量，通常用 $mmol/L$ 表示，一般可分为5个等级（表15-4）。

表15-4　　　　　　　　　　　　　　水的硬度等级

级别	$c(Ca^{2+}+Mg^{2+})$	级别	$c(Ca^{2+}+Mg^{2+})$
极软水	0~0.5	硬水	2.5~4.0
软水	0.5~1.5	极硬水	>4.0
中等硬度水	1.5~2.5		

硬度的表示方法随各国所定标准而不同：1ppm，表示每升水中含1mg $CaCO_3$；1德制硬度，表示每升水中含10mg CaO（目前我国沿用）；1法制硬度，表示每升水中含10mg $CaCO_3$；1英制硬度，表示每加仑水中含1格令 $CaCO_3$。润版液的硬度过高会对印刷作业产生影响，会有沉积物出现在水斗、水箱内，并造成输水管道变窄，甚至堵塞水孔，严重影响润版液的传输。钙、镁离子的沉淀会改变水辊、墨辊、橡胶布表面的润湿性能，阻碍油墨的正常传递，造成印版图文部分发花，空白部分起脏，出现印刷故障。

从理论上讲，水硬度增大会对润版液的pH、电导率、表面张力及油墨乳化等都产生影响。但实验表明，用不同硬度的水去稀释润版原液，由于润版液缓冲体系的存在，使得润版液的pH不会随之发生明显变化，但是当用不同硬度的水配制稀释润版液时，润版液的电导率则呈现明显的变化，电导的高低直接反映出润版液中钙、镁离子的含量，即润版液的硬度高低。水硬度对润版液电导率的影响如图15-3所示。

水硬度变化对两种系列润版液电导率的影响相同，且非常明显。国外印刷行业已经意识到这个问题，开始采用软化水或软化水和自来水各半去配制润版液，以保持水硬度的稳定。据相关资料介绍，润版液的电导率一般应控制在 800~1200$\mu S/cm$。在日本对润版液电导率控制更严，甚至不得高于200$\mu S/cm$。这只有使用软化水或处理过的水配制润版液才能达到。

润版液中钙、镁离子增多,长此以往会沉积水垢,不仅影响输水系统循环,还要影响水辊、墨辊、橡皮布表面的润湿性能,阻碍油墨的传递。此外,钙、镁离子增多还可能引起油墨的过度乳化,影响印刷的质量。看来,采用较高硬度水去配制润版液是十分不利的。实验证明,通过检测电导率可以准确掌握水硬度变化对润版液性能的影响。电导率的检测方法简单、快捷,可以直接检测润版液中各种离子浓度的变化,故不仅可以监测水硬度变化,也可以监测润版液原液的含量变化。它比检测 pH 更准确、可靠。

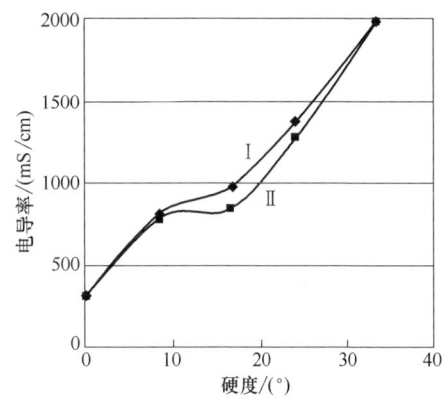

图 15-3　水硬度对润版液电导率的影响
Ⅰ—Ⅰ号系列润版液　Ⅱ—Ⅱ号系列润版液

三、润版液的表面张力

表面张力是描述物体表面状态的物理量。液体表面分子与其内部分子之间的作用力的受力情形是不同的,因而所具有的能量也是不同的。液体的表面张力是指气液的界面张力(γ_{LG})。对于不同类型的润版液,由于含有不同的成分,其分子间作用力不同,因此具有不同的表面张力。

平版印刷是利用油水不相溶的规律进行油墨转移的。理想的情况是,润版液在印版的空白部分铺展,而印版的图文部分则都涂有一层厚薄均匀的墨膜,并将墨膜转移到承印物上。理论上认为,附着在平版空白部分的润版液和附着在图文部分的油墨,两相之间存在严格的分界线,水墨互不浸润,可以达到静态的水墨平衡,但实际上,这种静态的平衡在印刷生产中是不可能实现的,但是,可以从润版液和油墨的表面过剩自由能(或表面张力)出发,找出水墨互不侵扰的能量关系,寻找水墨平衡的条件。

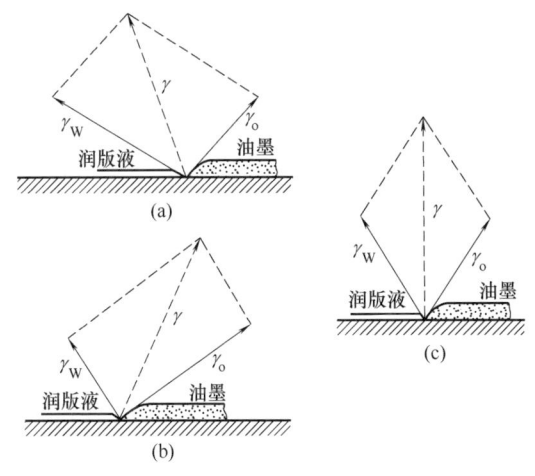

图 15-4　润版液表面张力与油墨表面张力之间的静态平衡关系

图 15-4 所示是润版液表面张力和油墨表面张力之间静态平衡关系图。版空白部分附着有润版液,图文部分附着有油墨,若润版液的表面张力 γ_W 与油墨的表面张力 γ_o 如图 15-4(b)所示,在扩散压的作用下,润版液将向油墨一方浸润,使印刷品上的销网点和细线条消失。如果润版液的表面张力与油墨的表面张力如图 15-4(a)所示。则在扩散压的作用下,油墨将向润版液一方浸润,使印刷品的网点扩大,空白部分起赃。只有当润版液的表面张力等于油墨的表面张力,如图 15-4(c)所示,界面上的扩散压为 0,润版液和油墨才能在界面

上保持相对平衡，互不浸润，印刷品的质量才比较理想。因此，为了满足静态水墨平衡的要求，润版液和油墨应当具有同样大小的表面张力值，油墨的表面张力在 $(3.0\sim3.6)\times10^{-2}\mathrm{N/m}$，润版液的表面张力也应在这个范围内。

从热力学定律可知，要实现良好的润湿，必须满足以下的热力学条件，即：

$$S=\gamma_{SG}-\gamma_{SL}-\gamma_{LG}\geq 0 \qquad (15-3)$$

式中　S——铺展系数；

　　　γ_{SG}——空白部分的表面过剩自由能，一般为 $(7.0\sim9.0)\times10^{-1}\mathrm{J/m^2}$；

　　　γ_{LG}——润版液的表面张力；

　　　γ_{SL}——润版液和印版空白部分的界面张力。

上式表明，γ_{LG} 越小，S 越大，润版液的铺展性能愈好。按照表面过剩自由能的理论，采用表面张力较低的润版液，有可能用较少的水量实现平版印刷的水墨平衡。但是，在实际的生产中，平版印刷中的水墨平衡是在动态条件下实现的，经验表明：润版液的表面张力略大于油墨的表面张力，一般认为，润版液的表面张力值在 $(4.0\sim5.0)\times10^{-2}\mathrm{N/m}$ 时，有利于实现水墨平衡。普通润版液中由于加入很多电解质，润版液的表面张力甚至比纯水的表面张力还要高，这就不利于润版液在印版空白部分的润湿，需要用比较大的水量来维持水墨平衡，通过在普通润版液中加入乙醇或非离子表面活性剂，可以有效地降低润版液的表面张力，提高润版液的润湿能力。另外，润版液的表面张力不仅受到乙醇含量或非离子表面活性剂的影响，同时，配制润版液所使用的水的硬度过大，也会影响润版液的表面张力。图 15-5 所示是用不同硬度的水以相同的比例稀释润版原液所得到的硬度与润版液表面张力的关系曲线。实验表明，随着所使用的水的硬度的提高，润版液的表面张力也呈现上升的趋势。润版液的表面张力太高，会影响印版空白部分的润湿，难以形成均匀的抗墨水膜，要引起版面上脏。水硬度过高，润版液的表面张力会明显加大。这对于润湿版面和防止与油墨互相浸润明显不利。

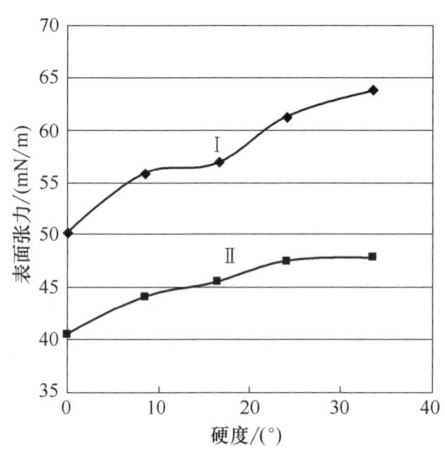

图 15-5　水的硬度与润版液的表面张力关系

四、油墨的乳化

由于润版液和油墨同时存在于印版上，虽然理论上油墨和水互不相溶，但在着墨辊、着水辊和橡皮滚筒的高速剪切作用下，辊隙间既有润版液也有油墨。在辊隙的强力挤压下，油相和水相之间产生了相互作用，一种液体以细小液珠的形式分散在与它不相溶的液体之中，（具体到平版印刷中就是一部分润版液以极细小的液滴分散在油墨中）形成的体系称为乳状液。在平版印刷中，这种现象称为油墨的乳化。可以用相体积理论描述油墨和润版液的乳化状态。根据分散相和分散介质的不同，可以形成"水包油型乳状液"（用 O/W 表示）或"油包水型乳状液"（用 W/O 表示）。根据相体积理论，将分散相液滴视为圆球状，当以最紧密方式堆积时，分散相液滴的体积占乳状液总体积的 74.02%，其余的 25.98% 为分散介质。若水相体积占总体积的 26%~74%，形成的乳状液可能是 W/O 型，也可能是 O/W 型；若小于 26%，形成的乳状液只能是 W/O 的；若大于 74%，则只能是 O/W 的。

在平版印刷的一次供水、供墨过程中，润版液和油墨要发生多次水和墨的混合，在高速剪切的动态过程中，要保持水相和油相的严格界线显然是不可能的，因此，在平版印刷过程中，油墨的乳化是不可能避免的。但一定是形成严格的 W/O 型乳状液，否则，会严重影响印刷的正常进行。要形成 W/O 型乳化油墨，润版液的体积占乳化油墨总体积的比例应在 26% 以下，即油墨的乳化率（乳化率等于润版液的重量在乳化油墨中所占的比例，用百分比表示）应控制在 26% 以下。大量实验证明，平版印刷机上油墨的乳化率在 16%~22% 时，油墨的传递性能良好。油墨的适度乳化，可以适当降低油墨的黏度并保持一定的丝头长短，不影响油墨的传递和转移，同时，可以消化掉附在油墨表面的一层水膜，为排除附着在油墨上的润版液提供了一条途径。由此可见，平版胶印油墨的乳化不仅是不可避免的，而且还是油墨转移所需要的，绝对不乳化的油墨是不适用于平版印刷的。

油墨的乳化率受很多因素的影响，如油墨连接料的成分、油墨中颜料的品种、乳化的时间、润版液供给量等，另外，润版液的硬度不同也对不同油墨的乳化率有一定的影响。图 15-6 所示是几种不同种类的油墨的乳化率随时间的变化曲线。

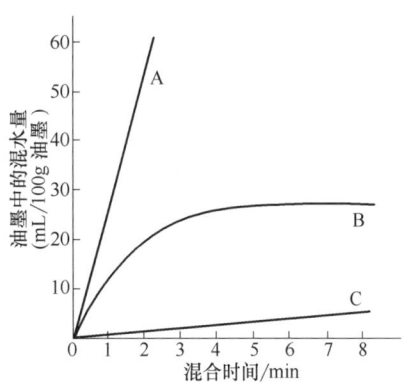

图 15-6 油墨的乳化率随时间的变化曲线

可以看出，A 油墨的乳化率随时间的延长，乳化率线性增加，造成油墨中含水量过量，不能正常传递和转移，因此，不适于平版印刷。C 油墨几乎是排斥的，不能很好地消化附着在油墨表面的水膜，这同样妨碍了油墨正常的传递和转移；曲线 B 所代表的油墨其乳化率随时间的延长，开始逐步增加但很快稳定在一个合适的范围内，最适用于平版印刷。

相同品牌不同颜色的油墨，其中颜料的亲水性不同，导致四色油墨的乳化率是不完全相同的。图 15-7 所示是以天狮牌 TCT-239-R 胶印亮光快干油墨为样品，用不同硬度的水配制润版液进行油墨乳化实验的结果。

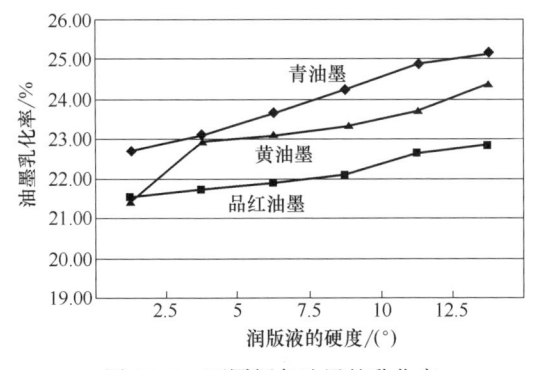

图 15-7 不同颜色油墨的乳化率

使用相同的润版液进行油墨乳化实验，也得到相同的结果。图 15-8 所示是使用含有 0.1% 2080 非离子表面活性剂润版液进行油墨乳化实验的结果。天蓝墨的摄水量最大，乳化能力最高；黑墨的摄水量最小，乳化能力最低。如果采用这些油墨在四色胶印机上进行印刷时，应按照油墨摄入水量的大小，供给不同的水量，以防止油墨的严重乳化。特别是使用非离子表面活性剂型润版液，润版液的表面张力低，油墨和润版液之间的界面张力也会降低，这必然会使油墨的乳化加剧，因此，一定要严格控制润版液的供水量。在不引起脏版的前提下，尽量减少低表面张力润版液的供给量。

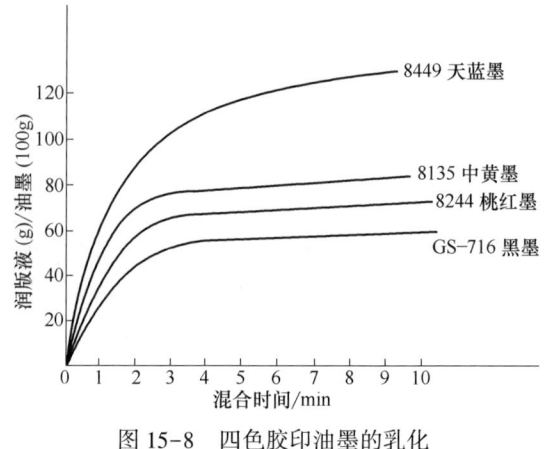

图 15-8　四色胶印油墨的乳化

思　考　题

1. 润版液的类型有哪几种？
2. 酒精润版液中乙醇的作用有哪些？
3. 从理论上，润版液的表面张力与油墨的表面张力是什么关系？为什么？
4. 有哪些因素影响润版液的 pH？
5. 为什么需要控制润版液的 pH？
6. 水的硬度不同对润版液的性质有什么影响？
7. 非离子表面活性剂润版液的特点？

参 考 文 献

[1] 齐晓堃. 印刷材料及适性[M]. 2版. 北京：文化发展出版社，2013.
[2] 魏先福. 印刷原理与工艺[M]. 北京：中国轻工业出版社，2021.
[3] 陈蕴智. 印刷材料学[M]. 北京：中国轻工业出版社，2011.
[4] 唐裕标. 印刷材料[M]. 2版. 北京：中国劳动社会保障出版社，2013.
[5] 杨永刚. 印刷材料工程实践手册[M]. 北京：文化发展出版社，2017.
[6] 姜雪松，李春伟，郑权. 印刷材料及适性[M]. 哈尔滨：东北林业大学出版社，2016.
[7] 严美芳. 印刷材料与印刷适性[M]. 北京：化学工业出版社，2016.
[8] 凌云星. 实用油墨技术指南[M]. 北京：印刷工业出版社，2007.
[9] 卡洛·尼斯凯宁. 纸张物理性能[M]. 刘金刚，苏艳群，杜艳芬，等译. 北京：中国轻工业出版社，2017.
[10] 黄颖为. 特种印刷[M]. 2版. 北京：化学工业出版社，2020.
[11] 何北海. 造纸原理与工程[M]. 4版. 北京：中国轻工业出版社，2019.
[12] 刘海棠. 造纸技术概论[M]. 北京：化学工业出版社，2020.
[13] 胡志军. 特种纸实用技术教程[M]. 北京：中国轻工业出版社，2019.
[14] 张美云. 加工纸与特种纸[M]. 4版. 北京：中国轻工业出版社，2019.
[15] 金养智. 光固化油墨[M]. 北京：化学工业出版社，2018.
[16] 聂俊，朱晓群. 光固化技术与应用[M]. 北京：化学工业出版社，2021.
[17] 赵晓鹏，郭慧林，王建平. 电子墨水与电子纸[M]. 北京：化学工业出版社，2006.
[18] 周国富. 电子纸显示技术[M]. 北京：科学出版社，2021.
[19] 赵会芳. 芳纶纸匀度与机械强度的相关性研究[J]. 中华纸业，2011，32（16）：40-43.
[20] 李思慧. 热转移印刷中油墨转移渗透理论的研究[J]. 中国造纸学报，2013，28（1）：35-38.
[21] 未碧贵. 毛细压力法对水处理滤料亲油亲水比的研究[J]. 环境科学学报，2009，29（5）：949-953.
[22] 王玉珑，赵传山. 一种测定纸张孔隙率的新方法[J]. 黑龙江造纸，2003（4）：42.